別冊 問題編

大学入試 全レベル問題集

数学III+C

6 | 私大上位・
国公立大上位レベル

改訂版

JN036263

Obunsha

数学 レベル6

問 題 編

目 次

第1章 極 限

1 ✓ Check Box ☐☐ 解答は別冊 p.10

［A］ $a>0$ とする．次の極限を求めよ．

$$\lim_{n\to\infty}\frac{\dfrac{1}{2}\left(3-\dfrac{1}{3^{n-1}}\right)a^n+\dfrac{1}{2^{n-1}}}{\dfrac{1}{2}\left(3-\dfrac{1}{3^n}\right)a^{n+1}+\dfrac{1}{2^n}}$$

（千葉大）

［B］ a が正の実数のとき，$\displaystyle\lim_{n\to\infty}(1+a^n)^{\frac{1}{n}}$ を求めよ．

（京都大）

2 ✓ Check Box ☐☐ 解答は別冊 p.12

(1) すべての自然数 n に対して，不等式 $3^n>n^2$ が成り立つことを，数学的帰納法を用いて証明せよ．

(2) $S_n=\displaystyle\sum_{k=1}^{n}\dfrac{k}{3^k}$ $(n=1,\ 2,\ 3,\ \cdots)$ とおく．このとき

$$\frac{2}{3}S_n-\sum_{k=1}^{n}\frac{1}{3^k}=-\frac{n}{3^{n+1}}$$

が成り立つことを示せ．

(3) 極限値 $\displaystyle\lim_{n\to\infty}S_n$ を求めよ．

（東北大）

3

✓ Check Box ☐☐ 解答は別冊 p.14

[A]　次の極限を求めよ.

(1)　$\displaystyle\lim_{n\to\infty}\left(\frac{n-1}{n}\right)^n$

(2)　$\displaystyle\lim_{x\to0}\frac{x^2(-\sin x+3\sin3x)}{\tan x(\cos x-\cos3x)}$

[B]　n を自然数とする. $a_0,\ a_1,\ \cdots,\ a_n$ を n によって決まる公比が正の等比数列とし, $a_0=1,\ a_n=2$ とする. このとき,

$$\lim_{n\to\infty}\frac{a_1+a_2+\cdots+a_n}{n}$$

を求めよ.

（津田塾大・改）

4

✓ Check Box ☐☐ 解答は別冊 p.16

[A]　次の極限を求めよ. ただし, c は $c\neq0$ を満たす定数である.

$$\lim_{x\to\infty}(\sin\sqrt{x+c}-\sin\sqrt{x}\,)$$

（弘前大）

[B]　微分可能な関数 $f(x)$ が $f(0)=0$ かつ $f'(0)=\pi$ を満たすとき, 次の極限値を求めよ.

$$\lim_{\theta\to0}\frac{f(1-\cos2\theta)}{\theta^2}$$

（茨城大）

[C]　導関数の定義式を用いて, $f(x)=x^2\cos3x$ の導関数 $f'(x)$ を求めよ. ただし, 必要に応じて, $\displaystyle\lim_{x\to0}\frac{\sin x}{x}=1$ を用いてよい.

（福島県立医科大）

(1) n 桁の自然数のうち，各位の数字がすべて 1 と異なるものの個数を求めよ．

(2) 自然数の逆数からなる級数

$$1+\frac{1}{2}+\frac{1}{3}+\cdots+\frac{1}{m}+\cdots$$

から，分母に数字 1 が現れる項をすべて除いて得られる級数

$$\frac{1}{2}+\frac{1}{3}+\frac{1}{4}+\frac{1}{5}+\frac{1}{6}+\frac{1}{7}+\frac{1}{8}+\frac{1}{9}+\frac{1}{20}+\frac{1}{22}+\frac{1}{23}+\cdots$$

の和は，40 を超えないことを示せ．

（岩手大）

座標平面上において，点 P_0 を原点として，点 P_1，P_2，P_3，… を下図のようにとっていく（点線は x 軸と平行）．ただし，

$$\mathrm{P}_{n-1}\mathrm{P}_n=\frac{1}{2^{n-1}}\ (n\geqq1),\ 0<\theta<\frac{\pi}{2}$$

とする．このとき，次の問いに答えよ．

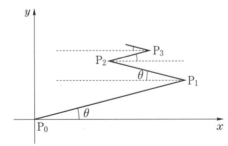

(1) $\mathrm{P}_0\mathrm{P}_1+\mathrm{P}_1\mathrm{P}_2+\cdots+\mathrm{P}_{n-1}\mathrm{P}_n+\cdots$ を求めよ．

(2) P_n の座標を n と θ を用いて表せ．

(3) n を限りなく大きくするとき，点 P_n はどのような点に近づくか，その点の座標を求めよ．

（高知大）

n を 2 以上の整数とする. 平面上に $n+2$ 個の点 O, P_0, P_1, $\cdots$, P_n があり, 次の 2 つの条件を満たしている.

① $\angle P_{k-1}OP_k = \dfrac{\pi}{n}$ $(1 \le k \le n)$,

　$\angle OP_{k-1}P_k = \angle OP_0P_1$ $(2 \le k \le n)$

② 線分 OP_0 の長さは 1, 線分 OP_1 の長さは $1+\dfrac{1}{n}$ である.

線分 $P_{k-1}P_k$ の長さを a_k とし, $s_n = \displaystyle\sum_{k=1}^{n} a_k$ とおくとき, $\displaystyle\lim_{n\to\infty} s_n$ を求めよ.

(東京大)

$a_1 = 2$, $a_{n+1} = \dfrac{4a_n{}^2 + 9}{8a_n}$ $(n=1, 2, 3, \cdots)$ で定義される数列 $\{a_n\}$ について

(1) $0 < a_{n+1} - \dfrac{3}{2} < \dfrac{1}{3}\left(a_n - \dfrac{3}{2}\right)^2$ を証明せよ.

(2) $\displaystyle\lim_{n\to\infty} a_n$ を求めよ.

(群馬大)

9 ✓ Check Box ☐☐ 解答は別冊 p.26 ▶

数列 $\{a_n\}$, $\{b_n\}$ を

$$\begin{cases} a_1=1, & a_{n+1}=\sqrt{2b_n+1} \quad (n=1,\ 2,\ 3,\ \cdots) \\ b_1=3, & b_{n+1}=\sqrt{2a_n+1} \quad (n=1,\ 2,\ 3,\ \cdots) \end{cases}$$

と定めるとき，次の問いに答えよ．

(1) $\alpha=1+\sqrt{2}$ とする．自然数 n に対して，不等式

$$\left|a_{n+1}-\alpha\right| \leqq \left(\frac{2}{1+\alpha}\right)\left|b_n-\alpha\right|$$

が成り立つことを示せ．

(2) 極限値 $\displaystyle\lim_{n\to\infty} a_n$, $\displaystyle\lim_{n\to\infty} b_n$ を求めよ．

(弘前大)

10 ✓ Check Box ☐☐ 解答は別冊 p.28 ▶

c を実数とする．数列 $\{a_n\}$ は次を満たす．

$$a_1=1, \quad a_{n+1}=\frac{a_n{}^2+cn-4}{3n} \quad (n=1,\ 2,\ 3,\ \cdots)$$

(1) a_2, a_3 を c を用いて表せ．

(2) $a_1+a_3 \leqq 2a_2$ のとき，不等式 $a_n \geqq 3$ $(n=3,\ 4,\ 5,\ \cdots)$ を示せ．

(3) $a_1+a_3=2a_2$ のとき，極限 $\displaystyle\lim_{n\to\infty} a_n$ を求めよ．

(徳島大)

n を自然数とする．次の各問いに答えよ．

(1) 自然数 k は $2 \leqq k \leqq n$ を満たすとする．9^k を 10 進法で表したときのけた数は，9^{k-1} のけた数と等しいか，または 1 だけ大きいことを示せ．

(2) 9^{k-1} と 9^k のけた数が等しいような $2 \leqq k \leqq n$ の範囲の自然数 k の個数を a_n とする．9^n のけた数を n と a_n を用いて表せ．

(3) $\displaystyle \lim_{n \to \infty} \frac{a_n}{n}$ を求めよ．

（神戸大）

n を自然数とする．xy 平面内の，原点を中心とする半径 n の円の，内部と周を合わせたものを C_n で表す．次の条件（＊）を満たす 1 辺の長さが 1 の正方形の数を $N(n)$ とする．

（＊） 正方形の 4 頂点はすべて C_n に含まれ，4 頂点の x および y 座標はすべて整数である．

このとき，$\displaystyle \lim_{n \to \infty} \frac{N(n)}{n^2} = \pi$ を証明せよ．

（京都大）

13

✓ Check Box ☐☐　解答は別冊 p.34

n を自然数とする．以下の問いに答えよ．

(1)　x の 3 次方程式 $x^3+\dfrac{1}{n}x-8=0$ の実数解はただ 1 つであることを示せ．

(2)　a_n を(1)の実数解とする．

　(i)　次の不等式が成り立つことを示せ．
$$0<a_n<2, \quad a_n<a_{n+1}$$

　(ii)　極限値 $\displaystyle\lim_{n\to\infty}a_n$ を求めよ．

（兵庫県立大）

14

✓ Check Box ☐☐　解答は別冊 p.36

次の問いに答えよ．

(1)　$x\geqq0$ のとき，$x-\dfrac{x^3}{6}\leqq\sin x\leqq x$ を示せ．

(2)　$x\geqq0$ のとき，$\dfrac{x^3}{3}-\dfrac{x^5}{30}\leqq\displaystyle\int_0^x t\sin t\,dt\leqq\dfrac{x^3}{3}$ を示せ．

(3)　極限値 $\displaystyle\lim_{x\to0}\dfrac{\sin x-x\cos x}{x^3}$ を求めよ．

（北海道大）

第2章 微 分

15 ✓ Check Box ☐☐　解答は別冊 p.38

関数 $f(x) = \dfrac{x}{x^2 + ax + 1}$ に対して，次の各問いに答えよ．

(1) $f(x)$ が最大値と最小値をもつような a の値の範囲を求め，そのときの $f(x)$ の最大値と最小値を求めよ．

(2) $f(x)$ が最大値をもつが最小値はもたないとき，a の値と $f(x)$ の最大値を求めよ．

（筑波大）

16 ✓ Check Box ☐☐　解答は別冊 p.40

e を自然対数の底，すなわち $e = \lim\limits_{t \to \infty} \left(1 + \dfrac{1}{t}\right)^t$ とする．すべての正の実数 x に対し，次の不等式が成り立つことを示せ．

$$\left(1 + \frac{1}{x}\right)^x < e < \left(1 + \frac{1}{x}\right)^{x + \frac{1}{2}}$$

（東京大）

17 ✓ Check Box ☐☐　解答は別冊 p.42

次の条件（＊）を満たすような実数 a で最大のものを求めよ．

（＊）　$-\dfrac{\pi}{2} \le x \le \dfrac{\pi}{2}$ の範囲のすべての x に対して $\cos x \le 1 - ax^2$ が成り立つ．

（信州大）

18 ✓Check Box ☐☐　解答は別冊 p.44

関数 $f(x)=\dfrac{x}{\log x}$ $(x>1)$ について，次の問いに答えよ．

(1) $y=f(x)$ の増減，グラフの凹凸を調べ，グラフの概形を描け．

(2) x 軸上の点 $\mathrm{P}(a,\ 0)$ を通り曲線 $y=f(x)$ に接する直線が，2 本引けるように，a の値の範囲を定めよ．

(旭川医科大)

19 ✓Check Box ☐☐　解答は別冊 p.46

曲線 $y=e^x$ 上の異なる 2 点 $\mathrm{A}(a,\ e^a)$，$\mathrm{P}(t,\ e^t)$ における C のそれぞれの法線の交点を Q として，線分 AQ の長さを $L_a(t)$ で表す．さらに，
$r(a)=\lim\limits_{t\to a}L_a(t)$ と定義する．

(1) $r(a)$ を求めよ．

(2) a が実数全体を動くとき，$r(a)$ の最小値を求めよ．

(筑波大)

20 ✓Check Box ☐☐　解答は別冊 p.48

(1) x を正数とするとき，$\log\left(1+\dfrac{1}{x}\right)$ と $\dfrac{1}{x+1}$ の大小を比較せよ．

(2) $\left(1+\dfrac{2001}{2002}\right)^{\frac{2002}{2001}}$ と $\left(1+\dfrac{2002}{2001}\right)^{\frac{2001}{2002}}$ の大小を比較せよ．

(名古屋大)

　長さ 1 の線分 AB を直径とする円周 C 上に点 P をとる．ただし，点 P は点 A，B とは一致していないとする．線分 AB 上の点 Q を $\angle BPQ = \dfrac{\pi}{3}$ となるようにとり，線分 BP の長さを x とし，線分 PQ の長さを y とする．以下の問いに答えよ．

(1)　y を x を用いて表せ．

(2)　点 P が 2 点 A，B を除いた円周 C 上を動くとき，y が最大となる x を求めよ．

（東北大）

　一辺の長さが x の正三角形 ABC を底面，点 O を頂点とし，OA＝OB＝OC である三角錐 OABC に半径 1 の球が内接しているとする．ただし，球が三角錐に内接するとは，球が三角錐のすべての面に接することである．このとき，次の問いに答えよ．

(1)　三角錐 OABC の体積を x を用いて表せ．

(2)　この体積の最小値と，そのときの x の値を求めよ．

（香川大）

23

✓ Check Box ☐☐ 解答は別冊 p.54

関数 $f(x)$ は区間 $[a, b]$ で連続であり，区間 (a, b) で第 2 次導関数 $f''(x)$ をもつとする．さらに，区間 (a, b) で $f''(x)<0$ が成り立つとする．このとき，次の問いに答えよ．

(1) $f(x)>\dfrac{1}{b-a}\{(b-x)f(a)+(x-a)f(b)\}$ $(a<x<b)$ が成り立つことを示せ．

(2) c が $a<c<b$ を満たすならば
$$f(x)\leqq f'(c)(x-c)+f(c) \quad (a<x<b)$$
が成り立つことを示せ．

（富山大）

24

✓ Check Box ☐☐ 解答は別冊 p.56

次の問いに答えよ．

(1) $f(x)$ は
$$-1\leqq x\leqq 0 \text{ のとき，} f(x)=1,$$
$$0<x\leqq 1 \text{ のとき，} f(x)=x\cos x$$
とする．このとき，$f(x)$ は $x=0$ で不連続であることを示せ．

(2) $F(x)$ は
$$-1\leqq x\leqq 0 \text{ のとき，} F(x)=\int_{-1}^{x}1\,dt,$$
$$0<x\leqq 1 \text{ のとき，} F(x)=\int_{-1}^{0}1\,dt+\int_{0}^{x}t\cos t\,dt$$
とする．$F(x)$ を求めよ．$F(x)$ は $x=0$ で連続であることを示し，さらに，$x=0$ で微分可能でないことを示せ．

(3) (2)の $F(x)$ に対して，$-1\leqq x\leqq 1$ のとき，$G(x)=\int_{-1}^{x}F(t)\,dt$ とする．$G(x)$ を求めよ．$G(x)$ は $x=0$ で微分可能であることを示せ．

（秋田大）

25

√ Check Box □□ 解答は別冊 p.58

$f(x) = 2\sin\left(\dfrac{1}{2}x\right)$ $(-\pi < x < \pi)$ の逆関数を $g(x)$ $(-2 < x < 2)$ とするとき,

次の問いに答えよ.

(1) $g'(x) = \dfrac{2}{\sqrt{4 - x^2}}$ であることを示せ.

(2) $h(x) = g(x) - g(0) - g'(0)x - \dfrac{1}{2}g''(0)x^2 - \dfrac{1}{6}g'''(0)x^3$ $(-2 < x < 2)$

は増加関数であることを示せ.

(旭川医科大)

26

√ Check Box □□ 解答は別冊 p.60

微分可能な関数 $f(x)$, $g(x)$ が次の 4 条件を満たしている.

(a) 任意の正の実数 x について, $f(x) > 0$, $g(x) > 0$

(b) 任意の実数 x について, $f(-x) = f(x)$, $g(-x) = -g(x)$

(c) 任意の実数 x, y について, $f(x+y) = f(x)f(y) + g(x)g(y)$

(d) $\displaystyle\lim_{x \to 0} \dfrac{g(x)}{x} = 2$

このとき, 以下の問いに答えよ.

(1) $f(0)$ および $g(0)$ を求めよ.

(2) $\{f(x)\}^2 - \{g(x)\}^2$ を求めよ.

(3) $\displaystyle\lim_{x \to 0} \dfrac{1 - f(x)}{x^2}$ を求めよ.

(4) $f(x)$ の導関数を $g(x)$ を用いて表せ.

(5) 曲線 $y = f(x)g(x)$, 直線 $x = a$ $(a > 0)$ および x 軸で囲まれた図形の面積
が 1 のとき, $f(a)$ の値を求めよ.

(東京医科歯科大)

第3章 積 分

27 ✓Check Box ☐☐ 　解答は別冊 p.62

[A] $\displaystyle\int_0^\pi x^2\cos^2 x\,dx$ を求めよ.

（筑波大）

[B] $f(x)=\left(\dfrac{2}{x^3}+\dfrac{1}{x}\right)\sin x$ とすると, $f(x)$ の不定積分は

$$\int f(x)\,dx=\boxed{}+C \quad（ただし, Cは積分定数）$$

となる. さらに, $\displaystyle\int_{\frac{\pi}{2}}^{\frac{3\pi}{2}}|f(x)|\,dx=\boxed{}$ となる.

（慶應義塾大）

28 ✓Check Box ☐☐ 　解答は別冊 p.64

[A] 定積分 $\displaystyle\int_0^2\dfrac{2x+1}{\sqrt{x^2+4}}\,dx$ を求めよ.

（京都大）

[B] n は2以上の自然数とし
$$f(\theta)=\dfrac{\cos^{n-1}\theta\sin^{n-1}\theta}{\cos^{2n}\theta+\sin^{2n}\theta}$$

とする. $t=\tan^n\theta$ と変数変換することにより, $\displaystyle\int_0^{\frac{\pi}{4}}f(\theta)\,d\theta$ を求めよ.

（埼玉大）

29 ✓Check Box ☐☐ 　解答は別冊 p.66

k を正の整数として, $a_k=\displaystyle\int_0^\pi(\sin x-\cos kx)^2dx$ とする.

(1) a_k を求めよ.

(2) n を正の整数として, $\displaystyle\sum_{k=1}^n a_k$ を求めよ.

（弘前大）

解答は別冊 p.68

30 ✓ Check Box ☐☐

関数

$$f(x)=\int_0^\pi \left|\sin(t-x)-\sin 2t\right|dt$$

の区間 $0\leqq x\leqq\pi$ における最大値と最小値を求めよ.

（東北大）

解答は別冊 p.70

31 ✓ Check Box ☐☐

$a,\ b$ を正の定数とする.

(1) $\displaystyle\int_0^{2\pi}\left|a\sin x+b\cos x\right|dx$ を求めよ.

(2) $\displaystyle\lim_{n\to\infty}\sum_{k=n+1}^{2n}\int_{\frac{2(k-1)\pi}{n}}^{\frac{2k\pi}{n}}\left(\log\frac{k}{n}\right)\left|a\sin nx+b\cos nx\right|dx$ を求めよ.

（早稲田大）

解答は別冊 p.72

32 ✓ Check Box ☐☐

a を $0\leqq a<\dfrac{\pi}{2}$ とし，$I(a)=\displaystyle\int_0^a(\cos x)\log(\cos x)dx$ とおく．ただし，対数は自然対数とする.

(1) $I(a)$ を求めよ.

(2) $0<x<1$ の範囲で不等式 $-1<\sqrt{x}\log x<0$ が成り立つことを示せ．また，これを用いて $\displaystyle\lim_{x\to+0}x\log x=0$ であることを示せ.

(3) 極限値 $\displaystyle\lim_{a\to\frac{\pi}{2}-0}I(a)$ を求めよ.

（福島県立医科大）

次の問いに答えよ.

(1) $f(x)$ を連続関数とするとき

$$\int_0^\pi xf(\sin x)dx = \frac{\pi}{2}\int_0^\pi f(\sin x)dx$$

が成り立つことを示せ.

(2) 定積分

$$\int_0^\pi \frac{x\sin^3 x}{\sin^2 x + 8}dx$$

の値を求めよ.

（横浜国立大）

$n,\ m$ を 0 以上の整数とし

$$I_{n,\,m} = \int_0^{\frac{\pi}{2}} \cos^n\theta \sin^m\theta\, d\theta$$

とおく. このとき, 以下の問いに答えよ.

(1) $n \geqq 2$ のとき, $I_{n,\,m}$ を $I_{n-2,\,m+2}$ を使って表せ.

(2) 次の式

$$I_{2n+1,\,2m+1} = \frac{1}{2}\int_0^1 x^n(1-x)^m dx$$

を示せ.

(3) 次の式

$$\frac{n!m!}{(n+m+1)!} = \frac{{}_mC_0}{n+1} - \frac{{}_mC_1}{n+2} + \cdots + (-1)^m \frac{{}_mC_m}{n+m+1}$$

を示せ. ただし, $0!=1$ とする.

（千葉大）

(1) $a_n = \displaystyle\int_0^1 x^{2n-1} e^{-x^2} dx$ $(n=1, 2, 3, \cdots)$ とおくとき，次の問いに答えよ．

　(ⅰ) a_1 の値を求めよ．

　(ⅱ) $na_n - a_{n+1}$ の値を求めよ．

　(ⅲ) 次の不等式が成り立つことを証明せよ．

$$\frac{1}{2ne} < a_n < \frac{1}{2(n-1)e} \quad (n=2, 3, 4, \cdots)$$

(2) 関数 $f_n(x)$ $(n=1, 2, 3, \cdots)$ が $0 \leqq x \leqq 1$ において

$$f_n(x) = e^{-x^2} - n \int_0^1 f_n(t) t^{2n-1} dt$$

を満たすとき，次の問いに答えよ．

　(ⅰ) $f_1(x)$ を求めよ．

　(ⅱ) 極限値 $\displaystyle\lim_{n \to \infty} f_n\left(\frac{1}{2}\right)$ を求めよ．

（浜松医科大）

区間 $-\infty < x < \infty$ で定義された連続関数 $f(x)$ に対して

$$F(x) = \int_0^{2x} t f(2x - t) dt$$

とおく．

(1) $F\left(\dfrac{x}{2}\right) = \displaystyle\int_0^x (x-s) f(s) ds$ となることを示せ．

(2) 2次導関数 F'' を f で表せ．

(3) F が3次多項式で $F(1) = f(1) = 1$ となるとき，f と F を求めよ．

（北海道大）

n を 2 以上の自然数とする．次の問いに答えよ．

(1) 不等式 $n\log n - n + 1 < \displaystyle\sum_{k=1}^{n} \log k < (n+1)\log n - n + 1$ が成り立つことを示せ．

(2) 極限値 $\displaystyle\lim_{n\to\infty}(n!)^{\frac{1}{n\log n}}$ を求めよ．

（大阪大）

半径 1 の円に内接する正 n 角形が xy 平面上にある．ひとつの辺 AB が x 軸に含まれている状態から始めて，正 n 角形を図のように x 軸上をすべらないようにころがし，再び点 A が x 軸に含まれる状態まで続ける．点 A が描く軌跡の長さを $L(n)$ とする．

(1) $L(6)$ を求めよ．

(2) $\displaystyle\lim_{n\to\infty}L(n)$ を求めよ．

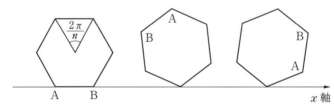

（図は $n=6$ の場合）

（北海道大）

自然数 n に対して，関数 $f_n(x)$ を

$$f_n(x) = \frac{x}{n(1+x)} \log\left(1+\frac{x}{n}\right) \ (x \geq 0)$$

で定める．以下の問いに答えよ．

(1) $\displaystyle\int_0^n f_n(x)\,dx \leq \int_0^1 \log(1+x)\,dx$ を示せ．

(2) 数列 $\{I_n\}$ を $\displaystyle I_n = \int_0^n f_n(x)\,dx$ で定める．

$$0 \leq x \leq 1 \ \text{のとき，} \ \log(1+x) \leq \log 2$$

であることを用いて数列 $\{I_n\}$ が収束することを示し，その極限値を求めよ．

ただし，$\displaystyle\lim_{x \to \infty} \frac{\log x}{x} = 0$ であることを用いてよい．

(大阪大)

正の整数 n に対して，$\displaystyle f_n(x) = \sum_{k=1}^n (-1)^{k+1}\left(\frac{x^{2k-1}}{2k-1} + \frac{x^{2k}}{2k}\right)$ を考える．

(1) 導関数 $f_n'(x)$ を求めよ．ただし，和の記号 $\sum$ を用いずに表せ．

(2) $\displaystyle\int_0^1 \frac{1+x}{1+x^2}\,dx$ を求めよ．

(3) $\displaystyle\lim_{n \to \infty} f_n(1)$ を求めよ．

(滋賀医科大)

第4章 面積・体積

41

✓ Check Box ☐☐ 解答は別冊 p.92

曲線 $y=x(x-1)\log(x+2)$ と x 軸で囲まれた部分の面積を求めよ.

（弘前大）

42

✓ Check Box ☐☐ 解答は別冊 p.94

曲線 $C:y=\sin x \left(0<x<\dfrac{\pi}{2}\right)$ を考える. C 上の点 P における C の法線を l とする.

(1) 法線 l が点 $Q(0,\ 1)$ を通るような点 P がただ 1 つ存在することを示せ.

(2) (1)の条件を満たす点 P に対し, 直線 l, 曲線 C, 直線 $y=1$ で囲まれる部分の面積を S_1 とし, 直線 l, 曲線 C, x 軸で囲まれる部分の面積を S_2 とする. S_1 と S_2 の大小を比較せよ.

（筑波大）

43

✓ Check Box ☐☐ 解答は別冊 p.96

a を正の実数とし, 2 つの曲線

$$y=ax^2-\frac{1}{3}x \ (x\geqq0) \quad \cdots\cdots①$$

$$x=4(y-y^3) \ (y\geqq0) \quad \cdots\cdots②$$

を考える. これらは原点以外の点 P を通り, P において共通の接線をもっている.

(1) 点 P の座標と a の値を求めよ.

(2) ①と②で囲まれた部分の面積を求めよ.

（札幌医科大）

44

✓ Check Box ☐☐ 解答は別冊 p.98

a を正の実数とし，$f(x)=e^{-x}\sin ax$ とおくとき，次の問いに答えよ.

(1) n を自然数とする. 曲線

$$y=f(x)\ \left(\frac{2(n-1)\pi}{a}\leqq x\leqq\frac{2n\pi}{a}\right)$$

と x 軸で囲まれた部分の面積を A_n で表すとき，A_n を a と n を用いて表せ.

(2) $S=\sum\limits_{n=1}^{\infty}A_n$ を a を用いて表せ.

(3) $\lim\limits_{a\to\infty}S$ を求めよ.

（旭川医科大）

45

✓ Check Box ☐☐ 解答は別冊 p.102

a を $a>2$ である実数とする. xy 平面上の曲線

$$C:y=\frac{1}{\sin x\cos x}\ \left(0<x<\frac{\pi}{2}\right)$$

と直線 $y=a$ の交点の座標を α，β $(\alpha<\beta)$ とする. 以下の問いに答えよ.

(1) $\tan\alpha$ および $\tan\beta$ を a を用いて表せ.

(2) C と x 軸，および 2 直線 $x=\alpha$，$x=\beta$ で囲まれた領域を S とする. S の面積を a を用いて表せ.

(3) S を x 軸のまわりに回転して得られる立体の体積 V を a を用いて表せ.

（熊本大）

46

✓ Check Box ☐☐ 解答は別冊 p.104

曲線 $y=\sqrt{x}\,\sin x$ と曲線 $y=\sqrt{x}\,\cos x$ を考える. $\dfrac{\pi}{4}\leqq x\leqq\dfrac{5}{4}\pi$ の区間でこれらの 2 つの曲線に囲まれる領域が x 軸のまわりに 1 回転してできる回転体の体積を求めよ.

（お茶の水女子大）

$0 \leqq t \leqq 1$ を満たす実数 t に対して，直線 $y=t$ と曲線
$$y=(x+1)^2(x-1)^2$$
によって囲まれる図形を y 軸のまわりに 1 回転させてできる回転体の体積を $V(t)$ とおく．$V(t)$ を最小にする t の値とその最小値を求めよ.

（神戸大）

以下において，$\log x$ は自然対数を表す.

(1) $a > \dfrac{1}{e}$ のとき，$x>0$ に対し $x^a > \log x$ であることを示せ.

(2) $a > \dfrac{1}{e}$ のとき，$\displaystyle\lim_{x \to +0} x^a \log x = 0$ が成り立つことを示せ.

(3) $0 < t < \dfrac{1}{e}$ として，曲線 $y = x \log x$ $(t \leqq x \leqq 1)$ および x 軸と直線 $x=t$ で囲まれた部分を，y 軸のまわりに回転して得られる図形の体積を $V(t)$ とする．このとき，$\displaystyle\lim_{t \to +0} V(t)$ を求めよ.

（千葉大）

xy 平面上の $x \geqq 0$ の範囲で, 直線 $y=x$ と曲線 $y=x^n$ $(n=2, 3, 4, \cdots)$ により囲まれる部分を D とする. D を直線 $y=x$ のまわりに回転してできる回転体の体積を V_n とするとき, 次の問いに答えよ.

(1) V_n を求めよ.

(2) $\displaystyle \lim_{n \to \infty} V_n$ を求めよ.

（横浜国立大）

$0 < t < 3$ のとき, 連立方程式

$$0 \leqq y \leqq \sin x, \qquad 0 \leqq x \leqq t-y$$

の表す領域を x 軸のまわりに回転して得られる立体の体積を $V(t)$ とする.

$\dfrac{d}{dt} V(t) = \dfrac{\pi}{4}$ となる t と, そのときの $V(t)$ の値を求めよ.

（東北大）

次の式で与えられる底面の半径が2，高さが1の円柱Cを考える．

$$C=\{(x,\ y,\ z)|x^2+y^2\leqq4,\ 0\leqq z\leqq1\}$$

xy 平面上の直線 $y=1$ を含み，xy 平面と $45°$ の角をなす平面のうち，点 $(0,\ 2,\ 1)$ を通るものを H とする．円柱 C を平面 H で2つに分けるとき，点 $(0,\ 2,\ 0)$ を含むほうの体積を求めよ．

（京都大）

xyz 空間内において，yz 平面上で放物線 $z=y^2$ と直線 $z=4$ で囲まれる平面図形を D とする．点 $(1,\ 1,\ 0)$ を通り z 軸に平行な直線を l とし，l のまわりに D を1回転させてできる立体を E とする．

(1) D と平面 $z=t$ との交わりを D_t とする．ただし，$0\leqq t\leqq4$ とする．点 P が D_t 上を動くとき，点 P と点 $(1,\ 1,\ t)$ との距離の最大値，最小値を求めよ．

(2) 平面 $z=t$ による E の切り口の面積 $S(t)$ $(0\leqq t\leqq4)$ を求めよ．

(3) E の体積 V を求めよ．

（筑波大）

53

✓ Check Box ☐☐ 解答は別冊 p.118

xyz 空間内の 3 点

O(0, 0, 0), A(1, 0, 0), B(1, 1, 0)

を頂点とする三角形 OAB を x 軸のまわりに 1 回転させてできる円すいを V とする. 円すい V を y 軸のまわりに 1 回転させてできる立体の体積を求めよ.

(大阪大)

54

✓ Check Box ☐☐ 解答は別冊 p.120

A(1, 1, 0), B(−1, 1, 0), C(−1, −1, 0), D(1, −1, 0), G(0, 0, $\sqrt{2}$) を xyz 空間の点とする. 正方形 ABCD を底面とし, G を頂点とする四角すいの内部の点 P(x, y, z) で, $x^2+y^2 \leqq 1$ を満たす点を集めた図形を V とする. また, 平面 $z=a$ で V を切断したときの切断面を S_a とする. ただし, $0<a<\sqrt{2}$ である. 以下の問いに答えよ.

(1) S_a が正方形となる a の最小値を z_0 とする. z_0 の値を求めよ.

(2) (1)の z_0 について, $0<a<z_0$ とする.

$\cos\theta = 1 - \dfrac{a}{\sqrt{2}}$ を満たす θ $\left(0<\theta<\dfrac{\pi}{2}\right)$ を用いて S_a の面積を表せ.

(3) V の体積を求めよ.

(福島県立医科大)

55

✓ Check Box □ □   解答は別冊 p.122

次の媒介変数表示で与えられる座標平面の曲線Cを考える.

$$x = \sin^2\theta, \qquad y = \sin^2\theta\cos\theta$$

ただし,θは0からπまでの範囲を動くものとする.次の問いに答えよ.

(1) Cの概形を描け.

(2) Cで囲まれる領域の面積を求めよ.

(お茶の水女子大)

56

✓ Check Box □ □   解答は別冊 p.124

$P(t, s)$が$s = \sqrt{2}\,t^2 - 2t$を満たしながらxy平面上を動くときに,点Pを原点を中心として$45°$回転した点Qの軌跡として得られる曲線をCとする.さらに,曲線Cとx軸で囲まれた図形をDとする.

(1) 点$Q(x, y)$の座標を,tを用いて表せ.

(2) 直線$y = a$と曲線Cがただ1つの共有点をもつような定数aの値を求めよ.

(3) 図形Dをy軸のまわりに回転して得られる回転体の体積Vを求めよ.

(東京工業大)

57

✓ Check Box ■■ 解答は別冊 p.126

媒介変数 t を用いて

$$x = \cos^3 t, \ y = \sin^3 t \ \left(0 \leq t \leq \frac{\pi}{2}\right)$$

で表される曲線を C とする．C の概形は右図のようにな

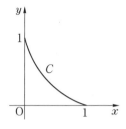

る．このとき，次の各問いに答えよ．

(1) 曲線 C 上の点 $\mathrm{A}\left(\dfrac{1}{8}, \dfrac{3\sqrt{3}}{8}\right)$ における法線の方程式

を求めよ．

(2) 曲線 C の長さを求めよ．

(3) 曲線 C と x 軸および y 軸で囲まれた図形を x 軸のまわりに 1 回転させてでき

る立体の体積を求めよ．

(宮崎大)

58

✓ Check Box ■■ 解答は別冊 p.128

a を正の定数とする．xy 座標平面において，曲線 $\sqrt{x} + \sqrt{y} = \sqrt{a}$ と，直線

$x + y = a$ とで囲まれた部分を D とおく．以下の問いに答えよ．

(1) D の概形を描き，その面積を求めよ．

(2) 直線 $x + y = a$ を軸として，D を 1 回転してできる図形の体積を求めよ．

(早稲田大)

座標平面上に円 $C_1 : x^2+y^2=1$ と点 $A\left(\dfrac{1}{2},\ 0\right)$ を考える．C_1 上の点Pにおける接線に関して点Aと対称な点をQとするとき，点Pが円 C_1 上を1周するときの点Qの軌跡を C とする．点Pの座標を $(\cos t,\ \sin t)$ とするとき，次の問いに答えよ．

(1) 点Qの座標 $(x(t),\ y(t))$ を求めよ．

(2) 点Qの x 座標 $x(t)$ の $0 \le t \le \pi$ における増減を調べよ．

(3) 曲線 C で囲まれた図形の面積 S を求めよ．

（名古屋工業大）

原点Oを中心とする半径 a の円に糸がまきつけられていて，糸の端は点 $A(a,\ 0)$ にあり，反時計回りにほどける．いま糸をたわむことなくほどいていき，その糸と円の接点をRとし，$\angle\mathrm{AOR}=\theta\ (0 \le \theta \le 2\pi)$ とする．さらに，ほどかれた糸の端の座標を $\mathrm{P}(x,\ y)$ とする．

(1) x と y を θ の関数で表せ．

(2) 第1象限にあるPの軌跡と円および直線 $y=a$ で囲まれる部分の面積を求めよ．

（芝浦工業大）

　原点を中心として回転する半直線 L と L に接しながら動く半径 1 の円 C がある．時刻 $t=0$ では，半直線 L は y 軸の負の部分に一致しており，円 C は中心が $(1,\ 0)$ にあって原点で L に接しているとする．時刻 t では，半直線 L は原点を中心に正の向きに t だけ回転し，C は L 上を滑らずにころがって原点から $2t$ の距離の点 R で L に接しているとする．円の中心を P とする．点 Q は C の周上の定点で $t=0$ では原点にあるとする．

(1)　時刻 t での P と Q の座標を媒介変数 t で表せ．

(2)　t が 0 から $\dfrac{\pi}{2}$ まで動くときの P の軌跡を K_1 とし，Q の軌跡を K_2 とする．

　$(0,\ 0)$ と $(1,\ 0)$ を結ぶ線分，$(\pi,\ 1)$ と $(\pi,\ 2)$ を結ぶ線分および K_1 と K_2 で囲まれる部分の面積を求めよ．

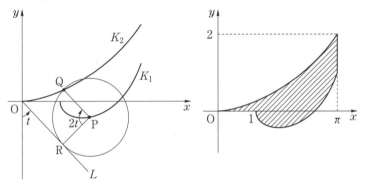

（東北大）

第6章 複素数平面

62 ✓Check Box ☐☐ 解答は別冊 p.136

次の問いに答えよ.

(1) $x^4-(p+1)x^3+(2p-1)x^2-p$ を 2 次式の積で表せ.

(2) 4 次方程式 $x^4-(p+1)x^3+(2p-1)x^2-p=0$ の解を α, β, γ, δ とする.

$$|\alpha-c|=|\beta-c|=|\gamma-c|=|\delta-c|$$

を満たす実数 p と c の値を求めよ.

(信州大)

63 ✓Check Box ☐☐ 解答は別冊 p.138

2 つの複素数 $\alpha=\cos\theta_1+i\sin\theta_1$, $\beta=\cos\theta_2+i\sin\theta_2$ の偏角 θ_1, θ_2 は, $0<\theta_1<\pi<\theta_2<2\pi$ を満たすものとする. ただし, i は虚数単位を表す.

(1) $\alpha+1$ を極形式で表せ.

(2) $\dfrac{1}{\alpha+1}$ の実部の値を求めよ.

(3) $\dfrac{\alpha+1}{\beta+1}$ の実部が 0 に等しいことは, $\beta=-\alpha$ であるための必要十分条件であることを示せ.

(大阪公立大)

64

✓ Check Box ☐☐ 解答は別冊 p.140

$z = \cos\dfrac{2\pi}{7} + i\sin\dfrac{2\pi}{7}$ （i は虚数単位）とおく.

(1) $z + z^2 + z^3 + z^4 + z^5 + z^6$ を求めよ.

(2) $\alpha = z + z^2 + z^4$ とするとき, $\alpha + \overline{\alpha}$, $\alpha\overline{\alpha}$ および α を求めよ. ただし, $\overline{\alpha}$ は α の共役複素数である.

(3) $(1-z)(1-z^2)(1-z^3)(1-z^4)(1-z^5)(1-z^6)$ を求めよ.

（千葉大）

65

✓ Check Box ☐☐ 解答は別冊 p.142

複素数平面上を，点 P が次のように移動する.

1. 時刻 0 では，P は原点にいる. 時刻 1 まで，P は実軸の正の方向に速さ 1 で移動する. 移動後の P の位置を $Q_1(z_1)$ とすると, $z_1 = 1$ である.

2. 時刻 1 に P は $Q_1(z_1)$ において進行方向を $\dfrac{\pi}{4}$ 回転し, 時刻 2 までその方向に速さ $\dfrac{1}{\sqrt{2}}$ で移動する. 移動後の P の位置を $Q_2(z_2)$ とすると, $z_2 = \dfrac{3+i}{2}$ である.

3. 以下同様に, 時刻 n に P は $Q_n(z_n)$ において進行方向を $\dfrac{\pi}{4}$ 回転し, 時刻 $n+1$ までその方向に速さ $\left(\dfrac{1}{\sqrt{2}}\right)^n$ で移動する. 移動後の P の位置を $Q_{n+1}(z_{n+1})$ とする. ただし, n は自然数である.

$\alpha = \dfrac{1+i}{2}$ として, 次の問いに答えよ.

(1) z_3, z_4 を求めよ.

(2) z_n を α, n を用いて表せ.

(3) P が $Q_1(z_1)$, $Q_2(z_2)$, …… と移動するとき, P はある点 $Q(w)$ に限りなく近づく. w を求めよ.

(4) z_n の実部が(3)で求めた w の実部より大きくなるようなすべての n を求めよ.

（広島大）

複素平面上に異なる3点 $A(\alpha)$, $B(\beta)$, $C(1)$ があり，条件
$$3\alpha^2+\beta^2-6\alpha-2\beta+4=0, \quad \alpha\beta\neq0, \quad |\alpha-1|=1$$
を満たしている．次の問いに答えよ．

(1) $\dfrac{\beta-1}{\alpha-1}$ を求めよ．

(2) 三角形 ABC の面積を求めよ．

(3) 3点 $C(1)$, $D\left(\dfrac{1}{\alpha}\right)$, $E\left(\dfrac{1}{\beta}\right)$ が一直線上にあるとき，α を求めよ．

(横浜国立大)

複素平面上に3点 O，A，B を頂点とする △OAB がある．ただし，O は原点とする．△OAB の外心をPとする．3点 A，B，P が表す複素数をそれぞれ α, β, z とするとき，$\alpha\beta=z$ が成り立つとする．

(1) 複素数 α の満たすべき条件を求め，点 $A(\alpha)$ が描く図形を複素平面上に図示せよ．

(2) 点 $P(z)$ の存在範囲を求め，複素平面上に図示せよ．

(北海道大)

等式 $\left|\dfrac{i}{z}-1\right|=\left|\dfrac{1}{z}-k\right|$ を満たすすべての複素数 z に対して不等式 $|z|\leqq 2$ が成り立つような実数 k の値の範囲を求めよ.

（東京学芸大）

複素数平面上で原点 O と 2 点 A(α)，B(β) を頂点とする △OAB がある．直線 OB に関して点 A と対称な点を C，直線 OA に関して B と対称な点を D とするとき，以下の問いに答えよ．ただし，複素数 z と共役な複素数を $\bar{z}$ で表すものとする．

(1) 点 C(γ) とするとき，$\gamma=\overline{\left(\dfrac{\alpha}{\beta}\right)}\beta$ であることを示せ.

(2) 辺 AB と直線 DC が平行なとき，△OAB はどのような三角形か.

（岐阜薬科大）

70

✓ Check Box □□ 解答は別冊 p.152

複素数平面の点 A(1) を中心とし，原点を通る円を C とする．また，P(z)，Q(w) を円 C 上を動く点とし，$0 < \arg z < \arg w < \dfrac{\pi}{2}$ とする．さらに，

$R = \dfrac{z(w-2)}{w(z-2)}$ とおく．

(1) R は $R > 1$ を満たす実数であることを示せ．

(2) $\angle \mathrm{PAQ} = \dfrac{\pi}{3}$ のときの R の最小値を求めよ．

（群馬大）

71

✓ Check Box □□ 解答は別冊 p.154

z，w は相異なる複素数で z の虚部は正，w の虚部は負とする．このとき，以下の問いに答えよ．

(1) 1，z，-1，w が複素数平面上の同一円周上にあるための必要十分条件は

$$\frac{(1+w)(1-z)}{(1-w)(1+z)}$$

が負の実数となることであることを示せ．

(2) $z = x + yi$ が $x < 0$ と $y > 0$ を満たすとする．1，z，-1，$\dfrac{1+z^2}{2}$ が複素数平面の同一円周上にあるとき，複素数 z の軌跡を求めよ．

（東北大）

次の問いに答えよ.

(1) 複素数平面上で, $\dfrac{(1-i)(z-2)}{iz}$ が実数となるような点 z が描く図形を図示せよ.

(2) a, b は実数の定数で, $b \neq 0$ とする. z が(1)で求めた図形上を動くとき, $w = \dfrac{iz + a(1+i)}{z-b}$ と表せる点 w が, つねに 2 点 0 と $1+i$ を通る直線上にあるような a, b を求めよ.

(横浜国立大)

P_0, Q_0 を複素数平面上の異なる点とする. 自然数 k に対して, 平面上の点 P_k, Q_k を以下の条件(ⅰ), (ⅱ)を満たすものとして定める.

(ⅰ) 線分 $P_{k-1}Q_{k-1}$ を P_{k-1} を中心として角 θ だけ回転させた線分が $P_{k-1}Q_k$ となる.

(ⅱ) 線分 $P_{k-1}Q_k$ を Q_k を中心として角 θ' だけ回転させた線分が Q_kP_k となる.

以下の問いに答えよ.

(1) $Q_{k+2} = Q_k$ となるための, θ と θ' に関する条件を求めよ.

(2) $0 \leqq \theta < 2\pi$, $\theta = -\theta'$, $|Q_0P_0| = 1$ とする. Q_0 を中心とし, 半径が r の円を C とする. P_{n-1} は C の内部, Q_n は C の外部にあるという. このとき, r^2 がとり得る値の範囲を n と θ を用いて表せ.

(信州大)

２次曲線

74 ✓Check Box ☐☐ 解答は別冊 p.160

(A) xy 平面において，2 点 $(2, -1)$, $(2, 1)$ を焦点とし，直線 $y=2x$ に接する楕円の方程式を求めよ．

(弘前大)

(B) xy 平面上の円 C_1, C_2 を次のように定める．
$$C_1 : x^2+y^2=4, \qquad C_2 : (x-2)^2+y^2=1$$
このとき，C_1, C_2 に外接する円 C の中心の軌跡を求めよ．

(奈良女子大)

75 ✓Check Box ☐☐ 解答は別冊 p.162

(A) a は正の定数として，次の 2 つの楕円を考える．
$$C : \frac{(x-a)^2}{a^2}+a^2y^2=1, \qquad D : \frac{x^2}{a^2}+a^2\left(y-\frac{1}{a}\right)^2=1$$

(1) 2 つの楕円を図示せよ．ただし，2 つの楕円の交点の座標を明示すること．

(2) 2 つの楕円の内部の共通部分からなる領域の面積 S を求めよ．

(広島大)

(B) 放物線 $y=\dfrac{3}{4}x^2$ と楕円 $x^2+\dfrac{y^2}{4}=1$ の共通接線の方程式を求めよ．

(群馬大)

$a>b>0$ とし，xy 平面の楕円 $\dfrac{x^2}{a^2}+\dfrac{y^2}{b^2}=1$ の第 1 象限の部分を E とする．
ただし，第 1 象限には x 軸と y 軸は含まれない．

E 上の点 P における E の接線と法線が y 軸と交わる点の y 座標をそれぞれ h と k とし，$L=h-k$ とおく．点 P が E 上を動くとき，L の最小値が存在するための a と b についての条件と，そのときの L の最小値を求めよ．

（東北大）

原点を通って x 軸となす角が α $(0\leqq\alpha<\pi)$ の直線と楕円

$$\frac{(x-1)^2}{4}+\frac{y^2}{3}=1$$

との 2 つの交点を A，B とし，楕円の 2 つの焦点のうち x 座標が大きい方の焦点を F とする．
(1) 楕円の 2 つの焦点の座標を書け．
(2) 線分 AB の長さ d，三角形 ABF の面積 S を α で表せ．
(3) 長さ AF と長さ BF の積 $p=$ AF・BF を α で表し，α を変化させたときの p の最大値を求めよ．

（東京理科大・改）

楕円 $\dfrac{x^2}{17}+\dfrac{y^2}{8}=1$ の外部の点 P$(a,\ b)$ から引いた 2 本の接線が直交するような点 P の軌跡を求めよ．

（東京工業大）

✓Check Box ☐☐ 解答は別冊 p.170

楕円 $C_1 : \dfrac{x^2}{\alpha^2} + \dfrac{y^2}{\beta^2} = 1$ と双曲線 $C_2 : \dfrac{x^2}{a^2} - \dfrac{y^2}{b^2} = 1$ を考える. C_1 と C_2 の焦点が一致しているならば, C_1 と C_2 の交点でそれぞれの接線は直交することを示せ.

(北海道大)

✓Check Box ☐☐ 解答は別冊 p.172

t が 0 以外の実数を動くとき, $x = t + \dfrac{1}{t}$, $y = t - \dfrac{1}{t}$ と表される双曲線 C に関し, 以下の問いに答えよ.

(1) C の焦点 F, F′ および漸近線を求めよ. ただし, F の x 座標は F′ の x 座標より大とする.

(2) $t > 1$ とし, C 上の点 $\mathrm{P}\left(t + \dfrac{1}{t},\ t - \dfrac{1}{t}\right)$ での接線と 2 つの漸近線との交点を Q, R とする. このとき, $\angle \mathrm{QFR}$ の大きさは一定であることを示し, その角度を求めよ. ただし, Q の y 座標は R の y 座標より大とする.

(福井大)

✓Check Box ☐☐ 解答は別冊 p.174

C は平面上の楕円で中心が $(a,\ b)$ であり, C の 2 焦点は直線 $y + 1 = 0$ 上にある. C は直線 $y = 1$ と接し, また, C は直線 $x + y = -2$ と点 $(0,\ -2)$ で接する.

(1) C の方程式を求めよ.

(2) C 上の点 $\mathrm{P}(x,\ y)$ は $a < x$, $b < y$ の範囲で動くとする. P における接線 L と直線 $x = a$ との交点を Q とし, L と直線 $y = b$ との交点を R とする. 線分 QR の長さの最小値を求めよ.

(群馬大)

座標平面上に 2 点 A$(-1,\ 0)$, B$(1,\ 0)$ と, 原点を中心とする半径 2 の円周上の点 P$(2\cos\theta,\ 2\sin\theta)$ をとるとき, 以下の問いに答えよ.

(1) P を通って, 直線 AP に直交する直線 l の方程式を求めよ.

(2) l に関して A と対称な点を C とし, l と直線 BC の交点を Q とおく. 線分 BQ の長さを θ を用いて表せ.

(3) θ が $0 \leqq \theta < 2\pi$ の範囲を動くときの点 Q の軌跡は楕円であることを示し, その長軸と短軸の長さの比を求めよ.

(福井大)

2 つの双曲線
$$C : x^2 - y^2 = 1, \qquad H : x^2 - y^2 = -1$$
を考える. 双曲線 H 上の点 P$(s,\ t)$ に対して, 方程式 $sx - ty = 1$ で定まる直線を l とする.

(1) 直線 l は点 P を通らないことを示せ.

(2) 直線 l と双曲線 C は異なる 2 点 Q, R で交わることを示し, △PQR の重心 G の座標を $s,\ t$ を用いて表せ.

(3) (2)における 3 点 G, Q, R に対して, △GQR の面積は点 P$(s,\ t)$ の位置によらず一定であることを示せ.

(筑波大)

第8章 極座標, 速度・道のり

84 ✓ Check Box ☐☐ 解答は別冊 p.180

(A) 極方程式 $r=\left|\sin\left(\theta-\dfrac{\pi}{6}\right)\right|$ の表す図形を, xy 平面に図示せよ.

(弘前大)

(B) 極方程式 $r=1+\cos\theta$ $(0\leqq\theta\leqq\pi)$ で表される曲線の長さを求めよ.

(京都大)

85 ✓ Check Box ☐☐ 解答は別冊 p.182

(1) 直交座標において, 点 $A(\sqrt{3},\ 0)$ と直線 $x=\dfrac{4}{\sqrt{3}}$ からの距離の比が

$\sqrt{3}:2$ である点 $P(x,\ y)$ の軌跡を求めよ.

(2) (1)におけるAを極, x軸の正の部分の半直線 AX とのなす角 θ を偏角とする極座標を定める. このとき, P の軌跡を $r=f(\theta)$ の形の極座標で求めよ. ただし, $0\leqq\theta<2\pi,\ r>0$ とする.

(3) Aを通る任意の直線と(1)で求めた曲線との交点を R, Q とする. このとき,

$$\frac{1}{QA}+\frac{1}{RA}$$

は一定であることを示せ.

(帯広畜産大)

86 ✓ Check Box ☐☐ 解答は別冊 p.184

座標平面上で媒介変数 θ で表された曲線
$$C:x=-e^{-\theta}\cos\theta,\ y=e^{-\theta}\sin\theta$$
について, 以下の問いに答えよ.

(1) $0\leqq\theta\leqq t$ の範囲における曲線Cの長さ $L(t)$ を求めよ. また, $\displaystyle\lim_{t\to\infty}L(t)$ を求めよ.

(2) $0\leqq\theta\leqq\dfrac{\pi}{2}$ の範囲における曲線Cとx軸, y軸で囲まれた図形の面積を求めよ.

(山梨大)

xy 座標において，双曲線 $C: x^2 - y^2 = 1$ 上の点 $\mathrm{P}(a, b)$ における C の接線に対して，原点 O から下ろした垂線の足を Q とする．

(1) 点 Q の x, y 座標を a, b を用いて表せ．

(2) 原点 O を極，半直線 Ox を始線とする極座標において，双曲線 C の極方程式を求めよ．

(3) 点 P が双曲線 C 上を動くとき，点 Q が描く軌跡の極方程式を求めよ．

(4) 点 A，B の xy 座標をそれぞれ $\left(\dfrac{1}{\sqrt{2}}, 0\right)$, $\left(-\dfrac{1}{\sqrt{2}}, 0\right)$ とする．点 A から点 Q までの距離 AQ と，点 B から点 Q までの距離 BQ との積 AQ・BQ は，点 P のとり方によらず一定であることを示せ．

（九州工業大）

放物線 $y = (x+1)^2$ 上に定点 A$(-3, 4)$，B$(0, 1)$ をとる．点 P が点 B を出発して，この放物線上を $x \geqq 0$ の方向に動くとき，出発してから t 秒後の点 P の座標を (x, y) とする．また，線分 AP とこの放物線で囲まれた部分の面積 S について，$\dfrac{dS}{dt}$ は一定値 1 をとるとする．次の問いに答えよ．

(1) S を x を用いて表せ．

(2) $\dfrac{dx}{dt}$ を x を用いて表せ．

(3) 点 P(x, y) の動く速さを x を用いて表せ．

(4) 点 P の動く速さが最大となるときの点 P の座標を求めよ．

（群馬大）

xy 平面上の曲線 $C : y = \dfrac{1}{2}(e^x + e^{-x})$ の上を運動する点Pを考える. その速度は大きさが1で x 成分は正とする. 点QをPにおけるCの法線上にあり, PQ=1 で領域 $y > \dfrac{1}{2}(e^x + e^{-x})$ に属しているものとする.

⑴ 点Pの座標を $\left(u, \dfrac{e^u + e^{-u}}{2}\right)$ とするとき, 点Qの座標を求めよ.

⑵ 動点Qの速度の大きさのとり得る範囲を求めよ.

(北海道大)

曲線 $x = 10e^{-y}$ の $0 \leqq y \leqq 4$ の部分と x 軸の $0 \leqq x \leqq 10$ の部分を, y 軸のまわりに1回転してできる容器を考える. x 軸の $0 \leqq x \leqq 10$ の部分を y 軸のまわりに1回転してできる面が容器の底である. この容器の中に, 容器の底を水平にして, 毎秒2の割合で水を注ぐ. 注ぎ始めてから t 秒後の水面の高さを $h(t)$ とする. $h(0) = 0$ である. はじめて $h(t) = 4$ となる t を T(秒)とする. このとき, 次の問いに答えよ.

⑴ Tを求めよ.

⑵ $0 \leqq t \leqq T$ における $h(t)$ を求めよ.

⑶ $0 < t < T$ における水面の上昇速度 $h'(t)$ を求めよ.

(新潟大)

91 ✓ Check Box ☐☐ 解答は別冊 p.194

正方形 ABCD の辺を除く内部に，PA⊥PB を満たす点Pがある．ベクトル $\overrightarrow{PC}$ を $x\overrightarrow{PA}+y\overrightarrow{PB}$ と表すとき，以下の問いに答えよ．

(1) $\alpha=\dfrac{|\overrightarrow{PB}|}{|\overrightarrow{PA}|}$ とするとき，x, y を α を用いて表せ．

(2) 点Pが題意の条件を満たしながら動くとき，(1)で求めた x, y の和 $x+y$ の最大値を求め，そのときのPがどのような点かを答えよ．

（千葉大）

92 ✓ Check Box ☐☐ 解答は別冊 p.196

1辺の長さが1の正四面体 OABC を考える．次の問いに答えよ．

(1) 辺 OA 上を動く点Pと辺 BC 上を動く点Qに対して，線分 PQ の長さが最小となるとき，$\overrightarrow{PQ}$ を $\overrightarrow{OA}$, $\overrightarrow{OB}$, $\overrightarrow{OC}$ で表せ．

(2) 点Rが △ABC の内部および辺上を動くとする．(1)で求めた $\overrightarrow{PQ}$ と $\overrightarrow{OR}$ のなす角を θ とする．内積 $\overrightarrow{PQ}\cdot\overrightarrow{OR}$ が最大となるような $\cos\theta$ のとり得る値の範囲を求めよ．

（東北大）

次の問いに答えよ.

四面体 OABC の 4 つの面はすべて合同であり

$$OA=\sqrt{10}, \quad OB=2, \quad OC=3$$

であるとする. このとき, $\overrightarrow{AB}\cdot\overrightarrow{AC}=$ ☐ であり, 三角形 ABC の面積は ☐ である.

いま, 3 点 A, B, C を通る平面を α とし, 点 O から平面 α に垂線 OH を下ろす. $\overrightarrow{AH}$ は, $\overrightarrow{AB}$ と $\overrightarrow{AC}$ を用いて $\overrightarrow{AH}=$ ☐ と表される. また, 四面体 OABC の体積は ☐ である.

次に, 線分 AH と線分 BC の交点を P, 点 P から線分 AC に下ろした垂線を PQ とする. PQ の長さは ☐ である. また, 2 点 P, Q を通り平面 α に垂直な平面による四面体 OABC の切り口の面積は ☐ である.

（慶應義塾大）

O を原点とする座標空間に, 3 点

$$A(1, \ -2, \ 2), \quad B(-1, \ -3, \ 1), \quad C(-1, \ 0, \ 4)$$

がある. このとき, 次の各問いに答えよ.

(1) △ABC の面積を求めよ.

(2) 3 点 A, B, C を含む平面に O から垂線 OH を下ろす. このとき, 点 H の座標を求めよ.

(3) △ABC の外接円を K とする.

(i) K の中心 J の座標を求めよ.

(ii) 点 P が K 上を動くとき, OP^2 の最大値を求めよ.

（旭川医科大）

Oを原点とする xyz 空間に点 A$(2,\ 0,\ -1)$, および, 中心を点 B$(0,\ 0,\ 1)$ とする半径 $\sqrt{2}$ の球面 S がある. 平面 $z=0$ 上の点 P$(a,\ b,\ 0)$ を考える. 次の問いに答えよ.

(1) 直線 AP 上の点Qに対して $\overrightarrow{AQ}=t\overrightarrow{AP}$ と表すとき, $\overrightarrow{OQ}$ を a, b, t を用いて表せ.

(2) 直線 AP が球面 S と共有点をもつとき, 点Pの存在範囲を ab 平面上に図示せよ.

(3) 球面 S と平面 $x=-1$ の共通部分を T とする. 直線 AP が T と共有点をもつとき, 点Pの存在範囲を ab 平面上に図示せよ.

(横浜国立大)

座標原点をOとする座標空間内に, 平面 S と円筒 R がある. S の方程式は $y+z-2=0$ であり, R の xy 平面による切り口は, 原点を中心とする半径1の円である. また, R の S による切り口の曲線を C とし, Pを曲線 C 上の点とする. z 軸上の点 Q$(0,\ 0,\ 3)$ に対し, z 軸と直線 QP を含む平面に含まれ, 直線 QP と点Pで垂直に交わる直線を l とする. l に平行な単位ベクトルを $\overrightarrow{n(\mathrm{P})}$ として, 次の問いに答えよ.

(1) ベクトル $\overrightarrow{OP}$ の y 成分を p とするとき, $\overrightarrow{OP}$ の x 成分, および z 成分を p を用いて表せ.

(2) $\overrightarrow{n(\mathrm{P})}$ の z 成分を n_z とする. $n_z \geqq 0$ のとき, n_z を p を用いて表せ.

(3) l と直線 OP とのなす角を $\theta\left(0 \leqq \theta \leqq \dfrac{\pi}{2}\right)$ とし, 点Pが曲線 C 上を動くとき, θ を最大にする p の値, さらに, そのときの $\cos\theta$ の値をそれぞれ求めよ.

(兵庫県立大)

右の図のような 6 つの平行四辺形で囲まれた平行六面体 OABC-DEFG にお

いて，すべての辺の長さは 1 であり，

$\overrightarrow{OA}$, $\overrightarrow{OC}$, $\overrightarrow{OD}$ のどの 2 つのなす角も $\dfrac{\pi}{3}$

であるとする．次の問いに答えよ．

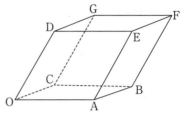

(1) $\overrightarrow{OF}$ を $\overrightarrow{OA}$, $\overrightarrow{OC}$, $\overrightarrow{OD}$ を用いて表すと，

$\overrightarrow{OF} = \boxed{}$ である．

(2) $\left|\overrightarrow{OF}\right|$, $\cos \angle AOF$ を求めると

$\left|\overrightarrow{OF}\right| = \boxed{}$, $\cos \angle AOF = \boxed{}$

となる．

(3) 三角形 ACD を底面とする三角錐 OACD を，OF のまわりに 1 回転してできる円錐の体積は $\boxed{}$ である．

(4) 対角線 OF 上に点 P をとり，$\left|\overrightarrow{OP}\right| = t$ とおく．点 P を通り，$\overrightarrow{OF}$ に垂直な平面を H とする．平行六面体 OABC-DEFG を平面 H で切ったときの断面が六角形となるような t の範囲は $\boxed{}$ である．このとき，平面 H と辺 AE の交点を Q として，$\left|\overrightarrow{AQ}\right|$ を t の式で表すと $\left|\overrightarrow{AQ}\right| = \boxed{}$ である．また，$\left|\overrightarrow{PQ}\right|^{2}$ を t の式で表すと，$\left|\overrightarrow{PQ}\right|^{2} = \left|\overrightarrow{OQ}\right|^{2} - \left|\overrightarrow{OP}\right|^{2} = \boxed{}$ である．

(5) 平行六面体 OABC-DEFG を，直線 OF のまわりに 1 回転してできる回転体の体積は $\boxed{}$ である．

(明治大)

座標空間において，O を原点とし

$$A(2, \ 0, \ 0), \ B(0, \ 2, \ 0), \ C(1, \ 1, \ 0)$$

とする．△OAB を直線 OC のまわりに 1 回転してできる回転体を L とする．以下の問いに答えよ．

(1) 直線 OC 上にない点 $P(x, \ y, \ z)$ から直線 OC に下ろした垂線を PH とする．$\overrightarrow{OH}$ と $\overrightarrow{HP}$ を $x, \ y, \ z$ の式で表せ．

(2) 点 $P(x, \ y, \ z)$ が L の点であるための条件は

$$z^2 \leqq 2xy \ \text{かつ} \ 0 \leqq x+y \leqq 2$$

であることを示せ．

(3) $1 \leqq a \leqq 2$ とする．L を平面 $x=a$ で切った切り口の面積 $S(a)$ を求めよ．

(4) 立体 $\{(x, \ y, \ z) | (x, \ y, \ z) \in L, \ 1 \leqq x \leqq 2\}$ の体積を求めよ．

（神戸大）

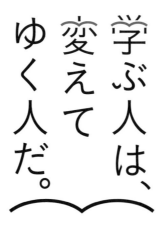

学ぶ人は、
変えて
ゆく人だ。

目の前にある問題はもちろん、

人生の問いや、

社会の課題を自ら見つけ、

挑み続けるために、人は学ぶ。

「学び」で、

少しずつ世界は変えてゆける。

いつでも、どこでも、誰でも、

学ぶことができる世の中へ。

旺文社

『微分・積分は難しい』と思っている人が多いのではないでしょうか．確かに，微分の計算がメンドウだし，積分は覚えることも多くて慣れるまで大変です．しかし，問題の意味はとりやすいので，計算力さえ身につければ得点源にできる実はお得な分野です．ただ，本書の目指す大学のレベルになると，要求される計算力や知識のレベルも高いので時間はかかります．学習時期が遅いのでどうしても十分な時間がとれないのが難しく感じる原因です．まずは，早いスタートをきって十分な時間を確保することが大切です．

本書の問題を選ぶにあたっては，原則本番で解きたいというレベルを基準にしました．内容も，各分野から定型の標準問題，問題を解く上で必要な解法・アイディアを含む問題をできるだけ取り入れています．ただ，知らないと初見では解けない計算法や数学の話題については難しくても取り上げました．

たくましい計算力と，使いこなせる知識の習得

が目標です．難しいと感じるかもしれませんが，ぜひマスターしてください．

本シリーズは『レベル別』で，基礎からレベルに応じて学べるようになっています．本書は，教科書やレベル⑤の理解を前提にしていますが，時間がなければ並行して勉強していくのもよいでしょう．繰り返し練習して身につけるものと，整理して本番直前に確認するものに分けるのも大事です．入試問題は総合問題ですから，すべての分野でまずはしっかりとした土台をつくることです．

また，すぐに解答を読むような安易な勉強法ではいけません．どれだけ自分の頭で考え抜いたかで，知識も定着し，実力につながるのです．勉強は，全体が見えなくてはじめは大変ですが，徐々に加速がつくものです．とにかく粘り強く続けることが大事です．

『どこまで登るつもりか？　目標が　その日その日を支配する』

高校野球の監督の言葉です．本シリーズを通して，皆さんに本物の実力を養ってもらいたいと思っています．栄冠に向かって，頑張っていきましょう．

著者紹介：**東海林　藤一**（とうかいりん　とういち）

山形県出身で，東北大学理学部数学科を卒業．仙台市内のCAP予備校を経て，代々木ゼミナールに．講師の傍らテキスト作成，模試作成にも関わる．その後専任講師となり長い間難関大数学の指導をしていた．現在はCAP特訓予備校を中心に個別指導など難関大の受験指導を続けている．『全国大学入試問題正解 数学』（旺文社）の解答者の一人である．著書に『大学入試 全レベル問題集 数学Ⅰ＋A＋Ⅱ＋B＋ベクトル④ 私大上位・国公立大上位レベル』（旺文社）がある．

全レベル問題集
数学 III+C

東海林藤一 著

6 私大上位・国公立大上位レベル

改訂版

本書の特長とアイコン説明

(1) 本書の構成

　過去に出題された入試問題から厳選した問題が，各分野ごとに並んでいます．中には難しいと感じる問題もあると思いますが，本書が目指すレベルには必要と考えてください．　**解答**　では，その問題だけの解法暗記にならないよう，体系的学習ができるように解説してありますのでぜひ熟読してください．また，教科書の内容をひと通り学習していることを前提としていますので，解説内容が前後すること(例えば第1章の解答に，第5章の内容を使うなど)はご了承ください．

(2) アイコンの説明

アプローチ…言葉や記号の定義，その問題の考え方・アプローチ法などを解説．この部分をきちんと理解することで類題が解けるようになるでしょう．

解答…答案に書くべき論理と計算を載せてありますので，内容の理解は当然として，答案の書き方の参考にしてください．

別解…**解答**とは本質的に別の考え方を用いる解答を載せてあります．

補足…計算方法をより詳しく説明したり，その問題だけではわからないような別の例を説明してあります．

注意!…その問題に対する補助的な知識や注意点を説明しています．

参考…その問題に関連する発展的な知識や話題などを取り上げています．

志望校レベルと「全レベル問題集 数学」シリーズのレベル対応表	
本書のレベル	**各レベルの該当大学**
数学Ⅰ＋A＋Ⅱ＋B＋ベクトル ①基礎レベル	高校基礎〜大学受験準備
数学Ⅰ＋A＋Ⅱ＋B＋C ②共通テストレベル	共通テストレベル
数学Ⅰ＋A＋Ⅱ＋B＋ベクトル ③私大標準・ 国公立大レベル	[私立大学]東京理科大学・明治大学・青山学院大学・立教大学・法政大学・中央大学・日本大学・東海大学・名城大学・同志社大学・立命館大学・龍谷大学・関西大学・近畿大学・関西学院大学・福岡大学 他 [国公立大学]弘前大学・山形大学・茨城大学・宇都宮大学・群馬大学・埼玉大学・新潟大学・富山大学・金沢大学・信州大学・静岡大学・広島大学・愛媛大学・鹿児島大学 他
数学Ⅰ＋A＋Ⅱ＋B＋ベクトル ④私大上位・ 国公立大上位レベル	[私立大学]早稲田大学・慶應義塾大学／医科大学医学部 他 [国公立大学]東京大学・京都大学・北海道大学・東北大学・東京工業大学・名古屋大学・大阪大学・九州大学・筑波大学・千葉大学・横浜国立大学・神戸大学・東京都立大学・大阪公立大学／医科大学医学部 他
数学Ⅲ＋C ⑤私大標準・ 国公立大レベル	[私立大学]東京理科大学・明治大学・青山学院大学・立教大学・法政大学・中央大学・日本大学・東海大学・名城大学・同志社大学・立命館大学・龍谷大学・関西大学・近畿大学・福岡大学 他 [国公立大学]弘前大学・山形大学・茨城大学・埼玉大学・新潟大学・富山大学・金沢大学・信州大学・静岡大学・広島大学・愛媛大学・鹿児島大学 他
数学Ⅲ＋C ⑥私大上位・ 国公立大上位レベル	[私立大学]早稲田大学・慶應義塾大学／医科大学医学部 他 [国公立大学]東京大学・京都大学・北海道大学・東北大学・東京工業大学・名古屋大学・大阪大学・九州大学・筑波大学・千葉大学・横浜国立大学・神戸大学・東京都立大学・大阪公立大学／医科大学医学部 他

※掲載の大学名は購入していただく際の目安です．また，大学名は刊行時のものです．

解答編　目次

4

学習アドバイス

　以下，問題ごとに次のように記号で内容やレベルを定めます．ただし，上位レベル対策の問題集なので，すべて標準からやや難しい問題です．解けない問題があっても，解答・解説をよく読んで知らなかった知識や解法を吸収してください．はじめは，●や★を後回しにしてもいいと思います．

　○：その分野で代表的なテーマだが，文字定数や計算量，または気づきを必要とすることで応用問題になっている．参考，補足を含め，解答をしっかり読んでほしい．

　□：多くの入試問題にある形式で，設問を分けて誘導する応用問題．設問の流れを読むのがポイント．

　☆：解法を知っていれば難しくないので，難関レベルでは差がつく問題．解法をしっかりマスターしてほしい．

　●：やや難問です．解答を読むよりは，じっくり時間をかけて考え抜いてほしい問題．

　★：数学の話題を含む問題．難関私立，とくに医学部では知っておきたい．

■第1章　極　限■

1 ○　　**2** □　　**3** ○　　**4** ☆　　**5** □　　**6** ○　　**7** ○
8 ☆　　**9** □　　**10** ●　　**11** □　　**12** ●　　**13** □　　**14** ★

　極限計算は積分計算と同様に，身につくのに時間がかかります．まず，代入して不定形ならば基本公式が使えるように式変形します．**1** ～ **4** がその例で，基本公式やはさみ打ちの原理を用いる方法を覚えてください．残りは応用問題です．**6** の点列の極限は，**65** も参照してください．2項間漸化式の極限の **8** は，定型問題なので，類題で練習しましょう．

■第2章　微　分■

15 ○　　**16** ☆　　**17** ○　　**18** ○　　**19** ○　　**20** □　　**21** ○
22 ○　　**23** ○　　**24** ○　　**25** ☆　　**26** ☆□

　微分の計算では，2回，3回と微分することもあり，関数によっては大変になります．ていねいに進めましょう．頻出ではありませんが，対数微分法の**16**や逆関数の微分法の**25**，さらに**24**の連続性の定義はしっかり覚えましょう．関

数決定の 26 も難関大では解きたい問題です．しっかりマスターしてください．

■第3章　積　分■

| 27 ○ | 28 ○ | 29 ○ | 30 ○ | 31 ○ | 32 ● | 33 ☆ |
| 34 □ | 35 □ | 36 ☆ | 37 ☆ | 38 ○ | 39 ● | 40 ★ |

　積分計算では，部分積分や置換積分の標準的な 27 ～ 29 は問題量をこなすうちに慣れてきますが， 32 ， 33 の特殊なものや， 34 ， 35 の積分漸化式（解答に追加もあります）はまとめて確認すればいいと思います．他にも，絶対値と定積分，積分方程式，区分求積，シグマ計算と定積分など，入試に頻出のテーマです．じっくりと時間をかけて，解けるようにしてください．

■第4章　面積・体積■

| 41 ○ | 42 ○ | 43 ○ | 44 ☆ | 45 □ | 46 ☆ | 47 ○ |
| 48 ● | 49 ☆ | 50 ○ | 51 ○ | 52 □ | 53 ☆ | 54 ● |

　 41 がよい例ですが，面積・体積に必要なのは積分区間と符号です．微分して極値を求める必要はありません． 44 の減衰曲線と 46 のグラフの描き方は概形を知るうえで有効です．追加の周期関数と定積分の計算も練習してください．体積では， 47 と 48 が y 軸のまわりの回転体， 49 が斜回転でどちらも重要です． 51 ～ 54 は，空間座標と体積の問題で苦手とする人の多い問題です． 97 ， 98 にもあるのでじっくり練習してください．

■第5章　平面曲線■

| 55 ○ | 56 ○ | 57 ○ | 58 ☆ | 59 ○ | 60 ☆ | 61 ● |

　媒介変数表示の面積・体積は，x，y の動きからグラフが素早く描けるかがポイントで，後は積分だけなので意外に得点しやすい問題です．有名曲線であるサイクロイド， 57 のアステロイド， 58 の放物線，他に 84 のカージオイド， 87 のレムニスケート， 89 のカテナリーなど，出題されると差がつくので，まとめて入試直前に確認すればいいと思います．

■第6章　複素数平面■

| 62 ○ | 63 ☆ | 64 ○ | 65 ☆ | 66 ☆ | 67 ○ | 68 ○ |
| 69 ☆ | 70 ○ | 71 ● | 72 ○ | 73 ● | | |

　極形式など複素数の計算問題が 62 ～ 64 で，残りは複素数平面上の図形の問

題です．複素数平面上の問題は平面座標と同じですが，共役複素数，絶対値，arg などの記号および，極形式，平行・垂直条件，なす角の扱いに慣れているかがポイントです．さらに，直線や円の方程式など複素数で表せるようにしましょう．

■第7章　2次曲線■

74 ○　　75 ○　　76 ○　　77 □　　78 ☆　　79 ○　　80 ○
81 ☆　　82 ○　　83 ●

　定義と標準形の関係，接線・法線の方程式，媒介変数表示などの基本を覚えましょう．それだけで解ける問題が多くあります．2次曲線は計算量が多くなりがちですが，75 のように楕円では拡大・縮小して円に戻すと計算がラクになります．78 の準円，82 の反射など2次曲線の性質はまとめておくとよいでしょう．

■第8章　極座標，速度・道のり■

84 ○　　85 ○　　86 ○　　87 ★　　88 ○　　89 ★　　90 ☆

　極座標では，直交座標との変換，84 の円とカージオイド，85 の楕円，87 の双曲線の極方程式のつくり方を，速度・道のりでは定義，公式をよく理解してください．出題の少ない分野なので，入試直前に確認してもらえばいいと思います．

■第9章　ベクトル■

91 ○　　92 ○　　93 ○　　94 ☆　　95 ☆　　96 ●　　97 □
98 ★

　位置ベクトルの求め方など基本的な解法は，レベル①と③で詳しく扱っているので，ぜひ参照してください．91 〜 93 は標準的ですが，94 〜 96 は空間座標の問題で，球面，円錐曲線，円柱面・平面を扱っています．特に，平面の方程式は使えるようにしてください．97，98 は体積との融合問題です．応用問題なので全体的に難しく感じると思いますが，差がつくところなので解答をよく読んで解けるように練習しましょう．

解 答 編

1 数列 $\{r^n\}$ の極限

アプローチ

　数列 $\{r^n\}$ を複数含む極限では，**底の絶対値の大きい項に着目**します．

$$\lim_{n \to \infty} \frac{3^n - 2^n}{3^n + 2^n} = \lim_{n \to \infty} \frac{1 - \left(\dfrac{2}{3}\right)^n}{1 + \left(\dfrac{2}{3}\right)^n} = 1$$

$$\lim_{n \to \infty} \sqrt[n]{3^n + 2^n} = \lim_{n \to \infty} \sqrt[n]{3^n \left\{1 + \left(\dfrac{2}{3}\right)^n\right\}}$$

$$= \lim_{n \to \infty} 3 \left\{1 + \left(\dfrac{2}{3}\right)^n\right\}^{\frac{1}{n}} = 3$$

どちらも 2^n はムシしてもよいということです．

　[A]では，a^n，$\left(\dfrac{a}{3}\right)^n$，$\left(\dfrac{1}{2}\right)^n$ があり，$a > \dfrac{a}{3}$ だから，$\dfrac{1}{2}$ と a の大小で場合分けをします．

◀ $1 < \left\{1 + \left(\dfrac{2}{3}\right)^n\right\}^{\frac{1}{n}} \leqq \left(1 + \dfrac{2}{3}\right)^{\frac{1}{n}}$

から，はさみうちの原理より

$$\lim_{n \to \infty} \left\{1 + \left(\dfrac{2}{3}\right)^n\right\}^{\frac{1}{n}} = 1$$

ですが，これは明らかでしょう．

解答

[A]　$b_n = \dfrac{\dfrac{1}{2}\left(3 - \dfrac{1}{3^{n-1}}\right)a^n + \dfrac{1}{2^{n-1}}}{\dfrac{1}{2}\left(3 - \dfrac{1}{3^n}\right)a^{n+1} + \dfrac{1}{2^n}}$ とおく．

（ⅰ）　$0 < a < \dfrac{1}{2}$ のとき，$0 < 2a < 1$ から

$$\lim_{n \to \infty} b_n = \lim_{n \to \infty} \frac{\dfrac{1}{2}\left(3 - \dfrac{1}{3^{n-1}}\right)(2a)^n + 2}{\dfrac{1}{2}\left(3 - \dfrac{1}{3^n}\right)(2a)^n \cdot a + 1} = 2$$

（ⅱ）　$a = \dfrac{1}{2}$ のとき

$$\lim_{n \to \infty} b_n = \lim_{n \to \infty} \frac{\dfrac{1}{2}\left(3 - \dfrac{1}{3^{n-1}}\right) + 2}{\dfrac{1}{2}\left(3 - \dfrac{1}{3^n}\right) \cdot \dfrac{1}{2} + 1} = 2$$

◀ $\dfrac{1}{3^{n-1}}$，$\dfrac{1}{3^n}$ をムシして

$$b_n \doteqdot \frac{\dfrac{3}{2}a^n + \dfrac{1}{2^{n-1}}}{\dfrac{3}{2}a^{n+1} + \dfrac{1}{2^n}}$$

の感覚である．

◀ 分子，分母を $\left(\dfrac{1}{2}\right)^n$ で割っている．

(iii) $a > \dfrac{1}{2}$ のとき, $0 < \dfrac{1}{2a} < 1$ から

$$\lim_{n\to\infty} b_n = \lim_{n\to\infty} \frac{\dfrac{1}{2}\left(3 - \dfrac{1}{3^{n-1}}\right)a + \dfrac{1}{(2a)^{n-1}}}{\dfrac{1}{2}\left(3 - \dfrac{1}{3^n}\right)a^2 + \dfrac{1}{(2a)^{n-1}} \cdot \dfrac{1}{2}}$$

◀分子, 分母を a^{n-1} で割っている.

$$= \frac{1}{a}$$

以上から

$$\lim_{n\to\infty} b_n = 2 \ \left(0 < a \leqq \frac{1}{2}\right), \ \ \frac{1}{a} \ \left(a > \frac{1}{2}\right)$$

[B] (i) $a > 1$ のとき

$$\lim_{n\to\infty}(1 + a^n)^{\frac{1}{n}} = \lim_{n\to\infty}\left\{a^n\left(\frac{1}{a^n} + 1\right)\right\}^{\frac{1}{n}}$$

$$= \lim_{n\to\infty} a\left(\frac{1}{a^n} + 1\right)^{\frac{1}{n}} = a \cdot 1 = a$$

◀ アプローチ と同様にして $a > b > 0$ のとき
$$\lim_{n\to\infty}(a^n + b^n)^{\frac{1}{n}} = a$$
が成り立つ.

(ii) $a = 1$ のとき

$$\lim_{n\to\infty}(1 + 1^n)^{\frac{1}{n}} = \lim_{n\to\infty} 2^{\frac{1}{n}} = 1$$

(iii) $0 < a < 1$ のとき

$$\lim_{n\to\infty}(1 + a^n)^{\frac{1}{n}} = 1$$

以上から

$$\lim_{n\to\infty}(1 + a^n)^{\frac{1}{n}} = 1 \ (0 < a \leqq 1), \ a \ (a > 1)$$

◆別解

$a > 1$ のとき

$$a^n \leqq 1 + a^n \leqq 2a^n \qquad \therefore \quad a \leqq \sqrt[n]{1 + a^n} \leqq 2^{\frac{1}{n}} \cdot a$$

$0 < a \leqq 1$ のとき

$$1 \leqq 1 + a^n \leqq 2 \qquad \therefore \quad 1 \leqq \sqrt[n]{1 + a^n} \leqq 2^{\frac{1}{n}}$$

よって, はさみうちの原理から

$$\lim_{n\to\infty}(1 + a^n)^{\frac{1}{n}} = 1 \ (0 < a \leqq 1), \ a \ (a > 1)$$

■メインポイント■

数列 $\{r^n\}$ を複数含む極限では, 底の絶対値の大きい項に着目!

2 有理式と数列 $\{r^n\}$ の極限

アプローチ

2項定理から

$$3^n = (1+2)^n$$
$$= 1 + {}_nC_1 \cdot 2 + {}_nC_2 \cdot 2^2 + {}_nC_3 \cdot 2^3 + \cdots + {}_nC_n \cdot 2^n$$

が成り立ちます. ここで k を自然数の定数とすると,
${}_nC_k$ は n の k 次式で, $3^n > {}_nC_k \, (n \geq k)$ とわかります.
例えば, $n \geq 3$ のとき

$$0 < \frac{n^2}{3^n} < \frac{n^2}{{}_nC_3} = \frac{6n}{(n-1)(n-2)}$$

が成り立ち, はさみうちの原理より $\displaystyle \lim_{n \to \infty} \frac{n^2}{3^n} = 0$ です.

分子が n^5 や n^{100} に代わっても 0 に収束します.

有理式と数列 $\{r^n\}$ では, **数列 $\{r^n\}$ がエライ**という
感覚です.

◀ $0 < \dfrac{n^5}{3^n} < \dfrac{n^5}{{}_nC_6}$,

$0 < \dfrac{n^{100}}{3^n} < \dfrac{n^{100}}{{}_nC_{101}}$

解答

(1) $3^n > n^2$ ……(*) とおく.

$3^1 > 1^2, \quad 3^2 = 9 > 4 = 2^2$

から, $n=1, \ 2$ で(*)は成り立つ.

$n=k \, (k \geq 2)$ で(*)が正しいとすると, $n=k+1$
のとき

左辺 $= 3^{k+1} = 3 \cdot 3^k > 3k^2$

ここで, $k \geq 2$ より

$3k^2 - (k+1)^2 = 2k^2 - 2k - 1$
$\qquad\qquad\qquad = 2k(k-1) - 1 > 0$

$\therefore \ 3k^2 > (k+1)^2 \qquad \therefore \ 3^{k+1} > (k+1)^2$

となり, $n=k+1$ でも(*)は正しい.

よって, 数学的帰納法により, すべての自然数 n
で(*)は成り立つ.

◀ $n=1$ は別で, $n \geq 2$ について証明している.

(2) $\dfrac{2}{3} S_n - \displaystyle\sum_{k=1}^{n} \dfrac{1}{3^k} = -\dfrac{n}{3^{n+1}}$ ……(**) とおく.

$n=1$ のとき

左辺 $= \dfrac{2}{3} \cdot S_1 - \dfrac{1}{3} = \dfrac{2}{3} \cdot \dfrac{1}{3} - \dfrac{1}{3} = -\dfrac{1}{9} =$ 右辺

◀ n に関する等式だから, 数学的帰納法で証明している.

となり，（＊＊）は成り立つ．$n=l$ で（＊＊）が正し
いとすると，$n=l+1$ のとき

$$左辺 = \frac{2}{3}S_{l+1} - \sum_{k=1}^{l+1}\frac{1}{3^k}$$

$$= \frac{2}{3}\left(S_l + \frac{l+1}{3^{l+1}}\right) - \left(\sum_{k=1}^{l}\frac{1}{3^k} + \frac{1}{3^{l+1}}\right)$$

$$= \left(\frac{2}{3}S_l - \sum_{k=1}^{l}\frac{1}{3^k}\right) + \left(\frac{2l+2}{3^{l+2}} - \frac{1}{3^{l+1}}\right)$$

$$= -\frac{l}{3^{l+1}} + \left(\frac{2l+2}{3^{l+2}} - \frac{1}{3^{l+1}}\right)$$

$$= -\frac{l+1}{3^{l+2}}$$

となり $n=l+1$ でも（＊＊）は正しい．

よって，数学的帰納法により，すべての自然数 n
で（＊＊）は成り立つ．

◀ 数学的帰納法によらず，直
接計算すると

$$S_n - \frac{1}{3}S_n$$
$$= \sum_{k=1}^{n}\frac{k}{3^k} - \sum_{k=1}^{n}\frac{k}{3^{k+1}}$$
$$= \sum_{k=1}^{n}\frac{k}{3^k} - \sum_{k=2}^{n+1}\frac{k-1}{3^k}$$
$$= \sum_{k=1}^{n}\frac{k-(k-1)}{3^k} - \frac{n}{3^{n+1}}$$
$$\therefore \frac{2}{3}S_n - \sum_{k=1}^{n}\frac{1}{3^k} = -\frac{n}{3^{n+1}}$$

(3) (2)から

$$S_n = \frac{3}{2}\left(\sum_{k=1}^{n}\frac{1}{3^k} - \frac{n}{3^{n+1}}\right)$$

$$= \frac{3}{2}\cdot\frac{1}{3}\cdot\frac{1-\dfrac{1}{3^n}}{1-\dfrac{1}{3}} - \frac{1}{2}\cdot\frac{n}{3^n}$$

$$= \frac{3}{4}\left(1-\frac{1}{3^n}\right) - \frac{1}{2}\cdot\frac{n}{3^n}$$

ここで，(1)から $3^n > n^2$ だから

$$0 < \frac{n}{3^n} < \frac{1}{n} \qquad \therefore \lim_{n\to\infty}\frac{n}{3^n} = 0$$

以上から

$$\lim_{n\to\infty}S_n = \frac{3}{4}$$

補足 $\dfrac{3^n}{n!} = \dfrac{3\cdot3\cdot3}{1\cdot2\cdot3}\cdot\dfrac{3\cdot3\cdot\cdots\cdot3}{4\cdot5\cdot\cdots\cdot n} \leq \dfrac{9}{2}\cdot\left(\dfrac{3}{4}\right)^{n-3}$ $(n\geq3)$ が成り立つから

$$\lim_{n\to\infty}\frac{3^n}{n!} = 0$$

メインポイント

有理式と数列 $\{r^n\}$ の極限では，数列 $\{r^n\}$ に着目！

3 e の定義，関数の基本極限

アプローチ

e の定義の 1 つが

$$e=\lim_{n\to\infty}\left(1+\frac{1}{n}\right)^n$$

です. ここで

$$\lim_{n\to\infty}\left(1+\frac{1}{n^2}\right)^n=\lim_{n\to\infty}\left\{\left(1+\frac{1}{n^2}\right)^{n^2}\right\}^{\frac{1}{n}}=e^0=1$$

$$\lim_{n\to\infty}\left(1+\frac{1}{n}\right)^{n^2}=\lim_{n\to\infty}\left\{\left(1+\frac{1}{n}\right)^n\right\}^n=e^\infty=\infty$$

つまり，$n\to\infty$ のとき ○→0，△→∞ ならば

$$\lim_{n\to\infty}\left(1+○\right)^△$$

は不定形です. この形は『e の定義』を思い出しましょう. また，関数の極限は 補足 にまとめましたので，こちらも覚えてください.

解答

[A] (1) $\displaystyle\lim_{n\to\infty}\left(\frac{n-1}{n}\right)^n$

$$=\lim_{n\to\infty}\frac{1}{\left(\dfrac{n}{n-1}\right)^n}$$

$$=\lim_{n\to\infty}\frac{1}{\left(1+\dfrac{1}{n-1}\right)^{n-1}\cdot\dfrac{n}{n-1}}=\frac{1}{e}$$

◀ $\displaystyle\lim_{○\to\infty}\left(1+\frac{1}{○}\right)^○$ （○>0）
の形をつくるために逆数をとっている.

◀ $t=-\dfrac{1}{n}$ として

与式 $=\displaystyle\lim_{t\to-0}(1+t)^{-\frac{1}{t}}=\dfrac{1}{e}$

としてもよい.

(2) $\displaystyle\lim_{x\to0}\frac{x^2(-\sin x+3\sin 3x)}{\tan x(\cos x-\cos 3x)}$

$$=\lim_{x\to0}\frac{x}{\tan x}\left(-\frac{\sin x}{x}+9\cdot\frac{\sin 3x}{3x}\right)$$

$$\times\frac{1}{-\dfrac{1-\cos x}{x^2}+\dfrac{1-\cos 3x}{(3x)^2}\cdot 9}$$

$$=1\cdot(-1+9)\cdot\frac{1}{-\dfrac{1}{2}+\dfrac{9}{2}}=2$$

◀ 基本極限の形づくり.

［B］　公比を r とおくと，$a_0=1$, $a_n=2$ から

$$a_n=a_0r^n \Longleftrightarrow 2=r^n \quad \therefore \quad r=2^{\frac{1}{n}}$$

◀ $r>0$ から
$r=2^{\frac{1}{n}}$
に定まる.

$$\therefore \quad \lim_{n\to\infty}\frac{a_1+a_2+\cdots+a_n}{n}$$

$$=\lim_{n\to\infty}\frac{1}{n}\cdot\frac{2^{\frac{1}{n}}\left\{\left(2^{\frac{1}{n}}\right)^n-1\right\}}{2^{\frac{1}{n}}-1}$$

$$=\lim_{n\to\infty}\frac{1}{n}\cdot\frac{2^{\frac{1}{n}}}{2^{\frac{1}{n}}-1}$$

$$=\lim_{t\to0}\frac{2^t}{\dfrac{2^t-1}{t}}=\frac{1}{\log 2} \quad \left(t=\frac{1}{n}\right)$$

◀ $a>0$ とする. e^x の基本
極限から

$$\lim_{x\to0}\frac{a^x-1}{x}$$

$$=\lim_{x\to0}\frac{e^{x\log a}-1}{x\log a}\cdot\log a$$

$$=\log a$$

【注意】 区分求積の利用もあります.

$$\therefore \quad \lim_{n\to\infty}\frac{a_1+a_2+\cdots+a_n}{n}$$

$$=\lim_{n\to\infty}\frac{1}{n}\sum_{k=1}^{n}a_k=\lim_{n\to\infty}\frac{1}{n}\sum_{k=1}^{n}2^{\frac{k}{n}}$$

$$=\int_0^1 2^x dx=\left[\frac{2^x}{\log 2}\right]_0^1=\frac{1}{\log 2}$$

◀ $\displaystyle\lim_{x\to\infty}\frac{1}{n}\sum_{k=1}^{n}f\left(\frac{k}{n}\right)$
$\displaystyle =\int_0^1 f(x)\,dx$

【補足】 **関数の基本極限**

(ⅰ) $\displaystyle\lim_{x\to0}\frac{\sin x}{x}=1$, (ⅱ) $\displaystyle\lim_{x\to0}\frac{1-\cos x}{x^2}=\frac{1}{2}$, (ⅲ) $\displaystyle\lim_{x\to0}\frac{\tan x}{x}=1$

(ⅳ) $\displaystyle\lim_{x\to0}\frac{e^x-1}{x}=1$, (ⅴ) $\displaystyle\lim_{x\to0}\frac{\log(1+x)}{x}=1$

【注意】 (ⅱ), (ⅲ)は(ⅰ)から導かれます.

(ⅱ) $\displaystyle\lim_{x\to0}\frac{1-\cos x}{x^2}=\lim_{x\to0}\frac{1-\cos^2 x}{x^2(1+\cos x)}=\lim_{x\to0}\left(\frac{\sin x}{x}\right)^2\frac{1}{1+\cos x}=\frac{1}{2}$

(ⅲ) $\displaystyle\lim_{x\to0}\frac{\tan x}{x}=\lim_{x\to0}\frac{\sin x}{x}\cdot\frac{1}{\cos x}=1$

■ **メインポイント** ■

まず代入して不定形なら，e の定義や関数の基本極限の形づくり！

極限値の計算には

平均値の定理や微分の定義の利用

もあることを，頭に入れておきましょう.

『微分の定義に従って微分せよ』という問題は，

3 の基本極限の問題になります. 例えば

$$\lim_{x \to 0} \frac{\log(1+x)}{x} = 1$$

の使い方の練習として，$f(x) = \dfrac{\log x}{x}$ を微分の定義

に従って微分してみてください(解答は最後です).

◀(平均値の定理)
$a < b$ のとき，関数 $f(x)$ が
　$a \leqq x \leqq b$ で連続，
　$a < x < b$ で微分可能
ならば
　$\dfrac{f(a) - f(b)}{a - b} = f'(c)$
なる $c\,(a < c < b)$ が存在します.

解答

[A]　平均値の定理と $(\sin\sqrt{x}\,)' = \dfrac{\cos\sqrt{x}}{2\sqrt{x}}$ が成り

立つことから

$$\frac{\sin\sqrt{x+c} - \sin\sqrt{x}}{(x+c) - x} = \frac{\cos\sqrt{d}}{2\sqrt{d}}$$

なる d が x と $x+c$ の間に存在する. このとき，

　　$x \to \infty$ ならば $d \to \infty$

であり，また

$$-\frac{|c|}{2\sqrt{d}} \leqq \frac{c\cos\sqrt{d}}{2\sqrt{d}} \leqq \frac{|c|}{2\sqrt{d}}$$

◀$-1 \leqq \cos\sqrt{d} \leqq 1$

が成り立つ. よって，はさみうちの原理から

$$\lim_{x \to \infty}(\sin\sqrt{x+c} - \sin\sqrt{x}\,)$$

$$= \lim_{d \to \infty} \frac{c\cos\sqrt{d}}{2\sqrt{d}} = 0$$

[B]　$f(0) = 0$ かつ $f'(0) = \pi$ から

$$\lim_{\theta \to 0} \frac{f(1 - \cos 2\theta)}{\theta^2}$$

$$= \lim_{\theta \to 0} \frac{f(1 - \cos 2\theta) - f(0)}{1 - \cos 2\theta} \cdot \frac{1 - \cos 2\theta}{\theta^2}$$

$$= \lim_{\theta \to 0} \frac{f(1 - \cos 2\theta) - f(0)}{1 - \cos 2\theta} \cdot \frac{1 - \cos 2\theta}{(2\theta)^2} \cdot 4$$

◀$f'(0) = \lim_{h \to 0} \dfrac{f(h) - f(0)}{h}$
ここでは，$h = 1 - \cos 2\theta$
とおくと，$\theta \to 0$ のとき
$h \to 0$ となる.

$$= f'(0) \cdot \frac{1}{2} \cdot 4 = 2\pi$$

［C］　導関数の定義式から

$$f'(x) = \lim_{h \to 0} \frac{(x+h)^2 \cos 3(x+h) - x^2 \cos 3x}{h}$$

ここで

$$(x+h)^2 \cos 3(x+h) - x^2 \cos 3x$$
$$= (2xh + h^2)\cos 3(x+h)$$
$$\qquad\qquad + x^2 \{\cos 3(x+h) - \cos 3x\}$$
$$= (2xh + h^2)\cos 3(x+h)$$
$$\qquad - x^2 \cos 3x (1 - \cos 3h) - x^2 \sin 3x \sin 3h$$

◀ まず，不定形にならない
$(2x+h)\cos 3(x+h)$
を取り出す.

$$\therefore \quad f'(x) = \lim_{h \to 0} \Big\{ (2x+h)\cos 3(x+h)$$
$$- x^2 \cos 3x \cdot \left(\frac{\sin 3h}{3h} \right)^2 \cdot \frac{9h}{1 + \cos 3h}$$
$$- x^2 \sin 3x \cdot \frac{\sin 3h}{3h} \cdot 3 \Big\}$$
$$= 2x \cos 3x - x^2 \cos 3x \cdot 1 \cdot 0 - 3x^2 \sin 3x$$
$$= \mathbf{2x \cos 3x - 3x^2 \sin 3x}$$

◀ 問題文に
「$\lim_{x \to 0} \dfrac{\sin x}{x} = 1$ を用いて
よい.」
とあるので，この形まで式
変形する.

アプローチ の **解答**

$f(x) = \dfrac{\log x}{x}$ を，微分の定義に従って微分すると

$$f'(x) = \lim_{h \to 0} \frac{1}{h} \left\{ \frac{\log(x+h)}{x+h} - \frac{\log x}{x} \right\}$$
$$= \lim_{h \to 0} \frac{1}{x(x+h)} \cdot \frac{x \log(x+h) - (x+h)\log x}{h}$$
$$= \lim_{h \to 0} \frac{1}{x(x+h)} \cdot \left\{ -\log x + x \cdot \frac{\log(x+h) - \log x}{h} \right\}$$
$$= \lim_{h \to 0} \frac{1}{x(x+h)} \cdot \left\{ -\log x + \frac{\log\left(1 + \dfrac{h}{x}\right)}{\dfrac{h}{x}} \right\}$$
$$= \frac{1 - \log x}{x^2}$$

メインポイント

極限の計算では，平均値の定理・微分の定義の利用も！

5 無限級数と不等式

アプローチ

(2)は(1)がヒントです．分母が1桁のとき，分母をすべて2にして

$$\frac{1}{2}+\frac{1}{3}+\frac{1}{4}+\frac{1}{5}+\frac{1}{6}+\frac{1}{7}+\frac{1}{8}+\frac{1}{9}$$

$$<\frac{1}{2}+\frac{1}{2}+\frac{1}{2}+\frac{1}{2}+\frac{1}{2}+\frac{1}{2}+\frac{1}{2}+\frac{1}{2}$$

$$=\frac{1}{2}\cdot 8=4$$

同様に，分母が n 桁のとき，分母をすべて $2\cdot 10^{n-1}$ にして上からおさえます．なお，無限級数

$$1+\frac{1}{2}+\frac{1}{3}+\cdots+\frac{1}{n}+\cdots=\infty$$

については 補足 で説明します．

◀ $\dfrac{1}{n!}=\dfrac{1}{1\cdot 2\cdot 3\cdots n}$

$$\leqq \frac{1}{1\cdot 2\cdot 2\cdots 2}=\frac{1}{2^{n-1}}$$

が成り立つから

$$1+\frac{1}{2!}+\frac{1}{3!}+\cdots+\frac{1}{n!}+\cdots$$

$$<1+\frac{1}{2}+\frac{1}{2^2}+\cdots$$

$$+\frac{1}{2^{n-1}}+\cdots$$

$$=\frac{1}{1-\dfrac{1}{2}}=2$$

という変形も有名です．

解答

(1) 最高位が 0，1 以外の 8 個，その他の位は 1 以外の 9 個だから

$$8\cdot 9^{n-1}\text{ 個}$$

(2) 求める級数を S とする．S のうち分母が $n(n\geqq 2)$ 桁の項の和は

$$\frac{1}{2\cdot 10^{n-1}}+\frac{1}{2\cdot 10^{n-1}+2}+\cdots+\frac{1}{10^n-1}$$

であり，(1)から $8\cdot 9^{n-1}$ 項ある．このとき，分母をすべて $2\cdot 10^{n-1}$ にすると

$$\frac{1}{2\cdot 10^{n-1}}+\frac{1}{2\cdot 10^{n-1}+2}+\cdots+\frac{1}{10^n-1}$$

$$<\frac{1}{2\cdot 10^{n-1}}+\frac{1}{2\cdot 10^{n-1}}+\cdots+\frac{1}{2\cdot 10^{n-1}}$$

$$=\frac{1}{2\cdot 10^{n-1}}\cdot 8\cdot 9^{n-1}=4\cdot\left(\frac{9}{10}\right)^{n-1}$$

が成り立つ．

◀ $n=1$ のとき

$$\frac{1}{2}+\frac{1}{3}+\cdots+\frac{1}{9}$$

よって

$$S = \frac{1}{2} + \frac{1}{3} + \frac{1}{4} + \frac{1}{5} + \frac{1}{6} + \frac{1}{7} + \frac{1}{8} + \frac{1}{9}$$

$$+ \frac{1}{20} + \frac{1}{22} + \frac{1}{23} + \cdots$$

$$< 4 + 4 \cdot \frac{9}{10} + 4 \cdot \left(\frac{9}{10}\right)^2 + \cdots + 4 \cdot \left(\frac{9}{10}\right)^{n-1} + \cdots$$

これは，初項 4，公比 $\frac{9}{10}$ の無限等比級数だから

$$S < \frac{4}{1 - \dfrac{9}{10}} = 40$$

となり，S は 40 を超えない．

補足 自然数 n に対して，$2^{m-1} \leqq n < 2^m$ なる自然数 m が存在します．自然数 $k(k \leqq m)$ に対して

$$\frac{1}{2^{k-1}+1} + \frac{1}{2^{k-1}+2} + \cdots + \frac{1}{2^k}$$

$$> \frac{1}{2^k} + \frac{1}{2^k} + \cdots + \frac{1}{2^k} = \frac{1}{2^k} \cdot 2^{k-1} = \frac{1}{2}$$

$$\therefore \quad 1 + \frac{1}{2} + \frac{1}{3} + \cdots + \frac{1}{n}$$

$$> 1 + \frac{1}{2} + \left(\frac{1}{3} + \frac{1}{4}\right) + \cdots + \left(\frac{1}{2^{m-2}+1} + \frac{1}{2^{m-2}+2} + \cdots + \frac{1}{2^{m-1}}\right)$$

$$> 1 + \frac{1}{2} + \frac{1}{2} + \cdots + \frac{1}{2} = 1 + \frac{m-1}{2}$$

$n \to \infty$ のとき $m \to \infty$ だから

$$\lim_{m \to \infty}\left(1 + \frac{m-1}{2}\right) = \infty \quad \therefore \quad 1 + \frac{1}{2} + \frac{1}{3} + \cdots + \frac{1}{n} + \cdots = \infty$$

注意! 37 と同じように，定積分の不等式

$$\int_1^{n+1} \frac{1}{x}\,dx < \sum_{k=1}^{n} \frac{1}{k} < 1 + \int_1^{n} \frac{1}{x}\,dx$$

を利用する方法もあります．

■ **メインポイント** ■

(1)がヒント．不等式から，無限等比級数に持ち込む！

アプローチ

$\overrightarrow{P_{n-1}P_n}$ $(n \geqq 1)$ は，$\overrightarrow{P_0P_1}$ または $\overrightarrow{P_1P_2}$ に平行なので，n の偶奇で場合分けが一般的です．

$$\overrightarrow{P_2P_4} = \overrightarrow{P_2P_3} + \overrightarrow{P_3P_4}$$
$$= \frac{1}{4}\overrightarrow{P_0P_1} + \frac{1}{4}\overrightarrow{P_1P_2} = \frac{1}{4}\overrightarrow{P_0P_2}$$

これを繰り返して

$$\overrightarrow{OP_{2n}} = \overrightarrow{OP_2} + \overrightarrow{P_2P_4} + \cdots + \overrightarrow{P_{2n-2}P_{2n}}$$
$$= \left\{ 1 + \frac{1}{4} + \cdots + \left(\frac{1}{4}\right)^{n-1} \right\}\overrightarrow{OP_2}$$

となります．ただし，本問は x, y 成分が等比数列なので，直接求めることができます．

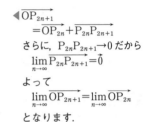

◀ $\overrightarrow{OP_{2n+1}}$
   $= \overrightarrow{OP_{2n}} + \overrightarrow{P_{2n}P_{2n+1}}$
さらに，$P_{2n}P_{2n+1} \to 0$ だから
$$\lim_{n \to \infty} \overrightarrow{P_{2n}P_{2n+1}} = \vec{0}$$
よって
$$\lim_{n \to \infty} \overrightarrow{OP_{2n+1}} = \lim_{n \to \infty} \overrightarrow{OP_{2n}}$$
となります．

解答

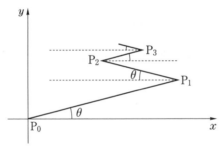

(1) 定義から

$$P_0P_1 + P_1P_2 + \cdots + P_{n-1}P_n + \cdots$$
$$= \lim_{n \to \infty} \sum_{k=1}^{n} \frac{1}{2^{k-1}} = \frac{1}{1 - \dfrac{1}{2}} = 2$$

(2) $\overrightarrow{OP_n}$
$$= \overrightarrow{OP_1} + \overrightarrow{P_1P_2} + \overrightarrow{P_2P_3} + \cdots + \overrightarrow{P_{n-1}P_n}$$
$$= \begin{pmatrix} \cos\theta \\ \sin\theta \end{pmatrix} + \frac{1}{2}\begin{pmatrix} -\cos\theta \\ \sin\theta \end{pmatrix} + \frac{1}{2^2}\begin{pmatrix} \cos\theta \\ \sin\theta \end{pmatrix}$$
$$+ \cdots + \frac{1}{2^{n-1}}\begin{pmatrix} (-1)^{n-1}\cos\theta \\ \sin\theta \end{pmatrix}$$

◀ x 成分は公比 $-\dfrac{1}{2}$ の，y 成分は公比 $\dfrac{1}{2}$ の等比数列にそれぞれなっている．

ここで

$$1 - \frac{1}{2} + \frac{1}{2^2} + \cdots + \left(-\frac{1}{2}\right)^{n-1}$$

$$= \frac{1-\left(-\dfrac{1}{2}\right)^n}{1+\dfrac{1}{2}} = \frac{2}{3}\left\{1-\left(-\frac{1}{2}\right)^n\right\}$$

$$1+\frac{1}{2}+\frac{1}{2^2}+\cdots+\frac{1}{2^{n-1}}$$

$$= \frac{1-\dfrac{1}{2^n}}{1-\dfrac{1}{2}} = 2\left(1-\frac{1}{2^n}\right)$$

$$\therefore \quad \mathrm{P}_n\left(\frac{2}{3}\left\{1-\left(-\frac{1}{2}\right)^n\right\}\cos\theta, \ 2\left(1-\frac{1}{2^n}\right)\sin\theta\right)$$

(3) (2)から

$$\lim_{n\to\infty}\overrightarrow{\mathrm{OP}_n} = \left(\frac{2}{3}\cos\theta, \ 2\sin\theta\right)$$

◁別解▷

(2) n の偶奇で分けると次のようにできる.

n が偶数のとき

$$\overrightarrow{\mathrm{OP}_n} = \overrightarrow{\mathrm{OP}_2}+\overrightarrow{\mathrm{P}_2\mathrm{P}_4}+\overrightarrow{\mathrm{P}_4\mathrm{P}_6}+\cdots+\overrightarrow{\mathrm{P}_{n-2}\mathrm{P}_n}$$

$$= \left\{1+\frac{1}{4}+\left(\frac{1}{4}\right)^2+\cdots+\left(\frac{1}{4}\right)^{\frac{n-2}{2}}\right\}\overrightarrow{\mathrm{OP}_2}$$

$$= \frac{1-\left(\dfrac{1}{4}\right)^{\frac{n}{2}}}{1-\dfrac{1}{4}}\left\{(\cos\theta, \ \sin\theta)+\frac{1}{2}(-\cos\theta, \ \sin\theta)\right\}$$

$$= \frac{2}{3}\left\{1-\left(\frac{1}{2}\right)^n\right\}(\cos\theta, \ 3\sin\theta)$$

n が3以上の奇数のとき

$$\overrightarrow{\mathrm{OP}_n} = \overrightarrow{\mathrm{OP}_{n-1}}+\overrightarrow{\mathrm{P}_{n-1}\mathrm{P}_n}$$

$$= \frac{2}{3}\left\{1-\left(\frac{1}{2}\right)^{n-1}\right\}(\cos\theta, \ 3\sin\theta)+\frac{1}{2^{n-1}}(\cos\theta, \ \sin\theta)$$

$$= \left(\frac{2}{3}\left\{1+\left(\frac{1}{2}\right)^n\right\}\cos\theta, \ 2\left(1-\frac{1}{2^n}\right)\sin\theta\right)$$

これは, $n=1$ でも正しい.

■■メインポイント■■

点列の極限には, ベクトルまたは複素数の利用がある!

7 無限等比級数の図形への応用(2)

アプローチ

条件から，n 個の三角形

$$\triangle OP_{k-1}P_k \ (k=1, \ 2, \ \cdots, \ n)$$

はすべて相似で，順に反時計回りに並べると 解答 の
図のようになります．ここで

$$\lim_{n \to \infty} OP_n = \lim_{n \to \infty}\left(1 + \frac{1}{n}\right)^n = e$$

◀ $\angle P_{k-1}OP_k = \dfrac{\pi}{n}$ とあわせ
て，$n \to \infty$ のとき
$a_k = P_{k-1}P_k \to 0$
になります．

です．練習問題として，$\triangle OP_{k-1}P_k$ の面積を S_k とお
くとき

$$\lim_{n \to \infty} \sum_{k=1}^{n} S_k$$

を求めてみてください．解答は最後につけます．

解答

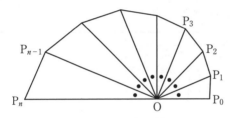

条件から，整数 $k \ (1 \le k \le n-1)$ に対して

$$\triangle OP_{k-1}P_k \infty \triangle OP_k P_{k+1}$$

となり，相似比は

$$OP_0 : OP_1 = 1 : \left(1 + \frac{1}{n}\right)$$

◀ n が定数で，k が 1 から
$n-1$ まで動くことに注意．

である．よって，$\{a_k\}$ は公比 $1 + \dfrac{1}{n}$ の等比数列を
なすから

$$a_k = \left(1 + \frac{1}{n}\right)^{k-1} a_1$$

$$\therefore \quad s_n = \frac{\left(1 + \dfrac{1}{n}\right)^n - 1}{\left(1 + \dfrac{1}{n}\right) - 1} a_1$$

$$= n a_1 \left\{\left(1 + \frac{1}{n}\right)^n - 1\right\}$$

◀ $\lim_{n \to \infty}\left\{\left(1 + \dfrac{1}{n}\right)^n - 1\right\} = e - 1$
だから $\lim_{n \to \infty} n a_1$ が問題．

22

ここで，$\triangle OP_0P_1$ において余弦定理から

$$a_1{}^2 = 1 + \left(1 + \frac{1}{n}\right)^2 - 2\left(1 + \frac{1}{n}\right)\cos\frac{\pi}{n}$$

$$= 2 + \frac{2}{n} + \frac{1}{n^2} - 2\left(1 + \frac{1}{n}\right)\cos\frac{\pi}{n}$$

$$\therefore \quad n^2 a_1{}^2 = 2n^2 + 2n + 1 - 2(n^2 + n)\cos\frac{\pi}{n}$$

$$= 2(n^2 + n)\left(1 - \cos\frac{\pi}{n}\right) + 1$$

$$\therefore \quad n a_1 = \sqrt{2(n^2 + n)\left(1 - \cos\frac{\pi}{n}\right) + 1}$$

以上から

$$n a_1 = \sqrt{2\left(1 + \frac{1}{n}\right)\frac{1 - \cos\frac{\pi}{n}}{\left(\frac{\pi}{n}\right)^2}\cdot\pi^2 + 1}$$

$$\longrightarrow \sqrt{\pi^2 + 1} \quad (n \to \infty)$$

◀ $n \to \infty$ のとき
$$2(n^2 + n)\left(1 - \cos\frac{\pi}{n}\right)$$
の部分が $\infty \times 0$ の不定形．
基本極限
$$\lim_{x \to 0}\frac{1 - \cos x}{x^2} = \frac{1}{2}$$
の形づくり．

$\displaystyle\lim_{n \to \infty}\left(1 + \frac{1}{n}\right)^n = e$ とあわせて

$$\lim_{n \to \infty} s_n = \sqrt{\pi^2 + 1}\,(e - 1)$$

アプローチ の 解答

$\triangle OP_{k-1}P_k$ の面積を S_k とするとき

$$S_k = \frac{1}{2}\cdot OP_{k-1}\cdot OP_k \sin\frac{\pi}{n} = \frac{1}{2}\left(1 + \frac{1}{n}\right)^{2k-1}\sin\frac{\pi}{n}$$

$$\therefore \quad \sum_{k=1}^{n} S_k = \frac{1}{2}\left(1 + \frac{1}{n}\right)\cdot\frac{\left(1 + \frac{1}{n}\right)^{2n} - 1}{\left(1 + \frac{1}{n}\right)^2 - 1}\cdot\sin\frac{\pi}{n}$$

$$= \frac{\pi}{2}\cdot\frac{n+1}{2n+1}\cdot\frac{n}{\pi}\sin\frac{\pi}{n}\cdot\left\{\left(1 + \frac{1}{n}\right)^{2n} - 1\right\}$$

$$\therefore \quad \lim_{n \to \infty}\sum_{k=1}^{n} S_k = \frac{\pi}{2}\cdot\frac{1}{2}\cdot 1\cdot(e^2 - 1) = \frac{e^2 - 1}{4}\pi$$

メインポイント

まず $n \to \infty$ として，不定形の部分に基本極限！

7 ｜ 無限等比級数の図形への応用(2)　23

アプローチ

$a_{n+1}=f(a_n)$ に対して, 一般項ではなく

『 $\lim_{n\to\infty} a_n$ を求めよ』

という問題です. 本問では $f(x)=\dfrac{4x^2+9}{8x}$ で, $\{a_n\}$

が $\dfrac{3}{2}$ に近づく様子は下の図からわかります.

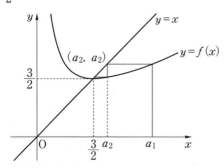

◀ 直線 $x=a_1$ と $y=f(x)$ の交点の y 座標が
$f(a_1)=a_2$
次に, $y=a_2$ と $y=x$ の交点の x 座標が a_2 になります. これを繰り返すと $\{a_n\}$ が減少しながら $\dfrac{3}{2}$ に近づく様子がわかります. ただし, $f(x)=x$ の解は必ずしも極限値とは限らないので, 注意.

次に, $\lim_{n\to\infty} a_n=\dfrac{3}{2}$ の証明は

$$\left| a_{n+1}-\frac{3}{2} \right| \le r \left| a_n-\frac{3}{2} \right| \ (0<r<1) \ \cdots\cdots(*)$$

なる r をみつけて

$$0 \le \left| a_n-\frac{3}{2} \right| \le r^{n-1} \left| a_1-\frac{3}{2} \right|$$

として, はさみうちの原理から $\lim_{n\to\infty}\left| a_n-\dfrac{3}{2} \right|=0$ を示

します. 本問は, 誘導に従います.

◀ $\left| a_n-\dfrac{3}{2} \right| \le r \left| a_{n-1}-\dfrac{3}{2} \right|$

$\le r^2 \left| a_{n-2}-\dfrac{3}{2} \right|$

$\cdots\cdots$

$\le r^{n-1} \left| a_1-\dfrac{3}{2} \right|$

解答

(1) $a_n>\dfrac{3}{2}$ $\cdots\cdots(*)$ を示す.

$a_1=2$ だから, $n=1$ のとき $(*)$ は成立.

$n=k$ で $(*)$ が正しいとすると

$$a_{k+1}-\frac{3}{2}=\frac{4a_k{}^2+9}{8a_k}-\frac{3}{2}=\frac{(2a_k-3)^2}{8a_k}>0$$

となり, $n=k+1$ でも正しいから, 数学的帰納法によりすべての自然数 n に対して $(*)$ は成り立つ.

次に

$$a_{n+1} - \frac{3}{2} = \frac{(2a_n - 3)^2}{8a_n} = \frac{1}{2a_n}\left(a_n - \frac{3}{2}\right)^2$$

$a_n > \dfrac{3}{2}$ から $0 < \dfrac{1}{2a_n} < \dfrac{1}{3}$ が成り立つから

$$a_{n+1} - \frac{3}{2} < \frac{1}{3}\left(a_n - \frac{3}{2}\right)^2$$

以上で, 与式は示された.

(2) $a_n - \dfrac{3}{2} > 0$ から, $b_n = \log_{\frac{1}{3}}\left(a_n - \dfrac{3}{2}\right)$ とおくと

$$a_{n+1} - \frac{3}{2} < \frac{1}{3}\left(a_n - \frac{3}{2}\right)^2$$

$$\Longleftrightarrow b_{n+1} > 2b_n + 1 \Longleftrightarrow b_{n+1} + 1 > 2(b_n + 1)$$

$$\therefore \quad b_n + 1 > 2^{n-1}(b_1 + 1)$$

◀ $A > 0$, $B > 0$ のとき,
$\log_{\frac{1}{3}} A > \log_{\frac{1}{3}} B$
$\Longleftrightarrow A < B$
に注意.

よって, $b_1 = \log_{\frac{1}{3}} \dfrac{1}{2}$ とから

$$\log_{\frac{1}{3}}\left(a_n - \frac{3}{2}\right) + 1 > 2^{n-1}\left(\log_{\frac{1}{3}} \frac{1}{2} + 1\right)$$

$$\Longleftrightarrow \log_{\frac{1}{3}} \frac{1}{3}\left(a_n - \frac{3}{2}\right) > \log_{\frac{1}{3}}\left(\frac{1}{6}\right)^{2^{n-1}}$$

$$\therefore \quad 0 < a_n - \frac{3}{2} < 3\left(\frac{1}{6}\right)^{2^{n-1}}$$

よって, はさみうちの原理より

$$\lim_{n \to \infty}\left(a_n - \frac{3}{2}\right) = 0 \qquad \therefore \quad \lim_{n \to \infty} a_n = \frac{3}{2}$$

◀ $0 < a_n - \dfrac{3}{2}$
$< \dfrac{1}{3}\left(a_{n-1} - \dfrac{3}{2}\right)^2$
$< \dfrac{1}{3^{1+2}}\left(a_{n-2} - \dfrac{3}{2}\right)^{2^2}$
$< \dfrac{1}{3^{1+2+2^2+\cdots+2^{n-2}}}$
$\times\left(a_1 - \dfrac{3}{2}\right)^{2^{n-1}}$
$= \dfrac{1}{3^{2^{n-1}-1}}\left(\dfrac{1}{2}\right)^{2^{n-1}} \to 0$

補足 (*)を満たす r は次のように求められます.

$a_n > \dfrac{3}{2}$ より, $0 < 1 - \dfrac{3}{2a_n} < 1$ だから

$$a_{n+1} - \frac{3}{2} = \frac{4a_n{}^2 + 9}{8a_n} - \frac{3}{2} = \frac{(2a_n - 3)^2}{8a_n}$$

$$< \frac{1}{2}\left(1 - \frac{3}{2a_n}\right)\left(a_n - \frac{3}{2}\right) < \frac{1}{2}\left(a_n - \frac{3}{2}\right)$$

■ **メインポイント** ■

$$\lim_{n \to \infty} a_n = \alpha \text{ の求め方, } \lim_{n \to \infty} a_n = \alpha \text{ の証明法を理解する!}$$

9 $a_{n+1}=f(a_n)$ のとき, $\lim\limits_{n\to\infty} a_n$ を求める(2)

アプローチ

前問と同じように, $\{a_n\}$, $\{b_n\}$ は図から

$a_1 < b_2 < a_3 < \cdots a_{2n-1} < b_{2n} < \cdots < \alpha$

$\alpha < \cdots < a_{2n} < b_{2n-1} < \cdots < b_3 < a_2 < b_1$

となる様子がわかります.

◀ この証明は最後に考えます.

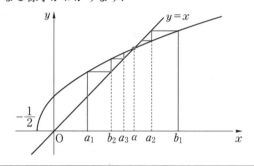

◀ α は, $y=x$, $y=\sqrt{2x+1}$
の交点の x 座標
$\{a_n\}$, $\{b_n\}$ は α を前後し
ながら α に近づいています.

解答

$a_{n+1}=\sqrt{2b_n+1}$ ……①

$b_{n+1}=\sqrt{2a_n+1}$ ……②

とおく. まず, $a_1=1$, $b_1=3$ と①, ②から
$a_n \geqq 1$, $b_n > 1$ は帰納的に明らか.

(1) ①と $\alpha > 0$ より

$\quad |a_{n+1}-\alpha|$

$\quad = \left|\sqrt{2b_n+1}-\alpha\right|$

$\quad = \dfrac{1}{\sqrt{2b_n+1}+\alpha}\left|2b_n+1-\alpha^2\right|$

ここで, $\alpha=1+\sqrt{2}$ のとき

$\quad (\alpha-1)^2=2 \iff \alpha^2-1=2\alpha$

$\quad \therefore \quad |a_{n+1}-\alpha| = \dfrac{2}{\sqrt{2b_n+1}+\alpha}\left|b_n-\alpha\right|$

$\quad\quad\quad\quad\quad\quad \leqq \left(\dfrac{2}{1+\alpha}\right)\left|b_n-\alpha\right| \ (b_n>1 \ \text{より})$

◀ $n=1$ のとき明らか.
$n=k$ のとき正しいとする
と,
$\quad a_{k+1}=\sqrt{2b_k+1}\geqq 1$
$\quad b_{k+1}=\sqrt{2a_k+1}>1$
となり, $n=k+1$ でも成立.

(2) (1)と同様にして

$\quad |b_{n+1}-\alpha| \leqq \left(\dfrac{2}{1+\alpha}\right)\left|a_n-\alpha\right|$

$$\therefore \quad |a_{n+2}-\alpha| \leqq \left(\frac{2}{1+\alpha}\right)|b_{n+1}-\alpha| \leqq \left(\frac{2}{1+\alpha}\right)^2 |a_n-\alpha| \quad \cdots\cdots(*)$$

このことから

$$0 \leqq |a_{2n}-\alpha| \leqq \left(\frac{2}{1+\alpha}\right)^{2(n-1)} |a_2-\alpha|$$

$$0 \leqq |a_{2n-1}-\alpha| \leqq \left(\frac{2}{1+\alpha}\right)^{2(n-1)} |a_1-\alpha|$$

よって，$0 < \dfrac{2}{1+\alpha} < 1$ とはさみうちの原理から

$$\lim_{n\to\infty} |a_{2n}-\alpha| = 0, \quad \lim_{n\to\infty} |a_{2n-1}-\alpha| = 0$$

$$\therefore \quad \lim_{n\to\infty} a_{2n} = \alpha, \quad \lim_{n\to\infty} a_{2n-1} = \alpha$$

$$\therefore \quad \lim_{n\to\infty} a_n = \boldsymbol{\alpha}$$

さらに，$(*)$ とはさみうちの原理から

$$\lim_{n\to\infty} b_{n+1} = \alpha \qquad \therefore \quad \lim_{n\to\infty} b_n = \boldsymbol{\alpha}$$

補足 $a_{2n-1} < b_{2n} < \alpha \quad \cdots\cdots(**)$ を示してみます．

$n=1$ のとき，$a_1=1$，$b_2=\sqrt{3} < \alpha$ から明らか．

$n=k$ のとき，$(**)$ が正しいとすると

$$\alpha - b_{2k+2} = \alpha - \sqrt{2a_{2k+1}+1} = \frac{2}{\alpha + \sqrt{2a_{2k+1}+1}}(\alpha - a_{2k+1})$$

$$\alpha - a_{2k+1} = \alpha - \sqrt{2b_{2k}+1} = \frac{2}{\alpha + \sqrt{2b_{2k}+1}}(\alpha - b_{2k})$$

が成り立つから，$\alpha - b_{2k+2}$ と $\alpha - b_{2k}$ の符号が一致する．さらに

$$b_{2k+2} - a_{2k+1} = \sqrt{2a_{2k+1}+1} - a_{2k+1} = \frac{2a_{2k+1}+1-a_{2k+1}^2}{\sqrt{2a_{2k+1}+1}+a_{2k+1}}$$

$$= \frac{(\alpha - a_{2k+1})(a_{2k+1}-1+\sqrt{2})}{\sqrt{2a_{2k+1}+1}+a_{2k+1}}$$

$a_{2k+1}-1+\sqrt{2} > 0$ より，$b_{2k+2}-a_{2k+1}$ と $\alpha - a_{2k+1}$，つまり $\alpha - b_{2k}$ の符号が一致する．

以上から，$(**)$ は $n=k+1$ でも正しい．よって，数学的帰納法によりすべての自然数 n で $(**)$ は成り立つ．

$b_{2n-1} > a_{2n} > \alpha$ も同様に示される．

■■■ **メインポイント** ■■■

$$\boldsymbol{a_n,\ a_{n+2}\ \text{の関係式だから，}n\ \text{の偶奇で分けて考える}}$$

10 漸化式と極限

(3)の条件 $a_1+a_3=2a_2$ は

$\quad a_1,\ a_2,\ a_3$ がこの順に等差数列

ということで，$c=9,\ 15$ が得られます．

$c=15$ のときは $a_n=3n-2$ となり，数列 $\{a_n\}$ が等差数列です．

また，$c=9$ のときは順に

$$a_2=2,\ a_3=3,\ a_4=\frac{32}{9}$$

さらに，$a_4<4$ なので

$$a_5=3+\frac{a_4{}^2-4}{3\cdot4}<3+\frac{4^2-4}{3\cdot4}=4$$

$$a_6=3+\frac{a_5{}^2-4}{3\cdot5}<3+\frac{4^2-4}{3\cdot5}<4$$

となり，$n\geqq3$ のとき $3\leqq a_n<4$ となりそうです．

◀ $c=9$ のとき

$$a_{n+1}=3+\frac{a_n{}^2-4}{3n}$$

だから，a_n が有界ならば

$$\lim_{n\to\infty}\frac{a_n{}^2-4}{3n}=0$$

注意❗ $\{a_n\}$ が上に有界とは，ある定数 M があって，すべての自然数 n に対して

$$a_n<M$$

が成り立つことをいいます．

解答

(1) 定義から

$$a_2=\frac{c-3}{3}$$

$$a_3=\frac{\dfrac{(c-3)^2}{9}+2c-4}{6}=\frac{c^2+12c-27}{54}$$

(2) (1)から

$$a_1+a_3\leqq2a_2$$

$$\Longleftrightarrow\quad 1+\frac{c^2+12c-27}{54}\leqq\frac{2(c-3)}{3}$$

$$c^2-24c+135\leqq0$$

$$(c-9)(c-15)\leqq0$$

$$9\leqq c\leqq15\ \cdots\cdots(*)$$

このとき

$$a_3-3=\frac{c^2+12c-189}{54}=\frac{(c-9)(c+21)}{54}\geqq0$$

となり，$n=3$ で成立．

$n=k\ (k\geqq3)$ で $a_k\geqq3$ が正しいとすると，

28

$$a_{k+1}-3=\frac{a_k{}^2+ck-4}{3k}-3$$

$$=\frac{(a_k{}^2-4)+(c-9)k}{3k}>0 \quad ((*) \text{より})$$

よって，$n=k+1$ でも正しい．以上から，数学的帰納法により $a_n\geqq3$ $(n\geqq3)$ が示された．

(3) (2)から

$$a_1+a_3=2a_2 \Longleftrightarrow c=9,\ 15$$

(i) $c=15$ のとき

$$a_1=1,\ a_2=4,\ a_3=7,\ a_4=10$$

から $a_n=3n-2$ と予想できる．$n=k$ で予想が正しいとすると

◀ $n=1,\ 2,\ 3,\ 4$ の a_n の値から予想したのだから，当然
$n=1,\ 2,\ 3,\ 4$
では正しい．

$$a_{k+1}=\frac{(3k-2)^2+15k-4}{3k}=3k+1$$

となり，$n=k+1$ でも予想は正しい．よって，数学的帰納法により $a_n=3n-2$ が示された．

$$\therefore \lim_{n\to\infty}a_n=\infty$$

(ii) $c=9$ のとき，$a_{n+1}=3+\dfrac{a_n{}^2-4}{3n}$ である．

$$3\leqq a_n\leqq4\ (n\geqq4) \quad\cdots\cdots(**)$$

を示す．まず，(2)より $3\leqq a_n$ は明らか．

◀ アプローチ のように具体化することで $3\leqq a_n\leqq4$ を予想する．

$n=4$ のとき，$a_4=\dfrac{32}{9}$ から$(**)$は成立．

$n=k$ $(k\geqq4)$ で$(**)$が正しいとすると

$$4-a_{k+1}=1-\frac{a_k{}^2-4}{3k}$$

$$\geqq1-\frac{4^2-4}{3k}=\frac{3(k-4)}{3k}\geqq0$$

◀ この部分のために$(**)$では $n\geqq4$ としている．

となり，$n=k+1$ でも正しい．よって，数学的帰納法により$(**)$が示された．

$$a_{n+1}=3+\frac{a_n{}^2-4}{3n},\ \frac{5}{3n}\leqq\frac{a_n{}^2-4}{3n}\leqq\frac{4}{n}$$

$$\therefore \lim_{n\to\infty}a_n=3$$

メインポイント

$$\dfrac{a_n{}^2-4}{3n}\ \text{に着目！}\quad a_n\ \text{が有界ならば}\ \lim_{n\to\infty}\frac{a_n{}^2-4}{3n}=0$$

アプローチ

$$9, \quad 9^2 = 81, \quad 9^3 = 729, \quad 9^4 = 6561, \quad \cdots$$

と調べていくと，桁数は1つずつ増えていきますが

$$9^{21}, \quad 9^{22} \quad はともに 21 桁$$

になります．このように，9^n と 9^{n+1} の桁数が等しくなることがどのくらいの頻度で起こるのかを調べているのが(3)の問題です．

(2) 例えば，上の例では

$$a_i = 0 \ (2 \leq i \leq 21), \quad a_{22} = 1$$

だから，9^n の桁数は $2 \leq n \leq 21$ では n 桁で，$n = 22$ のとき $22 - 1 = 21$ 桁になります．つまり，9^n の桁数は $n - a_n$ ということです．

◀(3)の答えが

$$\log_{10} \frac{10}{9} = 0.0457\cdots$$

となることから十分大きな n に対しては100回に4，5回程度になります．

解答

(1) 9^{k-1} を m 桁とすると

$$10^{m-1} \leq 9^{k-1} < 10^m$$

$$\therefore \quad 9 \cdot 10^{m-1} \leq 9^k < 9 \cdot 10^m$$

$$\therefore \quad \begin{cases} 10^{m-1} < 9 \cdot 10^{m-1} \leq 9^k < 10^m \quad または \\ 10^m \leq 9^k < 9 \cdot 10^m < 10^{m+1} \end{cases}$$

よって，9^k は 9^{k-1} の桁数と等しいか，または1だけ大きい．

◀x が m 桁のとき
$x = a \cdot 10^{m-1} \ (1 \leq a < 10)$
$\Longleftrightarrow 10^{m-1} \leq x < 10^m$

(2) 9^n の桁数を N とすると

$$n = a_n + N \quad \therefore \quad N = n - a_n$$

よって，9^n は $\boldsymbol{n - a_n}$ 桁である．

◀$9^1 = 9 \quad \cdots 1$ 桁
$9^2 = 81 \quad \cdots 2$ 桁
$\vdots$
$9^n \quad \cdots N$ 桁
桁が繰り上がるのは
$n - a_n$ 回

(3) (2)から

$$10^{n-a_n-1} \leq 9^n < 10^{n-a_n}$$

$$n - a_n - 1 \leq n \log_{10} 9 < n - a_n$$

$$\therefore \quad 1 - \log_{10} 9 - \frac{1}{n} \leq \frac{a_n}{n} < 1 - \log_{10} 9$$

よって，はさみうちの原理より

$$\lim_{n \to \infty} \frac{a_n}{n} = 1 - 2\log_{10} 3$$

参考 $10^{m-1} \leq 2^{k-1} < 10^m$ のとき

$$8 \cdot 10^{m-1} \leq 2^{k+2} < 8 \cdot 10^m$$

となるから，2^{k+2} は 2^{k-1} の桁数と等しいか，または1だけ大きい．すなわち

$\quad 2,\ 2^2,\ 2^3,\ 2^4,\ 2^5,\ \cdots$

は，同じ桁数が3つ続くか，または4つ続く．

類題 n を自然数とする．等式 $\sin x = e^{\frac{x}{n}} - 1$ を満たす0以上の実数 x の個数を P_n で表す．このとき $\displaystyle\lim_{n\to\infty}\frac{P_n}{n}$ を求めよ．ただし，e は自然対数の底とする．

(北海道大)

解答

$e^{\frac{x}{n}} - 1 = 1$ つまり $x = n\log 2$ であり，概形は次の通り．

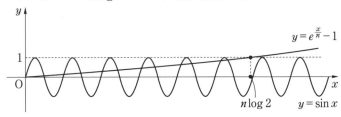

$n\log 2$ に対して，

$\quad 2(k-1)\pi \leqq n\log 2 < 2k\pi \quad \cdots\cdots (*)$

となる自然数 k が存在する．このとき

$\quad\quad P_n = 2k-2,$ または $2k-1,$ または $2k$

のいずれかになる．

$\quad \therefore\ 2k-2 \leqq P_n \leqq 2k \quad \therefore\ \dfrac{2k}{n} - \dfrac{2}{n} \leqq \dfrac{P_n}{n} \leqq \dfrac{2k}{n} \quad \cdots\cdots (**)$

ここで，$(*)$ から

$\quad \dfrac{2(k-1)}{n} \leqq \dfrac{\log 2}{\pi} < \dfrac{2k}{n} \quad \therefore\ \dfrac{\log 2}{\pi} < \dfrac{2k}{n} \leqq \dfrac{\log 2}{\pi} + \dfrac{2}{n}$

よって，はさみうちの原理より

$$\lim_{n\to\infty}\frac{2k}{n} = \frac{\log 2}{\pi}$$

となり，$(**)$ と再びはさみうちの原理より

$$\lim_{n\to\infty}\frac{P_n}{n} = \lim_{n\to\infty}\frac{2k}{n} = \boldsymbol{\frac{\log 2}{\pi}}$$

メインポイント

n が十分大きいと，誤差はムシできるということ！

12 はさみうちの原理の応用問題(2)

ガウス記号 $[x]$ に対しては,
$$[x] \leqq x < [x]+1$$
$$\Longleftrightarrow x-1 < [x] \leqq x$$
が成り立ちます. 例えば, $x > 0$ のとき
$$1 - \frac{1}{x} < \frac{[x]}{x} \leqq 1$$
はさみうちの原理から $\displaystyle\lim_{x \to \infty} \frac{[x]}{x} = 1$ となります.

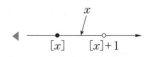

解答

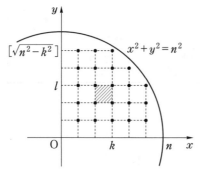

◀図は $n=6$ のとき. 問題の意味を知るには, 具体化して考えること.

第1象限の格子点 $(k,\ l)$ に対して
$$(k,\ l),\ (k-1,\ l),\ (k-1,\ l-1),\ (k,\ l-1)$$
でつくる正方形を対応させると, $x \geqq 0,\ y \geqq 0$ に含まれる正方形の個数は第1象限の格子点の個数と一致する.

C_n に含まれる格子点のうち, $x=k$ $(1 \leqq k \leqq n-1)$ 上にあるのは
$$\left[\sqrt{n^2-k^2}\right] \text{ 個}$$
である. ただし, $[\quad]$ はガウス記号とする. よって, 第1象限の格子点は $\displaystyle\sum_{k=1}^{n-1} \left[\sqrt{n^2-k^2}\right]$ 個となり
$$N(n) = 4\sum_{k=1}^{n-1} \left[\sqrt{n^2-k^2}\right]$$
ガウス記号 $[x]$ に対して $x-1 < [x] \leqq x$ が成り立つから

$$\sum_{k=1}^{n-1}(\sqrt{n^2-k^2}-1)<\sum_{k=1}^{n-1}\left[\sqrt{n^2-k^2}\right]\leqq\sum_{k=1}^{n-1}\sqrt{n^2-k^2}$$

$$\therefore\quad 4\sum_{k=1}^{n-1}(\sqrt{n^2-k^2}-1)<N(n)\leqq 4\sum_{k=1}^{n-1}\sqrt{n^2-k^2}$$

$$\therefore\quad 4\cdot\frac{1}{n}\sum_{k=1}^{n-1}\sqrt{1-\left(\frac{k}{n}\right)^2}-\frac{4(n-1)}{n^2}$$

$$<\frac{N(n)}{n^2}\leqq 4\cdot\frac{1}{n}\sum_{k=1}^{n-1}\sqrt{1-\left(\frac{k}{n}\right)^2}$$

ここで

$$\lim_{n\to\infty}\frac{1}{n}\sum_{k=1}^{n-1}\sqrt{1-\left(\frac{k}{n}\right)^2}$$

$$=\lim_{n\to\infty}\frac{1}{n}\sum_{k=1}^{n}\sqrt{1-\left(\frac{k}{n}\right)^2}=\int_0^1\sqrt{1-x^2}\,dx$$

◀ $\sum_{k=1}^{n-1}\sqrt{1-\left(\frac{k}{n}\right)^2}$

$=\sum_{k=1}^{n}\sqrt{1-\left(\frac{k}{n}\right)^2}$

であり，これは右図の $\dfrac{1}{4}$ 円の面積を表すから

$$\lim_{n\to\infty}\frac{1}{n}\sum_{k=1}^{n-1}\sqrt{1-\left(\frac{k}{n}\right)^2}=\frac{\pi}{4}$$

以上から，はさみうちの原理より

$$\lim_{n\to\infty}\frac{N(n)}{n^2}=\pi$$

である．

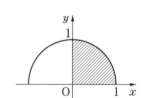

ガウス記号の処理： $x-1<[x]\leqq x$

13 方程式の解と極限

アプローチ

実数解の存在(解は求めない)を示して，その解の極限値を求める問題です．

本問では，まず $0<a_n<2$ を示して

$$\lim_{n\to\infty}(8-a_n{}^3)=\lim_{n\to\infty}\frac{a_n}{n}=0$$

から求めていきます．なお，定数を分離して

$$\frac{8-x^3}{x}=\frac{1}{n}$$

とみると，右図のように $\{a_n\}$ は増加しながら 2 に近づく様子がわかります．

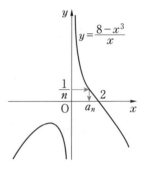

解答

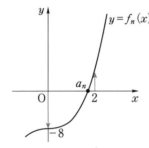

(1) $f_n(x)=x^3+\dfrac{1}{n}x-8$ とおくと

$$f_n{}'(x)=3x^2+\frac{1}{n}>0$$

となり，$f_n(x)$ は単調増加である．よって

$$f_n(0)=-8<0,\quad f_n(2)=\frac{2}{n}>0$$

とあわせて，$f_n(x)=0$ は $0<x<2$ にただ 1 つの実数解をもつ．

◀ $\displaystyle\lim_{x\to-\infty}f_n(x)=-\infty$
$\displaystyle\lim_{x\to\infty}f_n(x)=\infty$
としてもよい．

(2)（ i ）(1)から，$0<a_n<2$ は明らか．

また，$f_{n+1}(a_{n+1})=0$ だから

$$a_{n+1}{}^3+\frac{a_{n+1}}{n+1}-8=0$$

$$\therefore\quad a_{n+1}{}^3=-\frac{a_{n+1}}{n+1}+8$$

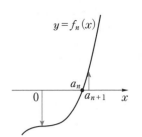

$$\therefore \quad f_n(a_{n+1}) = a_{n+1}{}^3 + \frac{a_{n+1}}{n} - 8$$

$$= \left(-\frac{a_{n+1}}{n+1} + 8 \right) + \frac{a_{n+1}}{n} - 8$$

$$= \frac{a_{n+1}}{n} - \frac{a_{n+1}}{n+1} = \frac{a_{n+1}}{n(n+1)} > 0$$

となり，$a_n < a_{n+1}$ が成り立つ．

(ii) $f_n(a_n) = 0$ から

$$a_n{}^3 + \frac{a_n}{n} - 8 = 0 \qquad \therefore \quad \frac{a_n}{n} = 8 - a_n{}^3$$

(i)から $0 < a_n < 2$ だから，$0 < \dfrac{a_n}{n} < \dfrac{2}{n}$ となり，

はさみうちの原理から

$$\lim_{n \to \infty} \frac{a_n}{n} = 0 \qquad \therefore \quad \lim_{n \to \infty} (8 - a_n{}^3) = 0$$

よって，$\displaystyle\lim_{n \to \infty} a_n{}^3 = 8$ より $\displaystyle\lim_{n \to \infty} a_n = 2$ である．

参考 1 (i) $a_{n+1}{}^3 = -\dfrac{a_{n+1}}{n+1} + 8, \quad a_n{}^3 = -\dfrac{a_n}{n} + 8$

が成り立つから

$$a_{n+1}{}^3 - a_n{}^3 = \frac{a_n}{n} - \frac{a_{n+1}}{n+1}$$

$$\therefore \quad a_{n+1}{}^3 - a_n{}^3 + \frac{a_{n+1} - a_n}{n+1} = \frac{a_n}{n(n+1)} > 0$$

ここで，$a_{n+1} - a_n$ と $a_{n+1}{}^3 - a_n{}^3$ の符号は一致するから $a_{n+1} > a_n$ です．

参考 2 (ii) (1)において

$$f_n\left(2 - \frac{1}{n} \right) = \left(2 - \frac{1}{n} \right)^3 + \frac{1}{n}\left(2 - \frac{1}{n} \right) - 8$$

$$= -\frac{5(2n-1)}{n^2} - \frac{1}{n^3} < 0$$

とから $2 - \dfrac{1}{n} < a_n < 2$ となり，$\displaystyle\lim_{n \to \infty} a_n = 2$ としてもよいです．

メインポイント

a_n が有界であることを示して，$\displaystyle\lim_{n \to \infty} \dfrac{a_n}{n} = 0$ を利用する！

13 ｜ 方程式の解と極限　　**35**

$\displaystyle\lim_{x\to 0}\frac{x-\sin x}{x^3}$ は，基本極限 $\dfrac{\sin x}{x}=1$ では求めら

れません．誘導がつくので覚えておく必要はありませ

んが，$x>0$ のとき

$$x-\frac{x^3}{6}<\sin x<x-\frac{x^3}{6}+\frac{x^5}{120}$$

が成り立ちます．さらに，関数がすべて奇関数なので
$x<0$ のとき

$$x-\frac{x^3}{6}>\sin x>x-\frac{x^3}{6}+\frac{x^5}{120}$$

が成り立ちます．よって，$x\neq 0$ のとき

$$\frac{1}{6}-\frac{x^2}{120}<\frac{x-\sin x}{x^3}<\frac{1}{6}$$

が成り立つことから，はさみうちの原理より

$$\lim_{x\to 0}\frac{x-\sin x}{x^3}=\frac{1}{6}$$

が得られます．

◀ $h(x)=x-\dfrac{x^3}{6}+\dfrac{x^5}{120}-\sin x$

とおくと

$h'(x)=1-\dfrac{x^2}{2}+\dfrac{x^4}{24}-\cos x$

$h''(x)=\sin x-x+\dfrac{x^3}{6}$

$\qquad =g(x)>0$

これから $h(x)>0$ $(x>0)$
が示されます．

解答

(1) $f(x)=x-\sin x$ とおくと

$\qquad f'(x)=1-\cos x\geqq 0$

よって，$f(x)$ は単調増加で

$\qquad f(x)\geqq f(0)=0$ $(x\geqq 0)$

$\qquad \therefore\quad \sin x\leqq x$ $(x\geqq 0)$ ……①

◀ $y=\sin x$ の原点における
接線が $y=x$ である．

次に，$g(x)=\sin x-x+\dfrac{x^3}{6}$ $(x\geqq 0)$ とおくと

$\qquad g'(x)=\cos x-1+\dfrac{x^2}{2}$

$\qquad \therefore\quad g''(x)=-\sin x+x$

①より $g''(x)\geqq 0$ $(x\geqq 0)$ となり，$g'(x)$ は増加関

数である．さらに，$g'(0)=0$ から

$\qquad g'(x)\geqq 0$ $(x\geqq 0)$

となり，$g(x)$ も増加関数になる．

$\qquad \therefore\quad g(x)\geqq g(0)=0$ $(x\geqq 0)$

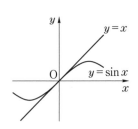

以上から，$x-\dfrac{x^3}{6}\leqq\sin x\leqq x$ $(x\geqq0)$ が示された.

(2) $t\geqq0$ のとき，(1)から

$$t^2-\dfrac{t^4}{6}\leqq t\sin t\leqq t^2$$

よって，$x\geqq0$ のとき

$$\int_0^x\left(t^2-\dfrac{t^4}{6}\right)dt\leqq\int_0^x t\sin t\,dt\leqq\int_0^x t^2\,dt$$

$$\Longleftrightarrow\left[\dfrac{t^3}{3}-\dfrac{t^5}{30}\right]_0^x\leqq\int_0^x t\sin t\,dt\leqq\left[\dfrac{t^3}{3}\right]_0^x$$

$$\therefore\quad\dfrac{x^3}{3}-\dfrac{x^5}{30}\leqq\int_0^x t\sin t\,dt\leqq\dfrac{x^3}{3}$$

◀ $[a,\ b]$ において，
$f(x)\leqq g(x)$ のとき
$\displaystyle\int_a^b f(x)dx\leqq\int_a^b g(x)dx$
が成り立つ.

(3) $\displaystyle\int_0^x t\sin t\,dt=\Big[-t\cos t+\sin t\Big]_0^x$

$$=\sin x-x\cos x$$

が成り立つ. よって，(2)から

$$\dfrac{x^3}{3}-\dfrac{x^5}{30}\leqq\sin x-x\cos x\leqq\dfrac{x^3}{3}\quad(x\geqq0)$$

さらに，不等式内の関数はすべて奇関数だから

$$\dfrac{x^3}{3}\leqq\sin x-x\cos x\leqq\dfrac{x^3}{3}-\dfrac{x^5}{30}\quad(x\leqq0)$$

よって，$x>0$ でも $x<0$ でも

$$\dfrac{1}{3}-\dfrac{x^2}{30}<\dfrac{\sin x-x\cos x}{x^3}<\dfrac{1}{3}$$

が成り立ち，はさみうちの原理から

$$\therefore\quad\lim_{x\to0}\dfrac{\sin x-x\cos x}{x^3}=\dfrac{1}{3}$$

◀ $\dfrac{\sin x-x\cos x}{x^3}$
$=\dfrac{\sin x-x}{x^3}+\dfrac{1-\cos x}{x^2}$
ここで，
$\displaystyle\lim_{x\to0}\dfrac{1-\cos x}{x^2}=\dfrac{1}{2}$ だから
$\displaystyle\lim_{x\to0}\dfrac{\sin x-x}{x^3}$ を求める問題と同じ.

補足 マクローリン展開

$$e^x=1+x+\dfrac{x^2}{2!}+\dfrac{x^3}{3!}+\cdots+\dfrac{x^n}{n!}+\cdots$$

$$\sin x=x-\dfrac{x^3}{3!}+\dfrac{x^5}{5!}-\cdots+\dfrac{(-1)^{n-1}x^{2n-1}}{(2n-1)!}+\cdots$$

が成り立ちます.（詳しくは，大学で扱います.）

■ **メインポイント** ■

e^x や $\sin x$ などを整式の関数の不等式で評価する問題もある！

15 分数関数 … 分母を 0 にする実数解の確認

アプローチ

　分数関数のグラフでは，分母を 0 にする実数 x が
あるかの確認が必要です.

　本問の場合，$x^2+ax+1=0$ が実数解をもつか，
さらにはその実数解が異なる 2 解か重解かでグラフ
が違ってきます. 右図はそれぞれ

　　　　（図 1 ）は $a=2$，　（図 2 ）は $a=\dfrac{5}{2}$

のときで，(2)は（図 1 ）の場合です.

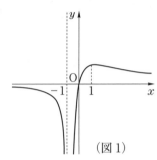

（図 1 ）

（図 2 ）

解答

(1)　$f(x)=\dfrac{x}{x^2+ax+1}$ のとき

$$f'(x)=\dfrac{1\cdot(x^2+ax+1)-x\cdot(2x+a)}{(x^2+ax+1)^2}$$

$$=\dfrac{1-x^2}{(x^2+ax+1)^2}$$

ここで，$g(x)=x^2+ax+1$ とおき，$g(x)=0$ の
判別式を D とおく.

　$D\geqq0$ すなわち，$a\leqq-2$，$a\geqq2$ のとき，$g(x)$
$=0$ は実数解をもつ. その解を α とすると，
$\alpha\neq0$ だから

$$\lim_{x\to\alpha+0}f(x)=\infty \ \text{または} \ -\infty$$

よって，最大値または最小値をもたない.

　$D<0$ すなわち，$-2<a<2$ のとき，$f(x)$ はす
べての実数で定義されて，増減表は次のようになる.

x	$-\infty$	$\cdots$	-1	$\cdots$	1	$\cdots$	∞
$f'(x)$		$-$	0	$+$	0	$-$	
$f(x)$	0	$\searrow$		$\nearrow$		$\searrow$	0

　また，$\displaystyle\lim_{x\to\pm\infty}f(x)=0$ だから，最大値と最小値を
もつ条件は $-2<a<2$ であり，このとき

◀ $\displaystyle\lim_{x\to\alpha-0}f(x)=\infty$ または $-\infty$
でもよい.

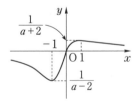

$$最小値：f(-1)=\frac{1}{a-2}$$

$$最大値：f(1)=\frac{1}{a+2}$$

(2) (i) $a>2$ または $a<-2$ のとき，$g(x)=0$ は異なる 2 解をもつ．この 2 解を，$\alpha,\ \beta\ (\alpha<\beta)$ とおくと

$$f(x)=\frac{x}{(x-\alpha)(x-\beta)}$$

このとき，$\alpha \neq 0$ だから

$$\lim_{x\to\alpha-0}f(x)=-\infty,\quad \lim_{x\to\alpha+0}f(x)=\infty$$

または $\displaystyle\lim_{x\to\alpha-0}f(x)=\infty,\quad \lim_{x\to\alpha+0}f(x)=-\infty$

のいずれかであり，最大値も最小値ももたず，条件を満たさない．

(ii) $a=-2$ のとき

$$f(x)=\frac{x}{(x-1)^2}$$

$$\therefore\quad \lim_{x\to1+0}f(x)=\lim_{x\to1-0}f(x)=\infty$$

よって，最大値をもたず，条件を満たさない．

(iii) $a=2$ のとき

$$f(x)=\frac{x}{(x+1)^2},\quad f'(x)=\frac{1-x^2}{(x+1)^4}$$

$$\lim_{x\to-1+0}f(x)=\lim_{x\to-1-0}f(x)=-\infty$$

このとき，増減表は次のようになる．

x	$-\infty$	$\cdots$	-1	$\cdots$	1	$\cdots$	∞
$f'(x)$		$-$	/	$+$	0	$-$	
$f(x)$	0	$\searrow$	$-\infty/-\infty$	$\nearrow$		$\searrow$	0

以上から，最大値をもつが最小値はもたないのは，$a=2$ のときで，

$$最大値：f(1)=\frac{1}{4}$$

となる．

◀ $g(0)=1>0$ より，異なる 2 解はともに正またはともに負である．
ともに正ならば
$$\lim_{x\to\alpha-0}f(x)=\infty,$$
$$\lim_{x\to\alpha+0}f(x)=-\infty$$
ともに負ならば
$$\lim_{x\to\alpha-0}f(x)=-\infty,$$
$$\lim_{x\to\alpha+0}f(x)=\infty$$
となる．

■ メインポイント ■

分数関数では，分母を 0 にする実数 x があるか必ず確認する！

16 対数微分法

アプローチ

両辺の対数をとってから微分する方法を，対数微分法といいます．

例えば，$y=x^x$ $(x>0)$ を微分するとき，まず両辺の対数をとって

$$\log y=x\log x \qquad \therefore \ \frac{y'}{y}=\log x+1$$

$$\therefore \ y'=x^x\,(\log x+1)$$

となります．

$$\frac{d}{dx}(\log y)$$
$$=\frac{d}{dy}(\log y)\cdot\frac{dy}{dx}$$
$$=\frac{1}{y}\cdot y'$$

解答

$x>0$ のとき

$$\left(1+\frac{1}{x}\right)^x<e<\left(1+\frac{1}{x}\right)^{x+\frac{1}{2}}$$

$$\iff x\log\left(1+\frac{1}{x}\right)<1<\left(x+\frac{1}{2}\right)\log\left(1+\frac{1}{x}\right) \ \cdots\cdots(*)$$

であるから，$(*)$ を示す．

(i) $f(x)=x\log\left(1+\frac{1}{x}\right)-1$ $(x>0)$ とおくと

$$f'(x)=\log\left(1+\frac{1}{x}\right)+x\cdot\frac{x}{x+1}\cdot\left(-\frac{1}{x^2}\right)$$

$$=\log\left(1+\frac{1}{x}\right)-\frac{1}{x+1}$$

$$\therefore \ f''(x)=-\frac{1}{x(x+1)}+\frac{1}{(x+1)^2}$$

$$=-\frac{1}{x(x+1)^2}<0$$

よって，$f'(x)$ は減少関数であり

$$\lim_{x\to\infty}f'(x)=0$$

とあわせて $f'(x)>0$ である．よって，$f(x)$ は単調増加であり

◀ $x\log\left(1+\frac{1}{x}\right)$
$=x\{\log(x+1)-\log x\}$
とすると，微分がラクになる．

◀ 平均値の定理から
$$\frac{\log(x+1)-\log x}{(x+1)-x}=\frac{1}{x+\alpha}$$
となる α $(0<\alpha<1)$ が存在して
$$x\log\left(1+\frac{1}{x}\right)=\frac{x}{x+\alpha}<1$$
となり，$f(x)<0$ がカンタンに示される．

$$\lim_{x\to\infty} f(x) = \lim_{x\to\infty} \left\{ \log\left(1+\frac{1}{x}\right)^x - 1 \right\}$$
$$= \log e - 1 = 0$$

とあわせて $f(x)<0 \ (x>0)$ が成り立つ.

(ii) $g(x) = \left(x+\dfrac{1}{2}\right)\log\left(1+\dfrac{1}{x}\right) - 1$ とおくと

$$g'(x) = \log\left(1+\frac{1}{x}\right) + \left(x+\frac{1}{2}\right)\cdot\left\{-\frac{1}{x(x+1)}\right\}$$
$$= \log\left(1+\frac{1}{x}\right) - \frac{1}{2}\left(\frac{1}{x}+\frac{1}{x+1}\right)$$
$$\therefore \quad g''(x) = -\frac{1}{x(x+1)} + \frac{1}{2}\left\{\frac{1}{x^2}+\frac{1}{(x+1)^2}\right\}$$
$$= \frac{-2x(x+1)+(x+1)^2+x^2}{2x^2(x+1)^2}$$
$$= \frac{1}{2x^2(x+1)^2} > 0$$

◀ $\left(x+\dfrac{1}{2}\right)\cdot\left\{-\dfrac{1}{x(x+1)}\right\}$
$= -\dfrac{1}{x+1} - \dfrac{1}{2}\left(\dfrac{1}{x}-\dfrac{1}{x+1}\right)$
$= -\dfrac{1}{2}\left(\dfrac{1}{x}+\dfrac{1}{x+1}\right)$

よって, $g'(x)$ は増加関数であり
$$\lim_{x\to\infty} g'(x) = 0$$
とあわせて $g'(x)<0$ である. よって, $g(x)$ は単調減少で, さらに

$$\lim_{x\to\infty} g(x)$$
$$= \lim_{x\to\infty}\left\{ \log\left(1+\frac{1}{x}\right)^x + \frac{1}{2}\log\left(1+\frac{1}{x}\right) - 1 \right\}$$
$$= \log e - 1 = 0$$

とあわせて $g(x)>0 \ (x>0)$ が成り立つ.

以上から, (＊)は示された.

▪️ メインポイント ▪️

$$x^x, \ \left(1+\frac{1}{x}\right)^x \ \text{は対数微分法によって微分する！}$$

17 不等式 … 定数分離

1文字の定数 a を含む不等式なので，《定数分離》して考えましょう.

なお，$y=f(x)\left(0<x\leqq\dfrac{\pi}{2}\right)$ のグラフは，解答と

基本極限 $\displaystyle\lim_{x\to+0}\dfrac{1-\cos x}{x^2}=\dfrac{1}{2}$

をあわせて，右図のようになります.

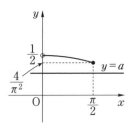

解答

$\cos x$，$1-ax^2$ はともに偶関数だから，（＊）は

（＊＊）$0\leqq x\leqq\dfrac{\pi}{2}$ の範囲のすべての x に対して

$$\cos x\leqq1-ax^2$$

が成り立つ.

と同値である.

$x=0$ のとき，a の値にかかわらずつねに成立.　◀$1\leqq1-a\cdot0$

$0<x\leqq\dfrac{\pi}{2}$ のとき

$$\cos x\leqq1-ax^2\iff a\leqq\dfrac{1-\cos x}{x^2}$$

◀定数分離

ここで，$f(x)=\dfrac{1-\cos x}{x^2}$ とおくと　　◀$f(x)$ の最小値を m とすると，m が a の最大値.

$$f'(x)=\dfrac{\sin x\cdot x^2-2x(1-\cos x)}{x^4}$$

$$=\dfrac{x\sin x-2(1-\cos x)}{x^3}$$

さらに，$g(x)=x\sin x-2(1-\cos x)$ とおくと　　◀符号のわからない分子を取り出している.

$$g'(x)=x\cos x+\sin x-2\sin x$$

$$=x\cos x-\sin x$$

$$g''(x)=-x\sin x<0$$

よって，$g'(x)$ は単調減少であり，$g'(0)=0$ とあわせて $g'(x)<0$ となる.

よって，$g(x)$ も単調減少であり，$g(0)=0$ とあわせて $g(x)<0$ となる.

以上から，$f'(x)<0$ となり，$f(x)$ は単調減少だから（＊＊）を満たす a の最大値は $f\left(\dfrac{\pi}{2}\right)=\dfrac{4}{\pi^2}$ である．

◆別解▶

$f(x)=1-ax^2-\cos x\ \left(0\leqq x\leqq\dfrac{\pi}{2}\right)$ とおく．

このとき
$$f'(x)=-2ax+\sin x$$
$$f''(x)=-2a+\cos x$$

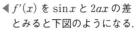
◀ $f'(x)$ を $\sin x$ と $2ax$ の差とみると下図のようになる．

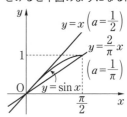

(i) $a\geqq\dfrac{1}{2}$ のとき

$$f''(x)=-2a+\cos x\leqq-1+\cos x\leqq0$$

よって，$f'(x)$ は単調減少でかつ $f'(0)=0$ だから $f'(x)\leqq0$ となる．したがって，$f(x)$ も単調減少でかつ $f(0)=0$ だから $f(x)\leqq0$ となり（＊）を満たさない．

(ii) $0<a<\dfrac{1}{2}$ のとき

$$f''(\alpha)=0\ \left(0<\alpha<\dfrac{\pi}{2}\right)$$

なる α が存在して，$f'(x)$ の増減表は右上のとおり．

さらに $1-a\pi<0$ すなわち，$\dfrac{1}{\pi}<a$ とすると

$$f'(\beta)=0\ \left(0<\beta<\dfrac{\pi}{2}\right)$$

なる β が存在して，$f(x)$ の増減表は右下のとおり．

よって，（＊）が成り立つ条件は

$$1-\dfrac{\pi^2}{4}a\geqq0\quad つまり，\quad a\leqq\dfrac{4}{\pi^2}$$

となり，$\dfrac{4}{\pi^2}>\dfrac{1}{\pi}$ を満たす．求めるのは a の最大値だから $\dfrac{4}{\pi^2}$ である．

x	0	$\cdots$	α	$\cdots$	$\dfrac{\pi}{2}$
$f''(x)$		$+$	0	$-$	
$f'(x)$	0	$\nearrow$		$\searrow$	$1-a\pi$

x	0	$\cdots$	β	$\cdots$	$\dfrac{\pi}{2}$
$f'(x)$		$+$	0	$-$	
$f(x)$	0	$\nearrow$		$\searrow$	$1-\dfrac{\pi^2}{4}a$

◀ a の最大値だから，$a\leqq\dfrac{1}{\pi}$ については考えなくてよい．

━■ メインポイント ■━

1文字の定数を含む方程式・不等式では，《定数分離》を考える！

18 接線の本数

アプローチ

接線の本数は，接点の個数を調べますが，複数の点で接する場合もあるので，一般には

接線の本数 ≠ 接点の個数

です．まず，複数の点で接する直線がないことの確認が必要です．

(1)のグラフで，増減だけ調べると $x \geqq e$ で単調増加になりますが，右図のように**変曲点が2個あると2点で接する直線が存在してしまいます**．そこで，凹凸まで調べる必要があります．

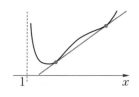

解答

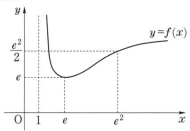

◀変曲点が1つのこのグラフには，異なる2点で接する直線はない．

(1) $f(x) = \dfrac{x}{\log x}$ のとき

$$f'(x) = \frac{\log x - 1}{(\log x)^2}$$

$$f''(x) = \frac{\dfrac{1}{x} \cdot (\log x)^2 - 2\log x \cdot \dfrac{1}{x}(\log x - 1)}{(\log x)^4}$$

$$= \frac{2 - \log x}{x(\log x)^3}$$

よって，増減，凹凸は次のようになる．

◀$x > 0$ のときは，分母の $\log x$ も $x = 1$ の前後で符号が変わる．約分しないで
$$f''(x) = \frac{\log x(2 - \log x)}{x(\log x)^4}$$
の方がよいかもしれない．

x	1	$\cdots$	e	$\cdots$	e^2	$\cdots$	∞
$f'(x)$		$-$	0	$+$		$+$	
$f''(x)$		$+$		$+$	0	$-$	
$f(x)$	∞	$\searrow$	e	$\nearrow$	$\dfrac{e^2}{2}$	$\nearrow$	∞

また，グラフの概形は上図のようになる．

44

(2) (1)から $\left(t, \dfrac{t}{\log t}\right)$ $(t>1)$ における接線は

$$y = \frac{\log t - 1}{(\log t)^2}(x-t) + \frac{t}{\log t}$$

$$= \frac{\log t - 1}{(\log t)^2}x + \frac{t}{(\log t)^2}$$

$(a, 0)$ を代入して

$$0 = \frac{\log t - 1}{(\log t)^2}a + \frac{t}{(\log t)^2}$$

$t=e$ は解でないから

$$a = \frac{t}{1 - \log t} \quad (t \neq e) \quad \cdots\cdots (*)$$

ここで，$g(t) = \dfrac{t}{1-\log t}$ とおくと

$$g'(t) = \frac{1 \cdot (1-\log t) + t \cdot \dfrac{1}{t}}{(1-\log t)^2}$$

$$= \frac{2 - \log t}{(1-\log t)^2}$$

よって，増減表は次のようになる．

t	1	$\cdots$	e	$\cdots$	e^2	$\cdots$	∞
$g'(t)$		$+$	/	$+$	0	$-$	
$g(t)$	1	$\nearrow$	$\infty / -\infty$	$\nearrow$	$-e^2$	$\searrow$	$-\infty$

また，(1)の図から複数の点で接する直線は存在しないから($*$)の異なる解の個数と接線の本数が一致する．

よって，$g(t) = a$ が $t>1$ に異なる 2 解をもつ範囲だから $a < -e^2$ となる．

◀接点 $(t, f(t))$ における接線を求める．
　$\longrightarrow$ 通過点を代入して，t についての方程式をつくる．
　$\longrightarrow$ 異なる実数解の個数を調べる．

◀《定数分離》

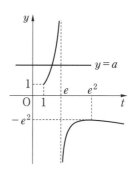

| 注意! | 複数の点で接する直線がない場合は，証明が大変なので特に設問がなければ，《複数の点で接する直線はない》と一言加えれば十分でしょう．

■ メインポイント ■

接線の本数は，接点の個数を調べる（複数点で接する直線に注意）

19 法線（曲率半径）

本問の $r(a)$ は，点Aのごく付近の曲線の曲がり具合を円で近似したときの円の半径で，**曲率半径**といいます．一般に，曲線 $y=f(x)$ 上の点 $(a,\ f(a))$ における曲率半径は

$$\frac{\{1+f'(a)^2\}^{\frac{3}{2}}}{|f''(a)|}$$

で与えられます．覚える必要はありませんが，本問と同じように計算すれば得られます．

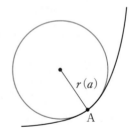

解答

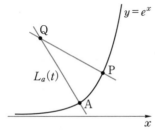

(1) 点 $A(a,\ e^a)$，$P(t,\ e^t)$ における法線はそれぞれ

$$y=-\frac{x-a}{e^a}+e^a,\ \ y=-\frac{x-t}{e^t}+e^t$$

これを解いて

$$\frac{e^a-e^t}{e^a e^t}x=\frac{te^a-ae^t}{e^a e^t}+e^t-e^a$$

$$\therefore\ \ x=\frac{te^a-ae^t}{e^a-e^t}-e^a e^t$$

$$=\frac{a(e^a-e^t)+(t-a)e^a}{e^a-e^t}-e^a e^t$$

$$\therefore\ \ a-x=\frac{e^a(t-a)}{e^t-e^a}+e^a e^t$$

$$\therefore\ \ L_a(t)=(a-x)\sqrt{1+\left(\frac{-1}{e^a}\right)^2}$$

$$=\left(\frac{e^a(t-a)}{e^t-e^a}+e^a e^t\right)\sqrt{1+\left(\frac{-1}{e^a}\right)^2}$$

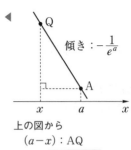

上の図から
$$(a-x):AQ$$
$$=1:\sqrt{1+\left(-\frac{1}{e^a}\right)^2}$$

46

$$\therefore \quad r(a) = \lim_{t \to a} L_a(t) = (1 + e^{2a})\sqrt{\frac{1 + e^{2a}}{e^{2a}}} \qquad \blacktriangleleft \lim_{t \to a} \frac{t - a}{e^t - e^a} = \frac{1}{e^a}$$

$$= \frac{(1 + e^{2a})^{\frac{3}{2}}}{e^a}$$

(2) (1)において，$e^{2a} = s \;\; (s > 0)$ とおくと

$$r(a) = \sqrt{\frac{(1 + e^{2a})^3}{e^{2a}}} = \sqrt{\frac{(1 + s)^3}{s}}$$

ここで，$f(s) = \dfrac{(1 + s)^3}{s} \;\; (s > 0)$ とおくと

$$f'(s) = \frac{3(1 + s)^2 s - (1 + s)^3}{s^2}$$

$$= \frac{(1 + s)^2 (2s - 1)}{s^2}$$

$f(s)$ は，$s = \dfrac{1}{2}$ で極小かつ最小となるから，$r(a)$ の最小値は

$\blacktriangleleft$ 曲率半径が最小値だから，最も急なカーブの点を求めている．

$$\sqrt{f\left(\frac{1}{2}\right)} = \frac{3\sqrt{3}}{2}$$

参考　ベクトル $(a,\ b)$ に垂直な直線は

$$ax + by + c = 0$$

と表されます．A における法線は，$(1,\ e^a)$ に垂直で $(a,\ e^a)$ を通るから

$$1 \cdot (x - a) + e^a(y - e^a) = 0 \quad \text{すなわち，} \quad x + e^a y = a + e^{2a}$$

同様にして，P おける法線は $x + e^t y = t + e^{2t}$ となり，スッキリします．

━ **メインポイント** ━

直線から切り取る長さは，傾きから比を利用する！

20 不等式の証明 … 関数の利用

アプローチ

有名なのは

『e^π と π^e の大小を調べよ.』

という問題で

e^π と π^e の大小と $\dfrac{\log e}{e}$ と $\dfrac{\log \pi}{\pi}$ の大小

は一致するから，$\dfrac{\log x}{x}$ の増減を調べます．右の

グラフから

$$\frac{\log e}{e} > \frac{\log \pi}{\pi} \iff e^\pi > \pi^e$$

となります．本問では

$$\left(1+\frac{2002}{2001}\right)^{\frac{2001}{2002}} \text{ と } \left(1+\frac{2001}{2002}\right)^{\frac{2002}{2001}} \text{ の大小}$$

なので，$\left(1+\dfrac{1}{x}\right)^x$ の増減を調べるわけです．

◀ 例えば，$99^{100}>100^{99}$ もわかります．

解答

(1) $x>0$ のとき

$$f(x)=\log\left(1+\frac{1}{x}\right)-\frac{1}{x+1}$$

とおくと

$$\begin{aligned}
f'(x)&=\frac{x}{x+1}\cdot\left(-\frac{1}{x^2}\right)+\frac{1}{(x+1)^2}\\
&=-\frac{1}{x(x+1)}+\frac{1}{(x+1)^2}\\
&=\frac{-(x+1)+x}{x(x+1)^2}=\frac{-1}{x(x+1)^2}<0
\end{aligned}$$

よって，$f(x)$ は単調減少でかつ

$$\lim_{x\to\infty}f(x)=0$$

とあわせて，$f(x)>0 \ (x>0)$ となる．

$$\therefore \ \log\left(1+\frac{1}{x}\right)>\frac{1}{x+1} \ (x>0)$$

◀ $\left\{\log\left(1+\dfrac{1}{x}\right)\right\}'$
$=\{\log(x+1)-\log x\}'$
$=\dfrac{1}{x+1}-\dfrac{1}{x}$
$=-\dfrac{1}{x(x+1)}$

◀ 16 と同じく，平均値の定理を利用することもできる．

48

(2)　$g(x)=x\log\left(1+\dfrac{1}{x}\right)$　$(x>0)$　とおくと

$$g'(x)=\log\left(1+\dfrac{1}{x}\right)+x\cdot\left\{-\dfrac{1}{x(x+1)}\right\}$$

$$=\log\left(1+\dfrac{1}{x}\right)-\dfrac{1}{x+1}=f(x)$$

◀$\left(1+\dfrac{2002}{2001}\right)^{\frac{2001}{2002}}$ の式と(1)の 設問の流れから関数 $\left(1+\dfrac{1}{x}\right)^{x}$ に気づけるかが ポイント.

よって，(1)とあわせて，$g'(x)=f(x)>0$ となり

　　　$g(x)$ は単調増加

　　つまり $\left(1+\dfrac{1}{x}\right)^{x}$ は単調増加

である．$a=\dfrac{2001}{2002}$，$b=\dfrac{2002}{2001}$ とおくと，$a<b$ だ

から

$$\left(1+\dfrac{1}{a}\right)^{a}<\left(1+\dfrac{1}{b}\right)^{b}$$

$$\therefore\quad\left(1+\dfrac{2002}{2001}\right)^{\frac{2001}{2002}}<\left(1+\dfrac{2001}{2002}\right)^{\frac{2002}{2001}}$$

参考　与えられた関数の不等式から結論を導くのが難しい場合もあります.

$$(1-x)^{1-\frac{1}{x}}<(1+x)^{\frac{1}{x}}\quad(0<x<1)$$

が成り立つとします(証明は **16** と同じく対数微分法によります). このとき

　　　$0.99<0.9999^{100}$

を導けますか?

$$(1-x)^{1-\frac{1}{x}}<(1+x)^{\frac{1}{x}}\iff 1-x<(1-x^{2})^{\frac{1}{x}}$$

として，$x=0.01$ を代入します. 気づきましたか?

■■ **メインポイント** ■■

誘導がつくが，与不等式に適する関数に気づけるか

21 微分法の図形への応用(1)

アプローチ

本問では $\mathrm{BP}=x$ を変数にしていますが,

$$\angle\mathrm{PAB}=\theta$$

と角度を変数にした方が計算がラク(経験的に)だと思います. このとき, 右図の $\triangle\mathrm{PBQ}$ において正弦定理が使えます.

(2)を x のままで微分する解き方は, **参考** にありますので, 比較してみてください.

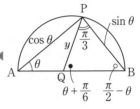

正弦定理から

$$\frac{y}{\sin\left(\frac{\pi}{2}-\theta\right)}=\frac{\sin\theta}{\sin\left(\theta+\frac{\pi}{6}\right)}$$

$$\therefore\quad \frac{y}{\cos\theta}=\frac{2\sin\theta}{\sqrt{3}\,\sin\theta+\cos\theta}$$

解答

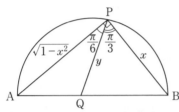

(1) $\mathrm{BP}=x$ $(0<x<1)$ のとき, 条件から

$$\mathrm{AP}=\sqrt{1-x^2}$$

であり, 面積を考えて

$$\triangle\mathrm{PAB}=\triangle\mathrm{PAQ}+\triangle\mathrm{PBQ}$$

$$\Longleftrightarrow \frac{1}{2}x\sqrt{1-x^2}$$

$$=\frac{1}{2}y\sqrt{1-x^2}\sin\frac{\pi}{6}+\frac{1}{2}xy\sin\frac{\pi}{3}$$

$$\Longleftrightarrow x\sqrt{1-x^2}=y\left(\frac{\sqrt{1-x^2}}{2}+\frac{\sqrt{3}\,x}{2}\right)$$

$$\therefore\quad \boldsymbol{y=\frac{2x\sqrt{1-x^2}}{\sqrt{1-x^2}+\sqrt{3}\,x}}$$

◀ AQ, BQ を余弦定理で求め,
$$\mathrm{AQ}+\mathrm{BQ}=1$$
としてもよいが, 計算が大変.

(2) $\angle\mathrm{PAB}=\theta$ $\left(0<\theta<\dfrac{\pi}{2}\right)$ とおくと

$$x=\sin\theta,\ \sqrt{1-x^2}=\cos\theta$$

$$\therefore\quad y=\frac{2\sin\theta\cos\theta}{\sqrt{3}\,\sin\theta+\cos\theta}=\frac{2}{\dfrac{\sqrt{3}}{\cos\theta}+\dfrac{1}{\sin\theta}}$$

ここで，$f(\theta)=\dfrac{\sqrt{3}}{\cos\theta}+\dfrac{1}{\sin\theta}$ とおくと

$$f'(\theta)=\frac{\sqrt{3}\sin\theta}{\cos^2\theta}-\frac{\cos\theta}{\sin^2\theta}$$

$$=\frac{\sqrt{3}\sin^3\theta-\cos^3\theta}{\cos^2\theta\sin^2\theta}$$

よって，$\tan\alpha=\dfrac{1}{\sqrt[6]{3}}\ \left(0<\alpha<\dfrac{\pi}{2}\right)$ とおくと，増減
表は次のとおり．

θ	0	$\cdots$	α	$\cdots$	$\dfrac{\pi}{2}$
$f'(\theta)$		$-$	0	$+$	
$f(\theta)$		$\searrow$		$\nearrow$	

よって，$f(\theta)$ は $\theta=\alpha$ で極小かつ最小となる．すなわち y は $\theta=\alpha$ で最大となる．よって

$$x=\sin\alpha=\frac{1}{\sqrt{1+\sqrt[3]{3}}}$$

◀ a^3-b^3
　$=(a-b)(a^2+ab+b^2)$
であり，$a\neq b$ のとき
　a^2+ab+b^2
　$=\left(a+\dfrac{b}{2}\right)^2+\dfrac{3}{4}b^2>0$
が成り立つから，a^3-b^3 と $a-b$ は符号が一致する．

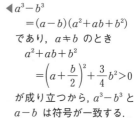

参考　$y=g(x)$ とおくと，(1)から

$$g'(x)=\frac{2}{(\sqrt{1-x^2}+\sqrt{3}\,x)^2}\left\{\left(\sqrt{1-x^2}-\frac{x^2}{\sqrt{1-x^2}}\right)\left(\sqrt{1-x^2}+\sqrt{3}\,x\right)\right.$$

$$\left.-x\sqrt{1-x^2}\left(\frac{-x}{\sqrt{1-x^2}}+\sqrt{3}\right)\right\}$$

$$=\frac{2\{(1-x^2)^{\frac{3}{2}}-\sqrt{3}\,x^3\}}{(\sqrt{1-x^2}+\sqrt{3}\,x)^2\sqrt{1-x^2}}$$

ここで，$\sqrt{1-x^2}=\sqrt[6]{3}\,x$ のとき

$$1-x^2=\sqrt[3]{3}\,x^2\quad\therefore\quad x=\frac{1}{\sqrt{1+\sqrt[3]{3}}}\quad(0<x<1\ \text{より})$$

よって，$x=\dfrac{1}{\sqrt{1+\sqrt[3]{3}}}$ で極大かつ最大になる．

■ **メインポイント** ■

変数を長さか，角度に設定する（角度がよい場合が多い）

アプローチ

　立体は正三角錐です．球の中心 O′ が直線 OG 上に
あるのはわかるでしょうか．

　これは，球が平面 OAB，OAC の両方に接すると
き，O′ はこの 2 平面を二等分する平面 OAG 上にあ
り，さらに平面 OBC にも接することより，平面
OBG 上にもあることからわかります．

◀三角形 ABC が正三角形だ
から，重心 G は内心でもあ
る．

　なお，21 と同様に，∠O′MG=θ とおいた方がすっ
きりするので 参考 としました．

解答

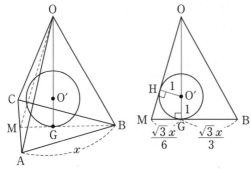

(1)　正三角形 ABC の重心を G，辺 AC の中点を M，
球の中心を O′，O′ から辺 OM へ下ろした垂線の足
を H とおく．OG=h とおくと

$$MG=\frac{1}{3}MB=\frac{1}{3}\cdot\frac{\sqrt{3}}{2}x=\frac{\sqrt{3}\,x}{6}$$

$$OM=\sqrt{h^2+\frac{x^2}{12}}$$

◀上の図から，MG>1 だか
ら
$$\frac{\sqrt{3}\,x}{6}>1$$ すなわち，
$$x>2\sqrt{3}$$
がわかる．

このとき，△OGM∽△OHO′ だから

$$OM:MG=OO′:O′H$$

$$\therefore\quad \sqrt{h^2+\frac{x^2}{12}}:\frac{\sqrt{3}\,x}{6}=(h-1):1$$

$$\therefore\quad \sqrt{h^2+\frac{x^2}{12}}=\frac{\sqrt{3}\,x}{6}(h-1)$$

◀OG は直径より大きいから
$$h>2$$

$$\therefore\quad \frac{x^2-12}{12}h=\frac{x^2}{6}\quad\cdots(*)$$

ここで

$x>0, \ x^2-12>0$ つまり $x>2\sqrt{3}$

であるから

$$(\ast)\iff h=\frac{2x^2}{x^2-12}\quad(x>2\sqrt{3})$$

よって，三角錐 OABC の体積 $V(x)$ は

$$V(x)=\frac{1}{3}\cdot\triangle ABC\cdot h=\frac{1}{3}\cdot\frac{\sqrt{3}}{4}x^2\cdot\frac{2x^2}{x^2-12}$$

$$=\frac{\sqrt{3}}{6}\cdot\frac{x^4}{x^2-12}\quad(x>2\sqrt{3})$$

(2) (1)から

$$V'(x)=\frac{\sqrt{3}}{6}\cdot\frac{4x^3(x^2-12)-2x\cdot x^4}{(x^2-12)^2}$$

$$=\frac{\sqrt{3}}{3}\cdot\frac{x^3(x^2-24)}{(x^2-12)^2}$$

となり，$x=2\sqrt{6}$ で極小かつ最小となる.

また，最小値は

$$V(2\sqrt{6})=\frac{\sqrt{3}}{6}\cdot\frac{24^2}{12}=8\sqrt{3}$$

参考 $\angle O'MG=\theta\left(0<\theta<\dfrac{\pi}{4}\right)$ とおくと

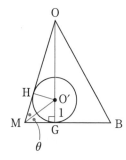

$$BM=3GM=\frac{3}{\tan\theta},\quad AC=\frac{2}{\sqrt{3}}BM=\frac{2\sqrt{3}}{\tan\theta}=x$$

$$OG=MG\cdot\tan2\theta=\frac{2}{1-\tan^2\theta}$$

よって，体積 V は

$$V=\frac{1}{3}\cdot\triangle ABC\cdot OG=\frac{2\sqrt{3}}{\tan^2\theta(1-\tan^2\theta)}$$

となり，$\tan\theta=\dfrac{1}{\sqrt{2}}$ すなわち，$x=2\sqrt{6}$ のとき最

小値 $8\sqrt{3}$ をとる.

◀ $\tan^2\theta(1-\tan^2\theta)$
$=-\left(\tan^2\theta-\dfrac{1}{2}\right)^2+\dfrac{1}{4}$

■■■ メインポイント ■■■

正三角錐の内接球の中心の位置を正しくつかむこと！

23 凸関数

アプローチ

$f''(x)<0$ から関数 $f(x)$ は上に凸です. このとき
正数 m, n に対して

$$\frac{nf(a)+mf(b)}{n+m}<f\left(\frac{na+mb}{n+m}\right)$$

が成り立ちます.

(関数値の内分点)＜(内分点の関数値)

ということです. 本問の(1)は $a<x<b$ より

$$n=b-x, \quad m=x-a$$

の場合で

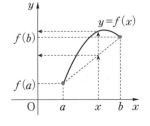

$$f\left(\frac{(b-x)a+(x-a)b}{(b-x)+(x-a)}\right)$$
$$>\frac{(b-x)f(a)+(x-a)f(b)}{(b-x)+(x-a)}$$

つまり 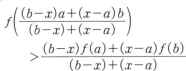 $f(x)>\dfrac{1}{b-a}\{(b-x)f(a)+(x-a)f(b)\}$

となります.

解答

(1) 関数 $F(x)$ を

$$F(x)=f(x)-\frac{1}{b-a}\{(b-x)f(a)+(x-a)f(b)\}$$

と定めるとき

$$F'(x)=f'(x)-\frac{f(b)-f(a)}{b-a}$$
$$\therefore \quad F''(x)=f''(x)<0$$

ここで, 平均値の定理から

$$\frac{f(b)-f(a)}{b-a}=f'(d) \quad (a<d<b)$$

なる d が存在するから

$$F'(x)=f'(x)-f'(d)$$

よって, $F'(x)$ は単調減少で $F'(d)=0$ となり,
増減表は次のとおり.

◀ $F''(x)<0$ から $F(x)$ は上
に凸で, かつ
$F(a)=F(b)=0$ だから
$F(x)\geqq0$ としてもよい.

54

x	a	$\cdots$	d	$\cdots$	b
$F'(x)$		$+$	0	$-$	
$F(x)$		$\nearrow$		$\searrow$	

さらに，$F(a)=F(b)=0$ とあわせて

$\quad F(x)>0 \ (a<x<b)$

である．以上で与式は示された．

(2) $G(x)=f'(c)(x-c)+f(c)-f(x)$

とおくとき

$\quad G'(x)=f'(c)-f'(x)$

$\quad \therefore \ G''(x)=-f''(x)>0$

よって，$G'(x)$ は単調増加で $G'(c)=0$ となり，

増減表は次のとおり

x	a	$\cdots$	c	$\cdots$	b
$G'(x)$		$-$	0	$+$	
$G(x)$		$\searrow$		$\nearrow$	

$\quad \therefore \ G(x) \geqq G(c)=0$

以上で与式は示された．

◀ $y=f(x)$ は上に凸だから
接線：
$\quad y=f'(c)(x-c)+f(c)$
は曲線 $y=f(x)$ の上側，
ということです．

[類題] $0<a<b$，$p>0$ に対して，$A=(a+b)^p$ と
$B=2^{p-1}(a^p+b^p)$ の大小関係を調べよ．

[解答]

$p=1$ のとき，明らかに $A=B$ である．

$p \neq 1$ のとき

$\quad A$ と B の大小と $\left(\dfrac{a+b}{2}\right)^p$ と $\dfrac{a^p+b^p}{2}$ の大小

は一致する．ここで，関数 x^p は

$\quad p>1$ のとき下に凸，$0<p<1$ のとき上に凸

$\quad \therefore \ A<B \ (p>1)$，$A>B \ (0<p<1)$

■ メインポイント ■

不等式の証明は微分だけでなく，凸関数の性質の利用もある！

24 関数の連続性，微分可能性

アプローチ

関数 $f(x)$ が $x=a$ で連続とは
$$\lim_{x \to a} f(x) = f(a)$$
が成り立つことであり，$x=a$ で微分可能とは
$$\lim_{h \to 0} \frac{f(a+h)-f(a)}{h}$$
が存在することです．定義をしっかり理解しましょう．

◀ $f(a)$ が定義されかつ，$\lim\limits_{x \to a} f(x)$ が存在して，その値が一致するということ．

◀ $x=a$ で微分可能なとき
$$f'(a) = \lim_{h \to 0} \frac{f(a+h)-f(a)}{h}$$

解答

(1) 定義から
$$f(0)=1, \quad \lim_{x \to +0} f(x) = \lim_{x \to +0} x \cos x = 0$$
よって，$\lim\limits_{x \to 0} f(x) \neq f(0)$ であるから，$f(x)$ は $x=0$ で不連続である．

(2) 定義から，$-1 \leq x \leq 0$ のとき
$$F(x) = \int_{-1}^{x} 1 \, dt = x+1$$
$0 < x \leq 1$ のとき
$$F(x) = \int_{-1}^{0} 1 \, dt + \int_{0}^{x} t \cos t \, dt$$
$$= 1 + \Big[t \sin t + \cos t \Big]_{0}^{x}$$
$$= x \sin x + \cos x$$
このとき，$F(0)=1$ かつ
$$\lim_{x \to +0} F(x) = \lim_{x \to +0} (x \sin x + \cos x) = 1$$
となり，$\lim\limits_{x \to 0} F(x) = F(0)$ が成り立つから $F(x)$ は $x=0$ で連続である．次に
$$\lim_{h \to -0} \frac{F(h)-F(0)}{h} = \lim_{h \to -0} \frac{(h+1)-1}{h} = 1$$
$$\lim_{h \to +0} \frac{F(h)-F(0)}{h}$$
$$= \lim_{h \to +0} \frac{h \sin h + \cos h - 1}{h}$$
$$= \lim_{h \to +0} \left(\sin h - \frac{1-\cos h}{h^2} \cdot h \right) = 0$$

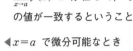

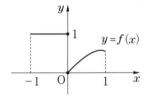

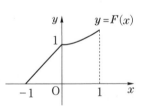

◀ $x=0$ で不連続な関数 $f(x)$ に対して，$\int_{-1}^{x} f(t) \, dt$ が $x=0$ で連続になっている．

◀ $\lim\limits_{h \to 0} \dfrac{1-\cos h}{h^2} = \dfrac{1}{2}$

よって，$\displaystyle\lim_{h\to 0}\frac{F(h)-F(0)}{h}$ は存在しないから $F(x)$ は $x=0$ で微分可能ではない.

◀$x=0$ での微分可能とは
$$\lim_{h\to -0}\frac{F(h)-F(0)}{h},$$
$$\lim_{h\to +0}\frac{F(h)-F(0)}{h}$$
がともに存在してかつ一致すること.

(3) 定義から，$-1\leqq x\leqq 0$ のとき
$$G(x)=\int_{-1}^{x}(t+1)dt=\left[\frac{t^2}{2}+t\right]_{-1}^{x}$$
$$=\frac{x^2}{2}+x+\frac{1}{2}$$

$0<x\leqq 1$ のとき
$$G(x)=\int_{-1}^{0}(t+1)dt+\int_{0}^{x}(t\sin t+\cos t)dt$$
$$=\frac{1}{2}+\Big[-t\cos t+2\sin t\Big]_{0}^{x}$$
$$=2\sin x-x\cos x+\frac{1}{2}$$

このとき
$$\lim_{h\to -0}\frac{G(h)-G(0)}{h}=\lim_{h\to -0}\left(\frac{h}{2}+1\right)=1$$
$$\lim_{h\to +0}\frac{G(h)-G(0)}{h}=\lim_{h\to +0}\left(\frac{2\sin h}{h}-\cos h\right)=1$$

よって，極限値 $\displaystyle\lim_{h\to 0}\frac{G(h)-G(0)}{h}$ が存在するから，

$F(x)$ は $x=0$ で微分可能である.

補足 $f(x)$ を連続関数とするとき，$F(x)=\displaystyle\int_{a}^{x}f(t)dt$ は微分可能です.

証明 $\displaystyle\lim_{h\to 0}\frac{F(x+h)-F(x)}{h}=\lim_{h\to 0}\frac{1}{h}\int_{x}^{x+h}f(t)dt$ である. ここで，$f(t)$ は閉区間 $[x,\ x+h]$ または $[x+h,\ x]$ において連続だから，$m\leqq f(t)\leqq M$ を満たす m，M が存在して，h の正負によらず

$$m\leqq\frac{1}{h}\int_{x}^{x+h}f(t)dt\leqq M$$

$\displaystyle\lim_{h\to 0}m=\lim_{h\to 0}M=f(x)$ と，はさみうちの原理より，$F'(x)=f(x)$ が成り立つ.

━■ メインポイント ■━

連続であること，微分可能であることの定義を覚えよう！

25 逆関数の微分・積分

アプローチ

$g(x)$ が $f(x)$ の逆関数のとき

$$x \overset{f}{\longmapsto} y \ \text{ならば} \ y \overset{g}{\longmapsto} x$$

$$x \overset{g}{\longmapsto} y \ \text{ならば} \ y \overset{f}{\longmapsto} x$$

が成り立ちます. 逆関数は『もどす』という働きです.
関数 $y=f(x)$ の値域に含まれる任意の y に対して,
対応する x がただ 1 つに定まること(1 対 1 対応)が逆
関数の存在条件です.

本問の場合

$$y=g(x) \ \text{より,} \ x=2\sin\left(\frac{1}{2}y\right)$$

として計算していきます.

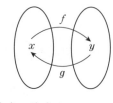

◀ $f(x_1)=f(x_2)$ かつ $x_1 \neq x_2$
とすると, y のもどり先が
1 つに決まりません.

解答

(1) $f(x)$ は単調増加だから逆関数が存在する.

$$y=g(x) \iff x=2\sin\left(\frac{1}{2}y\right) \ \text{だから}$$

$$\frac{dx}{dy}=2\cos\left(\frac{1}{2}y\right)\cdot\frac{1}{2}=\cos\left(\frac{1}{2}y\right)$$

ここで, $-\dfrac{\pi}{2}<\dfrac{1}{2}y<\dfrac{\pi}{2}$ から $\cos\left(\dfrac{1}{2}y\right)>0$ となり

$$\frac{dx}{dy}=\sqrt{1-\sin^2\left(\frac{1}{2}y\right)}=\sqrt{1-\left(\frac{x}{2}\right)^2}$$

$$=\frac{1}{2}\sqrt{4-x^2}$$

$$\therefore \quad \frac{dy}{dx}=g'(x)=\frac{2}{\sqrt{4-x^2}}$$

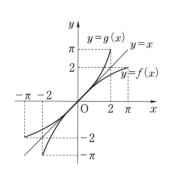

(2) (1)から $g'(x)=2(4-x^2)^{-\frac{1}{2}}$ であり

$$g''(x)=2\cdot\left\{-\frac{1}{2}(4-x^2)^{-\frac{3}{2}}(-2x)\right\}$$

$$=2x(4-x^2)^{-\frac{3}{2}}$$

$$\therefore \quad g'''(x)=2\left\{1\cdot(4-x^2)^{-\frac{3}{2}}\right.$$

$$\left. +x\cdot\left(-\frac{3}{2}\right)(4-x^2)^{-\frac{5}{2}}(-2x)\right\}$$

$$=2\left\{(4-x^2)^{-\frac{3}{2}}+3x^2(4-x^2)^{-\frac{5}{2}}\right\}$$

となることとあわせて

$$g(0)=0, \quad g'(0)=1, \quad g''(0)=0, \quad g'''(0)=\frac{1}{4}$$

（右側）◀ $f(0)=0$ から $g(0)=0$

$$g'''(0)=2\cdot4^{-\frac{3}{2}}=\frac{2}{4^{\frac{3}{2}}}$$
$$=\frac{1}{4}$$

第2章

定義から，$h(x)=g(x)-x-\dfrac{1}{24}x^3$ となり

$$h'(x)=g'(x)-1-\frac{1}{8}x^2=\frac{2}{\sqrt{4-x^2}}-1-\frac{1}{8}x^2$$

$$h''(x)=g''(x)-\frac{1}{4}x=\frac{2x}{(4-x^2)^{\frac{3}{2}}}-\frac{1}{4}x$$

$$=2x\left(\frac{1}{(4-x^2)^{\frac{3}{2}}}-\frac{1}{8}\right)$$

ここで，$-2<x<2$ より

$$\frac{1}{(4-x^2)^{\frac{3}{2}}}-\frac{1}{8}\geqq\frac{1}{4^{\frac{3}{2}}}-\frac{1}{8}=0$$

だから $h'(x)$ は $x=0$ で極小かつ最小となる.

$$\therefore \quad h'(x)\geqq h'(0)=0$$

よって，$h(x)$ は増加関数である.

補足 逆関数の積分

$f(x)$ の逆関数を $g(x)$ とするとき，$y=g(x)$ とおけば

$$y=g(x) \iff x=f(y) \quad \therefore \quad \frac{dx}{dy}=f'(y)$$

さらに，$g(f(a))=a$，$g(f(b))=b$ だから

$$\int_{f(a)}^{f(b)}g(x)dx=\int_a^b yf'(y)dy$$

例えば，$f(x)=x^3+x$（$f'(x)>0$ より逆関数が存在）とすると

$$\int_{f(0)}^{f(1)}g(x)dx=\int_0^1 y(3y^2+1)dy=\left[\frac{3}{4}y^4+\frac{1}{2}y^2\right]_0^1=\frac{5}{4}$$

■メインポイント■

逆関数 $f^{-1}(x)$ に対して，$y=f^{-1}(x) \iff x=f(y)$ が成り立つ

25 | 逆関数の微分・積分　　**59**

アプローチ

関数 $f(x)=ax$ は
$$f(x+y)=f(x)+f(y) \quad \cdots\cdots(*)$$
を満たしますが，逆に

 関数 $f(x)$ が任意の実数 x, y に対して $(*)$ を満たし，かつ $f'(0)=a$ とするとき，$f(x)$ を求めよ．

というのがこのタイプの問題です．本問のように
$$『f(x) \text{ は微分可能}』$$
という条件があれば微分し，なければ微分の定義に従うことになります．

解答

(1) 条件(b)，(c)にそれぞれ
$$x=0, \quad x=y=0$$
を代入すると
$$g(0)=-g(0), \quad f(0)=\{f(0)\}^2+\{g(0)\}^2$$
すなわち，$g(0)=0$, $\{f(0)\}^2=f(0)$
ここで，$f(0)=0$ とし，(c)に $y=0$ を代入すると
$$f(x)=f(x)f(0)+g(x)g(0)=0$$
となり，(a)に反する．
$$\therefore \quad g(0)=0, \ f(0)=1$$

(2) (c)において $y=-x$ とすると
$$f(0)=f(x)f(-x)+g(x)g(-x)$$
さらに，(b)と $f(0)=1$ から
$$\{f(x)\}^2-\{g(x)\}^2=1$$

(3) (2)と(d)から
$$\lim_{x \to 0} \frac{1-f(x)}{x^2}$$
$$=\lim_{x \to 0} \frac{1-\{f(x)\}^2}{x^2\{1+f(x)\}}$$
$$=\lim_{x \to 0} \left\{\frac{g(x)}{x}\right\}^2 \cdot \frac{-1}{\{1+f(x)\}}$$
$$=2^2 \cdot \frac{-1}{1+f(0)}=-2$$

$(*)$ に $x=y=0$ を代入して
$$f(0)=0 \quad \cdots\cdots①$$
$f(x)$ が微分可能であれば，
$(*)$ の両辺を y で微分して
$$f'(x+y)=f'(y)$$
$y=0$ を代入して
$$f'(x)=f'(0)=a$$
$$\therefore \quad f(x)=ax \ (①より)$$
$f(x)$ が微分可能という条件がなければ，$(*)$ より
$$\lim_{h \to 0} \frac{f(x+h)-f(x)}{h}$$
$$=\lim_{h \to 0} \frac{f(h)-f(0)}{h}=f'(0)$$
となり，$f'(x)=a$ が得られる．

◀(a)は正の実数に対してだから，まだ $f(0)>0$ とはいえない．

◀条件(d)を使うために
$$\{g(x)\}^2=-\{1-\{f(x)\}^2\}$$
の形をつくる．

(4) 関数 $f(x)$, $g(x)$ は微分可能だから, (c)の両辺を y で微分して

$$f'(x+y) = f(x)f'(y) + g(x)g'(y)$$

さらに, $y=0$ を代入すると

$$f'(x) = f(x)f'(0) + g(x)g'(0)$$

ここで, $f(0)=1$, $g(0)=0$ と(d), (3)から

$$f'(0) = \lim_{h \to 0} \frac{f(h)-f(0)}{h}$$

$$= \lim_{h \to 0} \frac{1-f(h)}{h^2} \cdot (-h) = 0$$

$$g'(0) = \lim_{h \to 0} \frac{g(h)-g(0)}{h} = \lim_{h \to 0} \frac{g(h)}{h} = 2$$

$$\therefore \quad f'(x) = 2g(x)$$

(5) $F(x) = f(x)g(x)$ とおくと, (1)と(a)から

$$F(0)=0, \quad F(x) > 0 \quad (x > 0)$$

よって, 面積を S とおくと

$$S = \int_0^a f(x)g(x)dx$$

$$= \frac{1}{2}\int_0^a f(x)f'(x)dx$$

$$= \left[\frac{1}{4}\{f(x)\}^2\right]_0^a = \frac{\{f(a)\}^2 - 1}{4} = 1$$

$$\therefore \quad f(a) = \sqrt{5} \quad (f(a) > 0 \text{ より})$$

◀ $\{f(x)^{n+1}\}'$
$= (n+1)\{f(x)\}^n f'(x)$
が成り立つから
$$\int \{f(x)\}^n f'(x)dx$$
$$= \frac{1}{n+1}f(x)^{n+1} + C$$
(C は積分定数)

別解 (4) 微分の定義から

$$f'(x) = \lim_{h \to 0} \frac{f(x+h)-f(x)}{h}$$

$$= \lim_{h \to 0} \frac{f(x)f(h)+g(x)g(h)-f(x)}{h}$$

$$= \lim_{h \to 0}\left\{f(x) \cdot \frac{f(h)-1}{h^2} \cdot h + g(x) \cdot \frac{g(h)}{h}\right\}$$

$$= 2g(x)$$

▪▪ **メインポイント** ▪▪

『$f(x)$ は微分可能』とあれば微分し, なければ微分の定義に従う!

27 部分積分

アプローチ

積の微分の公式

$$\{f(x)g(x)\}' = f'(x)g(x) + f(x)g'(x)$$

の両辺を積分して

$$\int f'(x)g(x)dx = f(x)g(x) - \int f(x)g'(x)dx$$

を利用するのが部分積分です.

例えば $\int x\cos 2x\,dx$ の場合，$\cos 2x$ があるので

$\cos 2x$ を積分して $\dfrac{1}{2}x\sin 2x$ を考えますが

$$\left(\dfrac{1}{2}x\sin 2x\right)' = x\cos 2x + \dfrac{1}{2}\sin 2x$$

となり，$\dfrac{1}{2}\sin 2x$ がジャマなので

$$\int x\cos 2x\,dx = \dfrac{1}{2}x\sin 2x - \int \dfrac{1}{2}\sin 2x\,dx$$

$$= \dfrac{1}{2}x\sin 2x + \dfrac{1}{4}\cos 2x + C \quad (C は積分定数)$$

となります.

▶ 基本的には，被積分関数に「$\sin x$, $\cos x$, e^x があれば，これを積分する」「$\log x$ があれば，他方を積分する」と覚えておけばよい.

◀ $\dfrac{x^2}{2}\cos 2x$ を考えると

$\int x\cos 2x\,dx$

$= \dfrac{x^2}{2}\cos 2x + \int x^2\sin 2x\,dx$

となり，もとの積分より難しくなる.

解答

[A] $\displaystyle\int_0^\pi x^2\cos^2 x\,dx$

$\displaystyle = \int_0^\pi x^2 \cdot \dfrac{1+\cos 2x}{2}\,dx$

$\displaystyle = \dfrac{1}{2}\int_0^\pi x^2\,dx + \dfrac{1}{2}\int_0^\pi x^2\cos 2x\,dx$

ここで

$\displaystyle\int_0^\pi x^2\,dx = \left[\dfrac{x^3}{3}\right]_0^\pi = \dfrac{\pi^3}{3}$

$\displaystyle\int_0^\pi x^2\cos 2x\,dx$

$\displaystyle = \left[\dfrac{1}{2}x^2\sin 2x\right]_0^\pi - \int_0^\pi x\sin 2x\,dx$

◀ $\left(\dfrac{1}{2}x^2\sin 2x\right)'$

$= x^2\cos 2x + x\sin 2x$

から，$x\sin 2x$ がジャマなので，$\displaystyle\int_0^\pi x\sin 2x\,dx$ を引いている.

$$=\left[\frac{1}{2}x\cos 2x\right]_0^\pi-\int_0^\pi\frac{1}{2}\cos 2x\,dx$$

$$=\frac{\pi}{2}-\left[\frac{1}{4}\sin 2x\right]_0^\pi=\frac{\pi}{2}$$

となるから

$$\int_0^\pi x^2\cos^2x\,dx=\frac{\pi^3}{6}+\frac{\pi}{4}$$

◀同じことを繰り返して，暗算で
$$\int_0^\pi x^2\cos 2x\,dx$$
$$=\left[\frac{1}{2}x^2\sin 2x\right.$$
$$\left.+\frac{1}{2}x\cos 2x-\frac{1}{4}\sin 2x\right]_0^\pi$$
とできると，速いし間違わない．

[B] $\displaystyle\int\frac{1}{x}\sin x\,dx$

$$=-\frac{1}{x}\cos x-\int\frac{1}{x^2}\cos x\,dx$$

$$=-\frac{1}{x}\cos x-\frac{1}{x^2}\sin x-\int\frac{2}{x^3}\sin x\,dx$$

$$\therefore\quad \int\left(\frac{2}{x^3}+\frac{1}{x}\right)\sin x\,dx$$

$$=-\frac{1}{x}\cos x-\frac{1}{x^2}\sin x+C$$

次に

$$\int_{\frac{\pi}{2}}^{\frac{3\pi}{2}}\bigl|f(x)\bigr|dx$$

$$=\int_{\frac{\pi}{2}}^{\pi}f(x)\,dx-\int_{\pi}^{\frac{3\pi}{2}}f(x)\,dx$$

$$=\left[-\frac{1}{x}\cos x-\frac{1}{x^2}\sin x\right]_{\frac{\pi}{2}}^{\pi}$$

$$+\left[\frac{1}{x}\cos x+\frac{1}{x^2}\sin x\right]_{\pi}^{\frac{3\pi}{2}}$$

$$=\left(\frac{1}{\pi}+\frac{4}{\pi^2}\right)+\left(-\frac{4}{9\pi^2}+\frac{1}{\pi}\right)$$

$$=\frac{2}{\pi}+\frac{32}{9\pi^2}$$

◀$\displaystyle\int\frac{2}{x^3}\sin x\,dx$ から始める場合は，逆に $\dfrac{2}{x^3}$ を積分する．
$$\int\frac{2}{x^3}\sin x\,dx$$
$$=-\frac{1}{x^2}\sin x$$
$$+\int\frac{1}{x^2}\cos x\,dx$$
$$=-\frac{1}{x^2}\sin x-\frac{1}{x}\cos x$$
$$-\int\frac{1}{x}\sin x\,dx$$

◀$x>0$ のとき，
$$\bigl|f(x)\bigr|=\left(\frac{2}{x^3}+\frac{1}{x}\right)\bigl|\sin x\bigr|$$

■**メインポイント**■

$\sin x,\ \cos x,\ e^x$ があればこれを積分，$\log x$ があれば他方を積分が基本！

置換積分では，置き換えが難しい場合があります．

例えば $\int_0^1 \log(x+\sqrt{x^2+1})\,dx$ を置換積分で計算してみてください． **参考** で説明します．

次の置換積分は有名です．

x^2+a^2 のときは，$x=a\tan\theta$ とおく

$\sqrt{a^2-x^2}$ のときは，$x=a\sin\theta$ とおく

これらは覚えておきましょう．ただし，$y=\sqrt{a^2-x^2}$ は半円を表すので面積を利用することもあります．

◀部分積分で
$$\int_0^1 \log(x+\sqrt{x^2+1})\,dx$$
$$=\left[x\log(x+\sqrt{x^2+1})\right]_0^1$$
$$-\int_0^1 \frac{x}{\sqrt{x^2+1}}\,dx$$
$$=\log(1+\sqrt{2})-\left[\sqrt{x^2+1}\right]_0^1$$
$$=\log(1+\sqrt{2})-\sqrt{2}+1$$
とするのが速いです．

解答

[A] $x=2\tan\theta$ とおくと

$$\frac{dx}{d\theta}=\frac{2}{\cos^2\theta}$$

x	0	$\longrightarrow$	2
θ	0	$\longrightarrow$	$\frac{\pi}{4}$

$$\therefore \int_0^2 \frac{2x+1}{\sqrt{x^2+4}}\,dx$$

$$=\int_0^{\frac{\pi}{4}} \frac{4\tan\theta+1}{\sqrt{4(\tan^2\theta+1)}}\cdot\frac{2}{\cos^2\theta}\,d\theta$$

$$=\int_0^{\frac{\pi}{4}}\left(\frac{4\sin\theta}{\cos^2\theta}+\frac{1}{\cos\theta}\right)d\theta$$

ここで

$$\int_0^{\frac{\pi}{4}} \frac{4\sin\theta}{\cos^2\theta}\,d\theta=\left[\frac{4}{\cos\theta}\right]_0^{\frac{\pi}{4}}=4\sqrt{2}-4$$

◀ $\dfrac{\sin\theta}{\cos^2\theta}=(\cos\theta)^{-2}(-\cos\theta)'$

$$\int_0^{\frac{\pi}{4}} \frac{1}{\cos\theta}\,d\theta=\int_0^{\frac{\pi}{4}} \frac{\cos\theta}{\cos^2\theta}\,d\theta$$

◀この積分は覚えるしかない．

$$=\int_0^{\frac{\pi}{4}} \frac{1}{2}\left(\frac{\cos\theta}{1+\sin\theta}+\frac{\cos\theta}{1-\sin\theta}\right)d\theta$$

$$=\frac{1}{2}\left[\log(1+\sin\theta)-\log(1-\sin\theta)\right]_0^{\frac{\pi}{4}}$$

$$=\frac{1}{2}\log\frac{\sqrt{2}+1}{\sqrt{2}-1}=\log(\sqrt{2}+1)$$

以上から

$$\int_0^2 \frac{2x+1}{\sqrt{x^2+4}}\,dx=4\sqrt{2}-4+\log(\sqrt{2}+1)$$

別解 $\displaystyle\int_0^2 \frac{2x+1}{\sqrt{x^2+4}}dx$

$\displaystyle = \int_0^2 \frac{2x}{\sqrt{x^2+4}}dx + \int_0^2 \frac{1}{\sqrt{x^2+4}}dx$

$\displaystyle = \left[2\sqrt{x^2+4} + \log(x+\sqrt{x^2+4}\,)\right]_0^2$

$\displaystyle = 4\sqrt{2} - 4 + \log(\sqrt{2}+1)$

◀ $\{\log(x+\sqrt{x^2+4}\,)\}'$
$\displaystyle = \frac{1}{\sqrt{x^2+4}}$

[B] $t=\tan^n\theta$ とおくとき

$\displaystyle \frac{dt}{d\theta} = n\tan^{n-1}\theta \cdot \frac{1}{\cos^2\theta}$

$\displaystyle \therefore \quad \frac{d\theta}{dt} = \frac{\cos^2\theta}{n\tan^{n-1}\theta}$

θ	$0 \longrightarrow \dfrac{\pi}{4}$
t	$0 \longrightarrow 1$

$\displaystyle \therefore \quad \int_0^{\frac{\pi}{4}} f(\theta)d\theta = \int_0^{\frac{\pi}{4}} \frac{\tan^{n-1}\theta}{1+\tan^{2n}\theta}\cdot\frac{1}{\cos^2\theta}d\theta$

$\displaystyle = \int_0^1 \frac{\tan^{n-1}\theta}{1+t^2}\cdot\frac{1}{\cos^2\theta}\cdot\frac{\cos^2\theta}{n\tan^{n-1}\theta}dt$

$\displaystyle = \frac{1}{n}\int_0^1 \frac{1}{1+t^2}dt$

◀ $\dfrac{\cos^{n-1}\theta\sin^{n-1}\theta}{\cos^{2n}\theta+\sin^{2n}\theta}$ の分子,
分母を $\cos^{2n}\theta$ で割っている.

さらに, $t=\tan\varphi$ とおいて

$\displaystyle \frac{dt}{d\varphi} = \frac{1}{\cos^2\varphi}$

t	$0 \longrightarrow 1$
φ	$0 \longrightarrow \dfrac{\pi}{4}$

$\displaystyle \therefore \quad \frac{1}{n}\int_0^1 \frac{1}{1+t^2}dt$

$\displaystyle = \frac{1}{n}\int_0^{\frac{\pi}{4}} \frac{1}{1+\tan^2\varphi}\cdot\frac{1}{\cos^2\varphi}d\varphi = \frac{1}{n}\int_0^{\frac{\pi}{4}}d\varphi = \frac{\pi}{4n}$

参考 $\log(x+\sqrt{x^2+1}\,)=t$ とおく. このとき

$\displaystyle e^t = x+\sqrt{x^2+1}, \quad e^{-t} = \frac{1}{x+\sqrt{x^2+1}} = -x+\sqrt{x^2+1}$

から, $x = \dfrac{e^t-e^{-t}}{2}$ であり, $\dfrac{dx}{dt} = \dfrac{e^t+e^{-t}}{2}$ とから

$\displaystyle \int_0^1 \log(x+\sqrt{x^2+1}\,)dx = \int_0^{\log(1+\sqrt{2}\,)} t\cdot\frac{e^t+e^{-t}}{2}dt$

と計算を進めていきます.

■ メインポイント ■

置き換えは試行錯誤になる. 有名な置換積分は覚えておこう！

29 積和の公式

アプローチ

積和, 和積の公式は
$$\sin(\alpha+\beta) \pm \sin(\alpha-\beta),$$
$$\cos(\alpha+\beta) \pm \cos(\alpha-\beta)$$
を覚えておいて, つくれるようにしましょう.

◀ $\sin(\alpha+\beta)+\sin(\alpha-\beta)$
を加法定理で展開して
$\sin(\alpha+\beta)+\sin(\alpha-\beta)$
$=2\sin\alpha\cos\beta$
となり, 積和の公式は
$\sin\alpha\cos\beta$
$=\dfrac{1}{2}\{\sin(\alpha+\beta)+\sin(\alpha-\beta)\}$

解答

(1) 定義から
$$a_k = \int_0^\pi (\sin^2 x - 2\sin x \cos kx + \cos^2 kx)\,dx$$
であり
$$\int_0^\pi (\sin^2 x + \cos^2 kx)\,dx$$
$$= \int_0^\pi \left(\frac{1-\cos 2x}{2} + \frac{1+\cos 2kx}{2} \right) dx$$
$$= \left[x - \frac{\sin 2x}{4} + \frac{\sin 2kx}{4k} \right]_0^\pi = \pi$$

次に, $I_k = \displaystyle\int_0^\pi 2\sin x \cos kx\,dx$ とおくと
$$\int_0^\pi 2\sin x \cos kx\,dx$$
$$= \int_0^\pi \{\sin(k+1)x - \sin(k-1)x\}\,dx$$

(i) $k=1$ のとき
$$I_1 = \int_0^\pi \sin 2x = \left[-\frac{1}{2}\cos 2x \right]_0^\pi = 0$$

◀ $\displaystyle\int_0^\pi \sin(k-1)x\,dx$ の積分
では $k=1$ を別に考える.

k が3以上の奇数のとき
$$I_k = \left[-\frac{\cos(k+1)x}{k+1} + \frac{\cos(k-1)x}{k-1} \right]_0^\pi = 0$$

◀ $\cos(k+1)\pi = (-1)^{k+1}$ だ
から, k を偶数・奇数で分
ける.

(ii) k が偶数のとき
$$I_k = \left[-\frac{\cos(k+1)x}{k+1} + \frac{\cos(k-1)x}{k-1} \right]_0^\pi$$
$$= 2\left(\frac{1}{k+1} - \frac{1}{k-1} \right)$$

以上から

$$a_k = \begin{cases} \pi & (k : 奇数) \\ \pi + 2\left(\dfrac{1}{k-1} - \dfrac{1}{k+1}\right) & (k : 偶数) \end{cases}$$

(2) (1)から，n が奇数のとき

$$\sum_{k=1}^{n} a_k = n\pi + 2\left\{\left(\frac{1}{1} - \frac{1}{3}\right) + \left(\frac{1}{3} - \frac{1}{5}\right)\right.$$
$$\left. + \cdots + \left(\frac{1}{n-2} - \frac{1}{n}\right)\right\}$$
$$= n\pi + 2\left(1 - \frac{1}{n}\right) = n\pi + \frac{2(n-1)}{n}$$

n が偶数のとき

$$\sum_{k=1}^{n} a_k = n\pi + 2\left\{\left(\frac{1}{1} - \frac{1}{3}\right) + \left(\frac{1}{3} - \frac{1}{5}\right)\right\}$$
$$+ \cdots + \left(\frac{1}{n-1} - \frac{1}{n+1}\right)\right\}$$
$$= n\pi + 2\left(1 - \frac{1}{n+1}\right) = n\pi + \frac{2n}{n+1}$$

◀ $\displaystyle\sum_{k=1}^{n} a_k = a_1 + a_2 + \cdots + a_n$

において，n が奇数のとき
$a_n = \pi$,
$a_{n-1} = \pi + 2\left(\dfrac{1}{n-2} - \dfrac{1}{n}\right)$
$(n \geqq 3)$
n が偶数のとき
$a_n = \pi + 2\left(\dfrac{1}{n-1} - \dfrac{1}{n+1}\right)$

参考　m, n を自然数とするとき，

$$f(m, n) = \int_0^\pi \sin mx \sin nx \, dx$$

を考える.

(i) $m = n$ ならば

$$f(m, n) = \int_0^\pi \sin^2 mx \, dx = \frac{1}{2} \int_0^\pi (1 - \cos 2mx) \, dx = \frac{\pi}{2}$$

(ii) $m \neq n$ ならば

$$f(m, n) = \frac{1}{2} \int_0^\pi \{\cos(m-n)x - \cos(m+n)x\} \, dx$$
$$= \frac{1}{2}\left[\frac{\sin(m-n)x}{m-n} - \frac{\sin(m+n)x}{m+n}\right]_0^\pi = 0$$

█▪ メ・イ・ン・ポ・イ・ン・ト ▪█

積和, 和積の公式は

$$\sin(\alpha+\beta) \pm \sin(\alpha-\beta), \quad \cos(\alpha+\beta) \pm \cos(\alpha-\beta)$$

からつくれるように！

30 絶対値と定積分

アプローチ

$\sin(t-x)-\sin 2t$ の符号が問題です. 解答 では, 和積の公式を使いましたが, 次のように考えても符号の変化の様子がわかります.

単位円周上に 4 点

A$(\cos x,\ -\sin x)$, B$(1,\ 0)$,

P$(\cos(t-x),\ \sin(t-x))$, Q$(\cos 2t,\ \sin 2t)$

(条件から A は $y\leqq 0$ の部分)をとるとき

P は A から, 正の方向に半周

Q は B から, P の 2 倍の速さで正の方向に一周

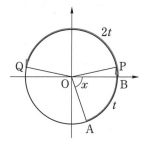

しています. P, Q の y 座標は, はじめ Q の y 座標が大きく, 右図のように y 軸に関して対称なとき, つまり

$$\frac{(t-x)+2t}{2}=\frac{\pi}{2} \qquad \therefore \quad t=\frac{x+\pi}{3}$$

のときに大小が変わります.

解答

和積の公式から

$$\sin(t-x)-\sin 2t=2\cos\frac{3t-x}{2}\sin\frac{-t-x}{2}$$

$$=-2\cos\frac{3t-x}{2}\sin\frac{t+x}{2}$$

ここで, $0\leqq t\leqq\pi$, $0\leqq x\leqq\pi$ のとき

$$0\leqq\frac{t+x}{2}\leqq\pi \qquad \therefore \quad \sin\frac{t+x}{2}\geqq 0$$

また

$$-\frac{x}{2}\leqq\frac{3t-x}{2}\leqq\frac{3\pi-x}{2}$$

$$-\frac{\pi}{2}\leqq-\frac{x}{2}\leqq 0,\ \pi\leqq\frac{3\pi-x}{2}\leqq\frac{3\pi}{2}$$

が成り立つから

$$\frac{3t-x}{2}=\frac{\pi}{2} \qquad \therefore \quad t=\frac{x+\pi}{3}$$

とあわせて

◀和積の公式は, 29 と同様に

$$\sin(\alpha+\beta)-\sin(\alpha-\beta)$$
$$=2\cos\alpha\sin\beta$$

を利用する.

$\alpha+\beta=X$, $\alpha-\beta=Y$

とおくと

$$\alpha=\frac{X+Y}{2},\ \beta=\frac{X-Y}{2}$$

$$\therefore \quad \sin X-\sin Y$$
$$=2\cos\frac{X+Y}{2}\sin\frac{X-Y}{2}$$

$$\begin{cases} \cos\dfrac{3t-x}{2}\geqq0 & \left(0\leqq t\leqq\dfrac{x+\pi}{3}\right) \\ \cos\dfrac{3t-x}{2}\leqq0 & \left(\dfrac{x+\pi}{3}\leqq t\leqq\pi\right) \end{cases}$$

$$\therefore \begin{cases} \sin2t\geqq\sin(t-x) & \left(0\leqq t\leqq\dfrac{x+\pi}{3}\right) \\ \sin2t\leqq\sin(t-x) & \left(\dfrac{x+\pi}{3}\leqq t\leqq\pi\right) \end{cases}$$

よって

$$f(x)=\int_0^{\frac{x+\pi}{3}}\{\sin2t-\sin(t-x)\}dt$$
$$+\int_{\frac{x+\pi}{3}}^{\pi}\{\sin(t-x)-\sin2t\}dt$$

$$=\left[-\frac{\cos2t}{2}+\cos(t-x)\right]_0^{\frac{x+\pi}{3}}$$
$$+\left[-\cos(t-x)+\frac{\cos2t}{2}\right]_{\frac{x+\pi}{3}}^{\pi}$$

$$=2\left\{-\frac{1}{2}\cos\frac{2(x+\pi)}{3}+\cos\frac{-2x+\pi}{3}\right\}$$
$$-\left(-\frac{1}{2}+\cos x\right)+\left(\cos x+\frac{1}{2}\right)$$

$$=-\cos\frac{2(x+\pi)}{3}+2\cos\frac{2x-\pi}{3}+1$$

$$=\cos\left\{\frac{2(x+\pi)}{3}-\pi\right\}+2\cos\frac{2x-\pi}{3}+1$$

$$=3\cos\frac{2x-\pi}{3}+1$$

となり，$0\leqq x\leqq\pi$ より

$x=\dfrac{\pi}{2}$ のとき，最大値：4

$x=0,\ \pi$ のとき，最小値：$\dfrac{5}{2}$

◀ $F(t)=-\dfrac{\cos2t}{2}+\cos(t-x)$

とおくとき，$f(x)$ は

$$\left[F(t)\right]_0^{\frac{x+\pi}{3}}+\left[-F(t)\right]_{\frac{x+\pi}{3}}^{\pi}$$

$$=F\left(\frac{x+\pi}{3}\right)-F(0)$$
$$-F(\pi)+F\left(\frac{x+\pi}{3}\right)$$

$$=2F\left(\frac{x+\pi}{3}\right)-F(0)-F(\pi)$$

◀加法定理から展開して，さらに合成してもよいが遠回りになる．

■■メインポイント■■

$\sin2t,\ \sin(t-x)$ は，単位円周上の y 座標とみて大小を調べる

31 周期関数と積分, 区分求積

アプローチ

$y=\left|\sin(x+\alpha)\right|$ のグラフは, 基本周期が π の周期関数です. 右図で斜線部の面積を考えれば **解答** の (＊)はわかると思います.

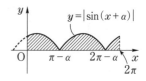

式で示すと, 図形を x 軸正の方向に α 平行移動して

$$\int_0^{2\pi}\left|\sin(x+\alpha)\right|dx=\int_\alpha^{2\pi+\alpha}\left|\sin x\right|dx$$

$$=\int_\alpha^0\left|\sin x\right|dx+\int_0^{2\pi}\left|\sin x\right|dx$$

$$+\int_{2\pi}^{2\pi+\alpha}\left|\sin x\right|dx$$

$$=\int_\alpha^0\left|\sin x\right|dx+\int_0^{2\pi}\left|\sin x\right|dx+\int_0^\alpha\left|\sin x\right|dx$$

$$=\int_0^{2\pi}\left|\sin x\right|dx$$

となります.

解答

(1) $\tan\alpha=\dfrac{b}{a}$ で α を定めるとき

$$\int_0^{2\pi}\left|a\sin x+b\cos x\right|dx$$

$$=\sqrt{a^2+b^2}\int_0^{2\pi}\left|\sin(x+\alpha)\right|dx$$

◀ a, b は正だから, α は鋭角にとれるが, $0\leqq x\leqq2\pi$ と周期分なので, α は何でもよくなる.

ここで, $\left|\sin x\right|$ の周期が π だから

$$\int_0^{2\pi}\left|\sin(x+\alpha)\right|dx=\int_0^{2\pi}\left|\sin x\right|dx=4\quad\cdots\cdots(＊)$$

以上あわせて

$$\int_0^{2\pi}\left|a\sin x+b\cos x\right|dx=4\sqrt{a^2+b^2}$$

(2) $nx=t$ すなわち, $x=\dfrac{t}{n}$ とおくと

◀(1)を利用するための置換.

$$\frac{dx}{dt}=\frac{1}{n}$$

x	$\dfrac{2(k-1)\pi}{n}$	$\longrightarrow$	$\dfrac{2k\pi}{n}$
t	$2(k-1)\pi$	$\longrightarrow$	$2k\pi$

$$\therefore \int_{\frac{2(k-1)\pi}{n}}^{\frac{2k\pi}{n}} \left| a\sin nx + b\cos nx \right| dx$$

$$= \int_{2(k-1)\pi}^{2k\pi} \left| a\sin t + b\cos t \right| \frac{1}{n} dt$$

$$= \frac{1}{n}\int_0^{2\pi} \left| a\sin t + b\cos t \right| dt \qquad \blacktriangleleft k\text{には無関係.}$$

$$= \frac{4\sqrt{a^2+b^2}}{n}$$

$$\therefore \lim_{n\to\infty}\sum_{k=n+1}^{2n}\int_{\frac{2(k-1)\pi}{n}}^{\frac{2k\pi}{n}}\left(\log\frac{k}{n}\right)\left| a\sin nx + b\cos nx \right| dx$$

$$= 4\sqrt{a^2+b^2}\lim_{n\to\infty}\frac{1}{n}\sum_{k=n+1}^{2n}\left(\log\frac{k}{n}\right) \qquad \blacktriangleleft \text{積分区間}\int_1^2\text{に注意.}$$

$$= 4\sqrt{a^2+b^2}\int_1^2 \log x\, dx$$

$$= 4\sqrt{a^2+b^2}(2\log 2 - 1)$$

注意! **区分求積**

区間 $[0,\ 1]$ を n 等分して，右図のような長方形の面積（$f(x)<0$ ならば，負の面積）を考えます．このとき

$$\lim_{n\to\infty}\frac{1}{n}\sum_{k=1}^n f\!\left(\frac{k}{n}\right) = \int_0^1 f(x)\,dx \quad \cdots\cdots(**)$$

が成り立ちます．ここで，区間を $[0,\ \pi]$ に変えれば

$$\lim_{n\to\infty}\frac{\pi}{n}\sum_{k=1}^n f\!\left(\frac{k\pi}{n}\right) = \int_0^\pi f(x)\,dx$$

となりますが，公式 $(**)$ は機械的に $\dfrac{k}{n}$ を x にすればよいので，これ 1 つを覚えておけばよいでしょう．

また，長方形の 1 つ 1 つは $\dfrac{1}{n}f\!\left(\dfrac{k}{n}\right)\to 0\ (n\to\infty)$ だから，有限個の過不足はムシしてよいですが，過不足が n に関われば本問のように積分区間が変わります．

周期関数の性質を利用．区分求積は，積分区間に注意！

32 定積分と極限

アプローチ

(1)の積分では

$$\int_0^a \frac{1}{\cos x}dx=\int_0^a \frac{\cos x}{1-\sin^2 x}dx=\cdots$$

という流れを覚えておきましょう.

(3)では, $a=\dfrac{\pi}{2}$ を代入してどの部分が不定形に

なるかをまず見極めることです.

解答

(1) $I(a)=\displaystyle\int_0^a \cos x\log(\cos x)\,dx$ のとき

◀ $\log x$ の入った積分では,
まず部分積分を考えてみる.

$$I(a)=\Big[\sin x\log(\cos x)\Big]_0^a+\int_0^a \frac{\sin^2 x}{\cos x}dx$$

$$=\sin a\log(\cos a)+\int_0^a \frac{1-\cos^2 x}{\cos x}dx$$

$$=\sin a\log(\cos a)+\int_0^a \Big(\frac{1}{\cos x}-\cos x\Big)dx$$

ここで

$$\int_0^a \cos x\,dx=\Big[\sin x\Big]_0^a=\sin a$$

$$\int_0^a \frac{1}{\cos x}dx=\int_0^a \frac{\cos x}{1-\sin^2 x}dx$$

$$=\frac{1}{2}\int_0^a \Big(\frac{\cos x}{1-\sin x}+\frac{\cos x}{1+\sin x}\Big)dx$$

$$=\frac{1}{2}\Big[\log\frac{1+\sin x}{1-\sin x}\Big]_0^a=\frac{1}{2}\log\frac{1+\sin a}{1-\sin a}$$

となるから

$$I(a)=\sin a\log(\cos a)$$
$$+\frac{1}{2}\log\frac{1+\sin a}{1-\sin a}-\sin a$$

(2) $0<x<1$ のとき, $\sqrt{x}\,\log x<0$ である. また

$$f(x)=\sqrt{x}\,\log x+1 \quad (0<x<1)$$

とおくと

$$f'(x) = \frac{1}{2\sqrt{x}}\log x + \sqrt{x} \cdot \frac{1}{x} = \frac{\log x + 2}{2\sqrt{x}}$$

よって，$x = e^{-2}$ のとき極小かつ最小となり

$$f(x) \geqq f(e^{-2}) = 1 - \frac{2}{e} > 0$$

$$\therefore \quad -1 < \sqrt{x}\log x < 0 \quad (0 < x < 1)$$

次に，この不等式から

$$-\sqrt{x} < x\log x < 0$$

となり，はさみうちの原理から

$$\lim_{x \to +0} x\log x = 0$$

(3) (1)において

$$\begin{aligned}
\frac{1}{2}\log\frac{1+\sin a}{1-\sin a} &= \frac{1}{2}\log\frac{(1+\sin a)^2}{\cos^2 a} \\
&= \log\frac{1+\sin a}{\cos a} \\
&= \log(1+\sin a) - \log\cos a
\end{aligned}$$

とあわせて

$$\begin{aligned}
I(a) &= -(1-\sin a)\log(\cos a) \\
&\qquad + \log(1+\sin a) - \sin a \\
&= -\frac{\cos a}{1+\sin a}\cdot\cos a\log(\cos a) \\
&\qquad + \log(1+\sin a) - \sin a
\end{aligned}$$

ここで，(2)から $\displaystyle\lim_{a\to\frac{\pi}{2}-0}\cos a\log(\cos a) = 0$ だから

$$\lim_{a\to\frac{\pi}{2}-0}I(a) = \boldsymbol{\log 2 - 1}$$

◀まず $a\to\dfrac{\pi}{2}$ とすると

$$\sin a\log(\cos a)$$
$$-\frac{1}{2}\log(1-\sin a)$$

の部分が
$$-\infty + \infty$$
という不定形になっている.

◀$\displaystyle\lim_{x\to+0}x\log x = 0$ への形づくり

メインポイント

$$\int\frac{dx}{\sin x}, \quad \int\frac{dx}{\cos x}$$ の積分の解法は覚えておこう！

33 $\displaystyle\int_0^a f(x)\,dx = \int_0^a f(a-x)\,dx$

一般に次の等式が成り立ちます.

$$\int_0^a f(x)\,dx = \int_0^a f(a-x)\,dx \quad \cdots\cdots(\ast)$$

証明は本問と同じように $a-x=t$ と置換しますが,
$y=f(a-x)$ のグラフが

$y=f(x)$ を y 軸に関して対称移動し,

さらに x 軸方向に a だけ平行移動

したものであることからもわかります.

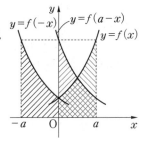

例えば

$$I=\int_0^{\frac{\pi}{2}} \frac{\sin x}{\sin x + \cos x}\,dx,$$

$$J=\int_0^{\frac{\pi}{2}} \frac{\cos x}{\sin x + \cos x}\,dx$$

に対して上の関係式($\ast$) $\left(a=\dfrac{\pi}{2}\right)$ を用いると

$$I=\int_0^{\frac{\pi}{2}} \frac{\sin\left(\dfrac{\pi}{2}-x\right)}{\sin\left(\dfrac{\pi}{2}-x\right)+\cos\left(\dfrac{\pi}{2}-x\right)}\,dx$$

$$=\int_0^{\frac{\pi}{2}} \frac{\cos x}{\cos x + \sin x}\,dx = J$$

◀ $\sin\left(\dfrac{\pi}{2}-x\right)=\cos x$

　$\cos\left(\dfrac{\pi}{2}-x\right)=\sin x$

から,被積分関数の $\sin x$, $\cos x$ を取り換えても変わらないということです.

一方,$I+J=\displaystyle\int_0^{\frac{\pi}{2}} dx = \dfrac{\pi}{2}$ だから,$I=J=\dfrac{\pi}{4}$ が得られます.

解答

(1) $\pi-x=t$ すなわち,$x=\pi-t$ とおくと

$$\frac{dx}{dt}=-1 \qquad \begin{array}{c|ccc} x & 0 & \longrightarrow & \pi \\ \hline t & \pi & \longrightarrow & 0 \end{array}$$

$\therefore \displaystyle\int_0^\pi xf(\sin x)\,dx$

$\displaystyle =\int_\pi^0 (\pi-t)f(\sin(\pi-t))(-dt)$

◀ $\sin(\pi-t)=\sin t$

$$= \int_0^\pi (\pi - x) f(\sin x)\, dx \qquad\qquad \blacktriangleleft \int_0^\pi g(t)\, dt = \int_0^\pi g(x)\, dx$$

$$= \pi \int_0^\pi f(\sin x)\, dx - \int_0^\pi x f(\sin x)\, dx$$

$$\therefore\quad \int_0^\pi x f(\sin x)\, dx = \frac{\pi}{2} \int_0^\pi f(\sin x)\, dx$$

(2) (1)から

$$\int_0^\pi \frac{x \sin^3 x}{\sin^2 x + 8}\, dx$$

$$= \frac{\pi}{2} \int_0^\pi \frac{\sin^3 x}{\sin^2 x + 8}\, dx$$

$$= \frac{\pi}{2} \int_0^\pi \frac{\sin x (1 - \cos^2 x)}{9 - \cos^2 x}\, dx$$

$$= \frac{\pi}{2} \int_0^\pi \left(\sin x - \frac{8 \sin x}{9 - \cos^2 x} \right) dx \qquad \blacktriangleleft \int_0^\pi \frac{\sin x}{\sin^2 x + 8}\, dx\ \text{の形をつ}$$

$$= \frac{\pi}{2} \Big[-\cos x \Big]_0^\pi \qquad\qquad\qquad\qquad\qquad \text{くって}$$

$$\qquad\qquad\qquad\qquad\qquad\qquad\qquad\qquad \int_0^\pi \frac{\sin x}{\sin^2 x + 8}\, dx$$

$$\qquad - \frac{2}{3} \pi \int_0^\pi \left(\frac{\sin x}{3 - \cos x} + \frac{\sin x}{3 + \cos x} \right) dx \qquad = \int_0^\pi \frac{\sin x}{9 - \cos^2 x}\, dx = \cdots$$

$$= \pi - \frac{2}{3} \pi \Big[\log(3 - \cos x) - \log(3 + \cos x) \Big]_0^\pi \qquad \text{という流れは}\ \boxed{32}\ \text{と同じ.}$$

$$= \pi - \frac{2}{3} \pi \cdot 2 (\log 4 - \log 2) = \pi - \frac{4 \log 2}{3} \pi$$

別解

(1) $\displaystyle \int_0^\pi \left(\frac{\pi}{2} - x \right) f(\sin x)\, dx = 0$ を示せばよい. $\dfrac{\pi}{2} - x = t$ とおくと

$$\text{左辺} = \int_{\frac{\pi}{2}}^{-\frac{\pi}{2}} t f\left(\sin\left(\frac{\pi}{2} - t \right) \right)(-dt) = \int_{-\frac{\pi}{2}}^{\frac{\pi}{2}} t f(\cos t)\, dt$$

ここで, $t f(\cos t)$ が奇関数だから, $\displaystyle \int_{-\frac{\pi}{2}}^{\frac{\pi}{2}} t f(\cos t)\, dt = 0$ になる.

■ メインポイント ■

$$\int_0^a f(x)\, dx = \int_0^a f(a - x)\, dx\ \text{を利用する積分計算法もある}$$

34 定積分と漸化式(1)

$$I(m,\ n)=\int_0^1 x^m(1-x)^n dx \quad (m\geqq 0,\ n\geqq 1)$$

のとき

$$I(m,\ n)=\left[\frac{1}{m+1}x^{m+1}(1-x)^n\right]_0^1$$

$$+\int_0^1 \frac{1}{m+1}x^{m+1}n(1-x)^{n-1}dx$$

$$=\frac{n}{m+1}I(m+1,\ n-1)$$

と漸化式が得られます. 本問はこの応用問題です.

◀ さらに, この漸化式は

$$I(m,\ n)$$

$$=\frac{n}{m+1}\cdot\frac{n-1}{m+2}\cdots$$

$$\cdots\frac{1}{m+n}I(m+n,\ 0)$$

$$=\frac{m!n!}{(m+n+1)!}$$

と解けます.

解答

(1) $n\geqq 2$ のとき,

$$I_{n,\ m}=\int_0^{\frac{\pi}{2}}\cos^{n-1}\theta\sin^m\theta\cos\theta d\theta$$

$$=\left[\frac{1}{m+1}\cos^{n-1}\theta\sin^{m+1}\theta\right]_0^{\frac{\pi}{2}}$$

$$+\frac{n-1}{m+1}\int_0^{\frac{\pi}{2}}\cos^{n-2}\theta\sin^{m+2}\theta d\theta$$

$$=\frac{n-1}{m+1}I_{n-2,\ m+2}$$

◀ $\{\sin^{m+1}\theta\}'$
$=(m+1)\sin^m\theta\cos\theta$
が成り立つから
$$\int\sin^m\theta\cos\theta d\theta$$
$$=\frac{1}{m+1}\sin^{m+1}\theta+C$$
(C は積分定数)

(2) $\cos^2\theta=x$ とおくと, $\dfrac{dx}{d\theta}=-2\cos\theta\sin\theta$ から

$$\frac{d\theta}{dx}=-\frac{1}{2\cos\theta\sin\theta}$$

θ	$0 \longrightarrow \frac{\pi}{2}$
x	$1 \longrightarrow 0$

◀ 両辺を比較して,
$\cos^2\theta=x$ と置換すること
に気づきたい.

$$\therefore\ I_{2n+1,\ 2m+1}$$

$$=\int_0^{\frac{\pi}{2}}\cos^{2n+1}\theta\sin^{2m+1}\theta d\theta$$

$$=\int_1^0 x^n\cos\theta(1-x)^m\sin\theta\left(-\frac{1}{2\cos\theta\sin\theta}\right)dx$$

$$=\frac{1}{2}\int_0^1 x^n(1-x)^m dx$$

(3) (1)から

$$I_{2n+1,\ 2m+1} = \frac{2n}{2m+2} I_{2n-1,\ 2m+3}$$

$$= \frac{n}{m+1} I_{2n-1,\ 2m+3}$$

$$= \frac{n}{m+1} \cdot \frac{n-1}{m+2} \cdots \cdots \frac{1}{m+n} I_{1,\ 2m+2n+1}$$

◀ $\dfrac{1}{(m+1)(m+2)\cdots(m+n)}$

$\quad = \dfrac{m!}{(m+n)!}$

ここで

$$I_{1,\ 2m+2n+1} = \int_0^{\frac{\pi}{2}} \cos\theta \sin^{2m+2n+1}\theta\, d\theta$$

$$= \left[\frac{1}{2m+2n+2} \sin^{2m+2n+2}\theta \right]_0^{\frac{\pi}{2}}$$

$$= \frac{1}{2m+2n+2}$$

$$\therefore \quad I_{2n+1,\ 2m+1} = \frac{m!\, n!}{2(m+n+1)!}$$

◀ アプローチ から

$\displaystyle\int_0^1 x^n(1-x)^m dx$

$\quad = \dfrac{m!\, n!}{(m+n+1)!}$

を利用してもよい.

一方, 二項定理から

$$\int_0^1 x^n(1-x)^m dx$$

$$= \int_0^1 x^n \{ {}_mC_0 - {}_mC_1 x + \cdots$$

$$\qquad\qquad + (-1)^m\, {}_mC_m x^m \} dx$$

$$= \left[\frac{{}_mC_0\, x^{n+1}}{n+1} - \frac{{}_mC_1\, x^{n+2}}{n+2} + \cdots \right.$$

$$\qquad\qquad \left. + \frac{(-1)^m\, {}_mC_m x^{m+n+1}}{m+n+1} \right]_0^1$$

$$= \frac{{}_mC_0}{n+1} - \frac{{}_mC_1}{n+2} + \cdots + (-1)^m \frac{{}_mC_m}{n+m+1}$$

よって, (2)に代入して与式は示された.

■ メインポイント ■

漸化式による積分計算にはいろいろなタイプがある. 整理しておこう!

(2)は関数決定問題です．例えば

$$f(x) = e^{-x^2} + \int_0^1 tf(t)\,dt$$

は定数型のタイプで，$\int_0^1 tf(t)\,dt = a$ とおきますが，

本問は関数列型のタイプで，$\int_0^1 f_n(t)t^{2n-1}\,dt$ が n に

関わることから $\int_0^1 f_n(t)t^{2n-1}\,dt = b_n$ とおきます．

◀ $f(x) = e^{-x^2} + a$ となるので
$$a = \int_0^1 t(e^{-t^2} + a)\,dt$$
これから $a = 1 - e^{-1}$ となり
$$f(x) = e^{-x^2} + 1 - e^{-1}$$

解答

(1) (i) 定義から

$$a_1 = \int_0^1 xe^{-x^2}\,dx = \left[-\frac{1}{2}e^{-x^2}\right]_0^1$$

$$= \frac{1 - e^{-1}}{2}$$

(ii) 定義から

$$a_{n+1} = \int_0^1 x^{2n+1}e^{-x^2}\,dx$$

$$= \left[-\frac{1}{2}x^{2n}e^{-x^2}\right]_0^1 + n\int_0^1 x^{2n-1}e^{-x^2}\,dx$$

$$\therefore \quad a_{n+1} = -\frac{e^{-1}}{2} + na_n$$

$$\therefore \quad na_n - a_{n+1} = \frac{1}{2e}$$

◀ $(e^{-x^2})' = -2xe^{-x^2}$ から
$$\int_0^1 x^{2n+1}e^{-x^2}\,dx$$
$$= \int_0^1 \left(-\frac{1}{2}\right)x^{2n}(-2xe^{-x^2})\,dx$$
とみて部分積分．

(iii) $a_{n+1} > 0$ と(ii)から

$$a_{n+1} = na_n - \frac{1}{2e} > 0 \qquad \therefore \quad a_n > \frac{1}{2ne}$$

また，$0 \leqq x \leqq 1$ のとき $x^{2n-1} \geqq x^{2n+1}$ だから

$$x^{2n-1}e^{-x^2} \geqq x^{2n+1}e^{-x^2} \quad (0 \leqq x \leqq 1)$$

よって，$a_n > a_{n+1}$ だから

$$\frac{1}{2e} = na_n - a_{n+1} > na_n - a_n$$

$$\therefore \quad a_n < \frac{1}{2(n-1)e}$$

以上で示された．

◀(ii)の漸化式を利用する．

(2) $b_n = \displaystyle\int_0^1 f_n(t)\,t^{2n-1}dt$ とおくと

$\qquad f_n(x) = e^{-x^2} - nb_n$

$\qquad \therefore\ \ b_n = \displaystyle\int_0^1 (e^{-t^2} - nb_n)\,t^{2n-1}dt$

◀ $b_n = n\displaystyle\int_0^1 f_n(t)\,t^{2n-1}dt$ と
おいてもよい.

$\qquad\qquad = a_n - nb_n\left[\dfrac{1}{2n}t^{2n}\right]_0^1 = a_n - \dfrac{1}{2}b_n$

$\qquad \therefore\ \ b_n = \dfrac{2}{3}a_n \qquad \therefore\ \ f_n(x) = e^{-x^2} - \dfrac{2}{3}na_n \ \cdots\cdots(\ast)$

(i) $(\ast)$に $n=1$ を代入し,(1)の(i)とあわせて

$\qquad f_1(x) = e^{-x^2} - \dfrac{2}{3}a_1 = e^{-x^2} - \dfrac{e-1}{3e}$

(ii) $(\ast)$から

$\qquad f_n\left(\dfrac{1}{2}\right) = e^{-\frac{1}{4}} - \dfrac{2}{3}na_n$

ここで,(1)の(iii)から

$\qquad \dfrac{1}{2e} < na_n < \dfrac{n}{2(n-1)e}$

となり,はさみうちの原理より

$\qquad \displaystyle\lim_{n\to\infty} na_n = \dfrac{1}{2e} \qquad \therefore\ \ \lim_{n\to\infty} f_n\left(\dfrac{1}{2}\right) = e^{-\frac{1}{4}} - \dfrac{1}{3e}$

別解　(1)の(iii)

$\qquad a_n = \displaystyle\int_0^1 x^{2n-1}e^{-x^2}dx > \int_0^1 x^{2n-1}e^{-1}dx = \left[\dfrac{x^{2n}}{2ne}\right]_0^1 = \dfrac{1}{2ne}$

次に,$g(x) = xe^{-x}\ (0 \le x \le 1)$ とおくとき

$\qquad g'(x) = e^{-x}(1-x) \ge 0 \qquad \therefore\ \ xe^{-x} \le e^{-1}$

さらに,x を x^2 に変えて

$\qquad x^2 e^{-x^2} \le e^{-1} \qquad \therefore\ \ x^{2n-1}e^{-x^2} \le x^{2n-3}e^{-1}$

$\qquad \therefore\ \ a_n = \displaystyle\int_0^1 x^{2n-1}e^{-x^2}dx < \int_0^1 x^{2n-3}e^{-1}dx = \dfrac{1}{2(n-1)e}$

後半は,ちょっと無理やりですが.

▪▪ **メインポイント** ▪▪

$\qquad a < b,\ f(x) \le g(x)$ のとき,$\displaystyle\int_a^b f(x)\,dx \le \int_a^b g(x)\,dx$

を利用して,$x^{2n-1}e^{-x^2}$ に対して都合のよい関数を見つける

《定積分と漸化式の例》

[例1] $I_n = \displaystyle\int_0^{\frac{\pi}{2}} \sin^n x \, dx$ とする.

$$I_0 = \int_0^{\frac{\pi}{2}} dx = \frac{\pi}{2}, \quad I_1 = \int_0^{\frac{\pi}{2}} \sin x \, dx = \Big[-\cos x \Big]_0^{\frac{\pi}{2}} = 1$$

$n \geqq 2$ において

$$I_n = \int_0^{\frac{\pi}{2}} \sin^{n-1} x (-\cos x)' \, dx$$

$$= \Big[-\sin^{n-1} x \cos x \Big]_0^{\frac{\pi}{2}} + \int_0^{\frac{\pi}{2}} (n-1) \sin^{n-2} x \cos^2 x \, dx$$

$$= \int_0^{\frac{\pi}{2}} (n-1) \sin^{n-2} x (1 - \sin^2 x) \, dx = (n-1)(I_{n-2} - I_n)$$

$$\therefore \quad I_0 = \frac{\pi}{2}, \quad I_1 = 1, \quad I_n = \frac{n-1}{n} I_{n-2} \ (n \geqq 2) \quad \cdots\cdots (\ast)$$

参考 $(\ast)$ から

$$n I_n = (n-1) I_{n-2} \qquad \therefore \quad n I_n I_{n-1} = (n-1) I_{n-1} I_{n-2}$$

$$\therefore \quad n I_n I_{n-1} = 1 \cdot I_1 \cdot I_0 = \frac{\pi}{2} \qquad \therefore \quad I_n I_{n-1} = \frac{\pi}{2n}$$

さらに，この関係式と $I_n \leqq I_{n-1}$ から

$$0 \leqq I_n{}^2 \leqq I_n I_{n-1} = \frac{\pi}{2n}$$

よって，はさみうちの原理から

$$\lim_{n \to \infty} I_n{}^2 = 0 \qquad \therefore \quad \lim_{n \to \infty} I_n = 0$$

となり，$\displaystyle\lim_{n \to \infty} \int_0^{\frac{\pi}{2}} \sin^n x \, dx = 0$ が示されます.

[例2] $I_n = \displaystyle\int_0^1 x^n e^{-x} dx$ とする.

$$I_0 = \int_0^1 e^{-x} dx = \Big[-e^{-x} \Big]_0^1 = 1 - \frac{1}{e}$$

$n \geqq 1$ において

$$I_n = \Big[-x^n e^{-x} \Big]_0^1 + n \int_0^1 x^{n-1} e^{-x} dx = n I_{n-1} - \frac{1}{e}$$

$$\therefore \quad I_0 = 1 - \frac{1}{e}, \quad I_n = n I_{n-1} - \frac{1}{e} \quad \cdots\cdots (\ast\ast)$$

　（＊＊）の両辺を $n!$ で割って

$$\frac{I_n}{n!} = \frac{I_{n-1}}{(n-1)!} - \frac{1}{e \cdot n!}$$

$$\therefore \quad \frac{I_n}{n!} = \frac{I_0}{0!} - \frac{1}{e} \sum_{k=0}^{n-1} \frac{1}{(k+1)!}$$

$$= \left(1 - \frac{1}{e}\right) - \frac{1}{e}\left(\frac{1}{1!} + \frac{1}{2!} + \frac{1}{3!} + \cdots + \frac{1}{n!}\right)$$

$$\therefore \quad \frac{eI_n}{n!} = e - \left(1 + \frac{1}{1!} + \frac{1}{2!} + \frac{1}{3!} + \cdots + \frac{1}{n!}\right)$$

ここで，$0 \leqq \displaystyle\int_0^1 x^n e^{-x} dx < \int_0^1 x^n dx = \dfrac{1}{n+1}$ が成り立つから

$$0 \leqq I_n < \frac{1}{n+1} \qquad \therefore \quad 0 \leqq \frac{eI_n}{n!} < \frac{e}{(n+1)!}$$

よって，はさみうちの原理より

$$\lim_{n \to \infty} \frac{eI_n}{n!} = 0 \qquad \therefore \quad e = 1 + \frac{1}{1!} + \frac{1}{2!} + \frac{1}{3!} + \cdots + \frac{1}{n!} + \cdots$$

[例3]　$I_n = \displaystyle\int_0^{\frac{\pi}{4}} \tan^n x\, dx$ とする．

$$I_0 = \int_0^{\frac{\pi}{4}} dx = \frac{\pi}{4}, \quad I_1 = \int_0^{\frac{\pi}{4}} \tan x\, dx = \Big[-\log(\cos x)\Big]_0^{\frac{\pi}{4}} = \frac{1}{2}\log 2$$

$n \geqq 2$ において

$$I_n = \int_0^{\frac{\pi}{4}} \tan^{n-2} x \tan^2 x\, dx = \int_0^{\frac{\pi}{4}} \tan^{n-2} x \left(\frac{1}{\cos^2 x} - 1\right) dx$$

$$= \int_0^{\frac{\pi}{4}} \tan^{n-2} x (\tan x)' dx - \int_0^{\frac{\pi}{4}} \tan^{n-2} x\, dx$$

$$= \left[\frac{1}{n-1} \tan^{n-1} x\right]_0^{\frac{\pi}{4}} - \int_0^{\frac{\pi}{4}} \tan^{n-2} x\, dx = \frac{1}{n-1} - I_{n-2}$$

$$\therefore \quad I_0 = \frac{\pi}{4}, \quad I_1 = \frac{1}{2}\log 2, \quad I_n + I_{n-2} = \frac{1}{n-1}$$

[例4]　$I(m,\ n) = \displaystyle\int_\alpha^\beta (x-\alpha)^m (\beta-x)^n dx$ とすると，34 と同様にして

$$I(m,\ n) = \frac{m!\,n!}{(m+n+1)!}(\beta-\alpha)^{m+n+1}$$

が得られる．

36 積分方程式

アプローチ

注意点が2つあります.

(i) $F(x)$, $G(x)$ が微分可能ならば

$$F(x)=G(x)$$
$$\Longleftrightarrow F'(x)=G'(x), \quad F(a)=G(a)$$

が成り立ちます.

本問では $\displaystyle\int_0^{2x}$ に着目して, $x=0$ とします. ◀ $\displaystyle\int_a^x g(t)dt$ の場合, $x=a$ にする.

(ii) 例えば, $\displaystyle\int_0^x (x-t)f(t)dt$ を微分するとき

$$\int_0^x (x-t)f(t)dt = x\int_0^x f(t)dt - \int_0^x tf(t)dt$$
$$\therefore \quad \frac{d}{dx}\Big\{\int_0^x (x-t)f(t)dt\Big\} = \int_0^x f(t)dt$$

◀ $\displaystyle\frac{d}{dx}\Big\{\int_0^x (x-t)f(t)dt\Big\}$ $=(x-x)f(x)=0$ などとしないように.

となります.

本問では $\displaystyle\int_0^x tf(x-t)dt$ なので, まず $x-t=s$

と置換してから x を $\displaystyle\int_0^x$ の外に出します.

解答

(1) $F(x)=\displaystyle\int_0^{2x} tf(2x-t)dt$ のとき

$$F\Big(\frac{x}{2}\Big)=\int_0^x tf(x-t)dt$$

ここで, $x-t=s$ すなわち, $t=x-s$ とおくと

$$\frac{dt}{ds}=-1 \qquad \begin{array}{c|ccc} t & 0 & \longrightarrow & x \\ \hline s & x & \longrightarrow & 0 \end{array}$$

$$\therefore \quad F\Big(\frac{x}{2}\Big)=\int_x^0 (x-s)f(s)(-1)ds$$
$$=\int_0^x (x-s)f(s)ds$$

(2) (1)から

$$F\left(\frac{x}{2}\right) = x\int_0^x f(s)\,ds - \int_0^x sf(s)\,ds$$

$$\Longleftrightarrow F(0)=0, \quad \frac{1}{2}F'\left(\frac{x}{2}\right) = \int_0^x f(s)\,ds$$

$$\Longleftrightarrow F(0)=F'(0)=0, \quad \frac{1}{4}F''\left(\frac{x}{2}\right) = f(x)$$

$$\therefore \quad F''\left(\frac{x}{2}\right)=4f(x) \qquad \therefore \quad \boldsymbol{F''(x)=4f(2x)}$$

◀ $F(x)=2x\displaystyle\int_0^{2x} f(s)\,ds$
$\qquad -\displaystyle\int_0^{2x} sf(s)\,ds$

の両辺を x で微分すると,

参考 から

$$F'(x)=2\int_0^{2x} f(s)\,ds$$
$$\quad +4xf(2x)-4xf(2x)$$
$$\quad =2\int_0^{2x} f(s)\,ds$$
$$F''(x)=4f(2x)$$

(3) F が3次多項式だから

$$F(x)=ax^3+bx^2+cx+d$$

とおく. このとき

$$F'(x)=3ax^2+2bx+c$$

(2)と条件から

$$F(0)=F'(0)=0, \quad F(1)=1$$

$$\Longleftrightarrow d=0, \quad c=0, \quad a+b=1$$

$$\therefore \quad \begin{cases} F(x)=ax^3+(1-a)x^2 \\ F'(x)=3ax^2+2(1-a)x \end{cases}$$

よって, $F''(x)=6ax+2(1-a)$ となり

$$\therefore \quad F''(x)=4f(2x)$$

$$\Longleftrightarrow 6ax+2(1-a)=4f(2x)$$

$$\therefore \quad f(x)=\frac{3}{4}ax+\frac{1-a}{2}$$

◀ $2x$ を x に置き換えている.

さらに, $f(1)=1 \Longleftrightarrow a=2$ だから

$$\boldsymbol{f(x)=\frac{3}{2}x-\frac{1}{2}, \quad F(x)=2x^3-x^2}$$

参考 $F'(x)=f(x)$ とするとき

$$\int_a^{g(x)} f(t)\,dt = \Big[F(t)\Big]_a^{g(x)} = F(g(x))-F(a)$$

$$\therefore \quad \frac{d}{dx}\left\{\int_a^{g(x)} f(t)\,dt\right\} = F'(g(x))\cdot g'(x) = f(g(x))\cdot g'(x)$$

■ メインポイント ■

微分するときの同値性と, $\displaystyle\int_a^x (x-t)f(t)\,dt$ の微分に注意する

解答 の2つの図で，長方形の面積の総和はともに

$$\log 2 + \log 3 + \cdots + \log n = \sum_{k=2}^{n} \log k$$

になります．一方，関数 $y = \log x$ は単調増加だから，$\log 1 = 0$ とあわせて図から

$$\int_{1}^{n} \log x \, dx < \sum_{k=1}^{n} \log k < \int_{1}^{n+1} \log x \, dx \quad \cdots\cdots(*)$$

がわかります．つまり，直接シグマ計算ができない場合に定積分で評価するというわけです．ただし

$$\int_{1}^{n+1} \log x \, dx = \Big[x\log x - x \Big]_{1}^{n+1}$$
$$= (n+1)\log(n+1) - n$$

となり，$\sum_{k=1}^{n} \log k < (n+1)\log n - n + 1$ の証明には工夫が必要です．

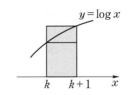

◀ $k \geqq 1$ とする．上の図で面積を考えて
$$\log k < \int_{k}^{k+1} \log x \, dx$$
$$< \log(k+1)$$
が成り立つ．これを利用して $(*)$ を示せ，という問題もあります．
参考 参照．

解答

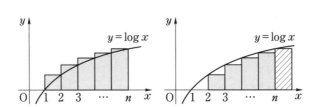

(1) 上の図のような長方形を考えると，面積の総和が $\sum_{k=1}^{n} \log k$ である．さらに，$\log x$ は増加関数だから

$$\int_{1}^{n} \log x \, dx < \sum_{k=1}^{n} \log k < \int_{1}^{n} \log x \, dx + \log n$$

つまり $\Big[x\log x - x \Big]_{1}^{n} < \sum_{k=1}^{n} \log k$

$$< \Big[x\log x - x \Big]_{1}^{n} + \log n$$

$\therefore \quad n\log n - n + 1 < \sum_{k=1}^{n} \log k$

$$< (n+1)\log n - n + 1$$

◀ $\sum_{k=1}^{n-1} \log k < \int_{1}^{n} \log x \, dx$
の両辺に $\log n$ を足している．

(2) (1) の不等式から

$$\frac{n\log n-n+1}{n\log n}<\frac{1}{n\log n}\sum_{k=1}^{n}\log k$$

$$<\frac{(n+1)\log n-n+1}{n\log n}$$

つまり $1-\dfrac{n-1}{n}\cdot\dfrac{1}{\log n}<\dfrac{1}{n\log n}\displaystyle\sum_{k=1}^{n}\log k$

$$<1+\frac{1}{n}-\frac{n-1}{n}\cdot\frac{1}{\log n}$$

よって，はさみうちの原理より

$$\lim_{n\to\infty}\frac{1}{n\log n}\sum_{k=1}^{n}\log k=1$$

ここで，$\displaystyle\sum_{k=1}^{n}\log k=\log n!$ だから

$$\therefore\quad \lim_{n\to\infty}\log(n!)^{\frac{1}{n\log n}}=\lim_{n\to\infty}\frac{1}{n\log n}\sum_{k=1}^{n}\log k=1$$

$$\therefore\quad \lim_{n\to\infty}(n!)^{\frac{1}{n\log n}}=e$$

◀（＊）の不等式の場合

$$\frac{1}{n\log n}\sum_{k=1}^{n}\log k$$

$$<\frac{n+1}{n}\cdot\frac{\log(n+1)}{\log n}-\frac{1}{\log n}$$

ここで

$$\frac{\log(n+1)}{\log n}$$

$$=\frac{\log n+\log\left(1+\dfrac{1}{n}\right)}{\log n}$$

と式変形する.

第3章

参考 1 $\log k<\displaystyle\int_{k}^{k+1}\log x\,dx<\log(k+1)$ $(k\geqq1)$ より，（＊）は次のように示されます.

$$\sum_{k=1}^{n}\log k<\sum_{k=1}^{n}\int_{k}^{k+1}\log x\,dx=\int_{1}^{n+1}\log x\,dx$$

$$\int_{1}^{n}\log x\,dx=\sum_{k=1}^{n-1}\int_{k}^{k+1}\log x\,dx<\sum_{k=1}^{n-1}\log(k+1)$$

$$=\sum_{k=1}^{n}\log k$$

参考 2 右図のように，台形で考える場合もあります.

$$\frac{1}{2}(\log1+\log2)+\frac{1}{2}(\log2+\log3)+\cdots$$

$$+\frac{1}{2}\{\log(n-1)+\log n\}<\int_{1}^{n}\log x\,dx$$

つまり $\displaystyle\sum_{k=1}^{n}\log k<\left(n+\frac{1}{2}\right)\log n-n+1$

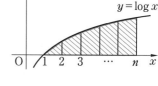

■ メインポイント ■

n で表せない $\displaystyle\sum_{k=1}^{n}f(k)$ を $\displaystyle\int_{0}^{n}f(x)\,dx$ や $\displaystyle\int_{1}^{n+1}f(x)\,dx$ で評価する

38 区分求積の図形への応用

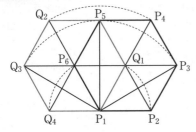

アプローチ

▶ x 軸上に1辺がある状態か
ら，次に x 軸上に1辺があ
る状態まで $\dfrac{\pi}{3}$ 回転します．

上の図で，正六角形 $P_1P_2P_3P_4P_5P_6$ を P_1 のまわり
に $\dfrac{\pi}{3}$ 回転したのが正六角形 $P_1Q_1P_5Q_2Q_3Q_4$ です． $\dfrac{\pi}{3}$
回転で，$A=P_2$ のとき A は円弧 $\overparen{P_2Q_1}$ を描きます．
　また

$$A=P_3, \ P_4, \ P_5, \ P_6$$

のとき，それぞれ円弧

$$\overparen{P_3P_5}, \ \overparen{P_4Q_2}, \ \overparen{P_5Q_3}, \ \overparen{P_6Q_4}$$

を描きます．
　(1)は $n=6$ で具体化して調べなさいという誘導です．

解答

(1)　$n=6$ のとき，A の描く軌跡は下の図のように5
つの円弧(色線)になる．

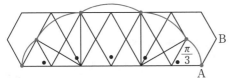

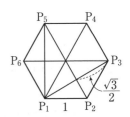

5つの円弧はすべて中心角が $\dfrac{\pi}{3}$ であり，半径は右
から順に

$$1, \ \sqrt{3}, \ 2, \ \sqrt{3}, \ 1$$

になる．

$$\therefore \ L(6)=2\cdot\frac{\pi}{3}(1+\sqrt{3})+2\cdot\frac{\pi}{3}$$

$$=\frac{2}{3}(2+\sqrt{3})\pi$$

◀1辺の長さが1だから
　$P_1P_3=P_1P_5=\sqrt{3}$

◀半径 r，中心角 θ のとき
　弧の長さ：$r\theta$

(2)　正 n 角形の頂点を順に P_1，P_2，$\cdots$，P_n とおく.

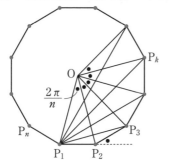

上の図から，Aが描く軌跡は

半径 P_1P_k，中心角 $\dfrac{2\pi}{n}$ の円弧

を，$k=2$，3，$\cdots$，n の順につないだものである.

ここで

$$\angle P_1OP_k=\frac{2(k-1)\pi}{n}$$

$$\therefore \quad P_1P_k=2\sin\frac{(k-1)\pi}{n} \quad (2\leqq k\leqq n)$$

となるから

$$\lim_{n\to\infty}L(n)=\lim_{n\to\infty}\sum_{k=2}^{n}\frac{2\pi}{n}\cdot 2\sin\frac{(k-1)\pi}{n}$$

$$=\lim_{n\to\infty}\frac{1}{n}\sum_{k=1}^{n}4\pi\sin\frac{(k-1)\pi}{n}$$

$$=\int_0^1 4\pi\sin\pi x\,dx$$

$$=\Big[-4\cos\pi x\Big]_0^1=8$$

◀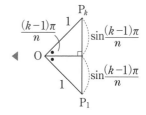

◀区間 $[0,\ \pi]$ を n 等分した
と考えれば

$$\lim_{n\to\infty}\frac{\pi}{n}\sum_{k=1}^{n}\sin\frac{(k-1)\pi}{n}$$

$$=\int_0^\pi \sin x\,dx$$

◼■ メインポイント ■◼

$n=6$ で具体的に調べて，一般化のモデルをつかむ

アプローチ

応用問題ですが，ヒントがあります．

(1)は右辺の形から，$\dfrac{x}{n}=t$ と置換します．

(2)は極限値が $\displaystyle\int_0^1 \log(1+x)dx$ となるように下から

おさえるのですが，ヒントの

$$\log(1+x)\leqq\log 2 \quad (0\leqq x\leqq1)$$

の使い方がポイントです．

◀下からおさえるのに，不等
式を
$$-\log(1+x)\geqq-\log 2$$
として使います．

解答

(1) $\dfrac{x}{n}=t$ すなわち，$x=nt$ とおくと

$$\dfrac{dx}{dt}=n \qquad \begin{array}{c|ccc} x & 0 & \longrightarrow & n \\ \hline t & 0 & \longrightarrow & 1 \end{array}$$

$$\therefore \quad \int_0^n f_n(x)dx=\int_0^1 \dfrac{nt}{n(1+nt)}\log(1+t)ndt$$

$$=\int_0^1 \dfrac{nt}{1+nt}\log(1+t)dt$$

ここで，$nt\geqq0$ より $\dfrac{nt}{1+nt}<1$ だから

$$\int_0^1 \dfrac{nt}{1+nt}\log(1+t)dt<\int_0^1 \log(1+t)dt$$

$$\therefore \quad \int_0^n f_n(x)dx\leqq\int_0^1 \log(1+x)dx$$

◀「$a<b$ ならば $a\leqq b$」は自
明としてよい．

(2) (1)において

$$\log(1+t)\leqq\log 2 \quad (0\leqq t\leqq1)$$

とあわせて

$$\dfrac{nt}{1+nt}\log(1+t)$$

$$=\log(1+t)-\dfrac{1}{1+nt}\log(1+t)$$

$$\geqq\log(1+t)-\dfrac{\log 2}{1+nt}$$

となるから

$$\int_0^1 \left\{ \log(1+x) - \frac{\log 2}{1+nx} \right\} dx \leqq \int_0^n f_n(x)\,dx$$

さらに

$$\int_0^1 \log(1+x)\,dx = \int_1^2 \log x\,dx$$

$$= \Big[x\log x - x \Big]_1^2 = 2\log 2 - 1$$

$$\int_0^1 \frac{1}{1+nx}\,dx = \left[\frac{\log(1+nx)}{n} \right]_0^1$$

$$= \frac{\log(1+n)}{n}$$

◀ グラフと区間を x 軸正の方向に 1 平行移動している.
もちろん
$$\Big[(x+1)\log(x+1) - x \Big]_0^1$$
で求めてもよい.

とあわせて

$$2\log 2 - 1 - \frac{\log(1+n)}{n}\log 2$$

$$\leqq \int_0^n f_n(x)\,dx \leqq 2\log 2 - 1$$

また，$\displaystyle\lim_{x\to\infty} \frac{\log x}{x} = 0$ だから

$$\lim_{n\to\infty} \frac{\log(1+n)}{n} = \lim_{n\to\infty} \frac{\log(1+n)}{1+n} \cdot \frac{1+n}{n} = 0$$

と，はさみうちの原理から

$$\lim_{n\to\infty} I_n = \mathbf{2\log 2 - 1}$$

補足 次の極限値は，覚えておくとよいでしょう.

(i) $\displaystyle\lim_{x\to\infty} \frac{x}{e^x} = 0$ (ii) $\displaystyle\lim_{x\to\infty} \frac{\log x}{x} = 0$ (iii) $\displaystyle\lim_{x\to +0} x\log x = 0$

証明 $x > 0$ のとき，$e^x > \dfrac{1}{2}x^2$ を示して

$$0 < \frac{x}{e^x} < \frac{2}{x} \qquad \therefore \quad \lim_{x\to\infty} \frac{x}{e^x} = 0$$

次に，(ii)，(iii)はそれぞれ $\log x = t$，$\log x = -t$ とおくと，(i)に帰着する.

(1)から**極限値**はわかる．ヒントを利用してどう下からおさえるか

39 | 定積分と極限の応用問題　　**89**

40 メルカトル級数とライプニッツ級数

メルカトル級数

$$1-\frac{1}{2}+\frac{1}{3}-\cdots+\frac{(-1)^{n-1}}{n}+\cdots=\log 2$$

◀ 証明 は 参考 につけます
が，覚える必要はありませ
ん．

ライプニッツ級数

$$1-\frac{1}{3}+\frac{1}{5}-\cdots+\frac{(-1)^{n-1}}{2n-1}+\cdots=\frac{\pi}{4}$$

という有名な無限級数があります．一方

$$f_n(1)=\sum_{k=1}^{n}(-1)^{k+1}\left(\frac{1}{2k-1}+\frac{1}{2k}\right)$$

$$=\left\{1-\frac{1}{3}+\frac{1}{5}-\cdots+\frac{(-1)^{n-1}}{2n-1}\right\}$$

◀ $(-1)^{n+1}=(-1)^{n-1}$

$$+\frac{1}{2}\left\{1-\frac{1}{2}+\frac{1}{3}-\cdots+\frac{(-1)^{n-1}}{n}\right\}$$

ですから，2つの級数の結果を用いて

$$\lim_{n\to\infty}f_n(1)=\frac{\pi}{4}+\frac{1}{2}\log 2$$

となります．

解答

(1) $f_n(x)=\sum_{k=1}^{n}(-1)^{k+1}\left(\frac{x^{2k-1}}{2k-1}+\frac{x^{2k}}{2k}\right)$

のとき

$$f_n{}'(x)=\sum_{k=1}^{n}(-1)^{k+1}(x^{2k-2}+x^{2k-1})$$

$$=(1+x)-(x^2+x^3)+\cdots$$
$$\qquad+(-1)^{n+1}(x^{2n-2}+x^{2n-1})$$

$$=(1+x)\{1-x^2+\cdots+(-x^2)^{n-1}\}$$

◀ $(-1)^{n+1}=(-1)^{n-1}$

$$=(1+x)\cdot\frac{1-(-x^2)^n}{1+x^2}$$

(2) $\displaystyle\int_0^1\frac{1+x}{1+x^2}dx$

$$=\int_0^1\frac{1}{1+x^2}dx+\frac{1}{2}\int_0^1\frac{2x}{1+x^2}dx$$

である．

また，$x=\tan\theta$ とおくと

$$\int_0^1 \frac{1}{1+x^2}dx=\int_0^{\frac{\pi}{4}} \frac{1}{1+\tan^2\theta}\cdot\frac{1}{\cos^2\theta}d\theta$$

$$=\int_0^{\frac{\pi}{4}} d\theta=\frac{\pi}{4}$$

$$\int_0^1 \frac{2x}{1+x^2}dx=\Big[\log(1+x^2)\Big]_0^1=\log 2$$

◀ $\displaystyle\int \frac{f'(x)}{f(x)}dx$
$=\log|f(x)|+C$

$$\therefore\quad \int_0^1 \frac{1+x}{1+x^2}dx=\frac{\pi}{4}+\frac{1}{2}\log 2$$

(3) (1)から

$$f_n(1)=\int_0^1 (1+x)\cdot\frac{1-(-x^2)^n}{1+x^2}dx$$

$$=\int_0^1 \frac{1+x}{1+x^2}dx-(-1)^n\int_0^1 \frac{(1+x)x^{2n}}{1+x^2}dx$$

◀(1)において
$$(1+x)\cdot\frac{1-(-x^2)^n}{1+x^2}=g(x)$$
とおくと
$$f_n(0)=0,\quad f_n{}'(x)=g(x)$$
$$\therefore\quad f_n(x)=\int_0^x g(t)dt$$

ここで，$0\leqq\dfrac{1+x}{1+x^2}\leqq 2\ (0\leqq x\leqq 1)$ だから

$$0\leqq\int_0^1 \frac{(1+x)x^{2n}}{1+x^2}dx\leqq\int_0^1 2x^{2n}dx=\frac{2}{2n+1}$$

$$\therefore\quad \lim_{n\to\infty}\int_0^1 \frac{(1+x)x^{2n}}{1+x^2}dx=0$$

よって，(2)とあわせて

$$\lim_{n\to\infty}f_n(1)=\int_0^1 \frac{1+x}{1+x^2}dx=\frac{\pi}{4}+\frac{1}{2}\log 2$$

参考　$1-\dfrac{1}{2}+\dfrac{1}{3}-\cdots+\dfrac{(-1)^{n-1}}{n}+\cdots$

$$=\lim_{n\to\infty}\Big[x-\frac{1}{2}x^2+\frac{1}{3}x^3-\cdots+\frac{(-1)^{n-1}}{n}x^n\Big]_0^1$$

$$=\lim_{n\to\infty}\int_0^1 \{1-x+x^2-\cdots+(-x)^{n-1}\}dx$$

$$=\lim_{n\to\infty}\Big\{\int_0^1 \frac{dx}{1+x}-(-1)^n\int_0^1 \frac{x^n}{1+x}dx\Big\}=\log 2$$

$\Big(0<\displaystyle\int_0^1 \frac{x^n}{1+x}dx<\int_0^1 x^ndx=\frac{1}{n+1}$ から $\displaystyle\lim_{n\to\infty}\int_0^1 \frac{x^n}{1+x}dx=0$ だから$\Big)$

▬ メインポイント ▬

内容は有名な無限級数だが，解答は誘導にのるだけでよい

第4章 面積・体積

41 交点と符号を調べる

アプローチ

関数が与えられると，『微分してグラフを描く』と機械的に進めがちですが，本問の場合

$$y=x(x-1)\log(x+2)$$

のグラフは描くまでが大変です．y''' まで計算して増減を調べて右図のようになるのですが，面積を求めるのに必要なのは，**グラフとx軸の交点と，yの符号**です．

$y=f(x)$ と $y=g(x)$ の囲む面積ならば

2つのグラフの交点と，$f(x)-g(x)$ の符号

がわかればよいということで，各々のグラフの極値などは必要ありません．

解答

$f(x)=x(x-1)\log(x+2)$ とおく．ここで，定義域は真数条件より $x>-2$ である．また

$$\begin{cases} \log(x+2)\geqq0 & (x\geqq-1) \\ \log(x+2)\leqq0 & (-2<x\leqq-1) \end{cases}$$

$$\begin{cases} x(x-1)\geqq0 & (-2<x\leqq0,\ x\geqq1) \\ x(x-1)\leqq0 & (0\leqq x\leqq1) \end{cases}$$

が成り立つから

$$\begin{cases} f(x)\geqq0 & (-1\leqq x\leqq0,\ x\geqq1) \\ f(x)\leqq0 & (-2<x\leqq-1,\ 0\leqq x\leqq1) \end{cases}$$

を満たす．よって，面積 S は

$$S=\int_{-1}^{0}x(x-1)\log(x+2)dx$$

$$-\int_{0}^{1}x(x-1)\log(x+2)dx$$

$$=\int_{1}^{2}(x-2)(x-3)\log x\,dx$$

$$-\int_{2}^{3}(x-2)(x-3)\log x\,dx$$

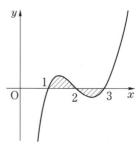

◀ 上のグラフは，$y=f(x)$ を x 軸正の方向に 2 平行移動しているので，斜線部の面積は変わらない．

92

$$= \left[\left(\frac{x^3}{3} - \frac{5}{2}x^2 + 6x\right)\log x\right.$$
$$\left.- \left(\frac{x^3}{9} - \frac{5}{4}x^2 + 6x\right)\right]_1^2$$
$$- \left[\left(\frac{x^3}{3} - \frac{5}{2}x^2 + 6x\right)\log x\right.$$
$$\left.- \left(\frac{x^3}{9} - \frac{5}{4}x^2 + 6x\right)\right]_2^3$$
$$= \frac{28}{3}\log 2 - \frac{9}{2}\log 3 - \frac{7}{6}$$

◀ $\left[\left(\dfrac{x^3}{3} - \dfrac{5}{2}x^2 + 6x\right)\log x\right]_1^2$
$- \int_1^2 \left(\dfrac{x^2}{3} - \dfrac{5}{2}x + 6\right)dx$
の後半の積分を暗算している.

[類題] $\alpha > 0$ とし，$x > 0$ で定義された関数
$$f(x) = \left(\frac{e}{x^\alpha} - 1\right)\frac{\log x}{x}$$
を考える．$y = f(x)$ のグラフより下側で x 軸より上側の部分の面積を α で表せ．ただし，e は自然対数の底である．

(京都大)

[解答]

$f(x) = \dfrac{(e - x^\alpha)\log x}{x^{\alpha+1}}$ であり，$e^{\frac{1}{\alpha}} > 1$ をあわせて

$$f(x) \geqq 0 \ (1 \leqq x \leqq e^{\frac{1}{\alpha}}), \quad f(x) \leqq 0 \ (0 < x \leqq 1, \ x \geqq e^{\frac{1}{\alpha}})$$

よって，求める面積を S とおくと

$$S = \int_1^{e^{\frac{1}{\alpha}}} \left(\frac{e}{x^\alpha} - 1\right)\frac{\log x}{x}dx = \int_1^{e^{\frac{1}{\alpha}}} \left(\frac{e\log x}{x^{\alpha+1}} - \frac{\log x}{x}\right)dx$$

$$= \left[-\frac{e\log x}{\alpha x^\alpha} - \frac{e}{\alpha^2 x^\alpha} - \frac{1}{2}(\log x)^2\right]_1^{e^{\frac{1}{\alpha}}}$$

$$= -\frac{1}{\alpha^2} - \frac{1}{\alpha^2} - \frac{1}{2}\left(\frac{1}{\alpha}\right)^2 + \frac{e}{\alpha^2} = -\frac{5}{2\alpha^2} + \frac{e}{\alpha^2}$$

■ メインポイント ■

$y = f(x)$ と $y = g(x)$ の囲む面積は，$y = f(x) - g(x)$ の符号を調べる

42 面積を工夫する

アプローチ

前問では，平行移動で成分計算をラクにしましたが，本問でも工夫することができます．

(2)の S_1-S_2 の計算で，右図のように共通部分の破線部を加えることで l と C の交点を考えずにすみます．

なお，1次関数の積分では，積分せずに三角形や台形の公式を，回転体では円すいや円すい台の公式を使います．

◀ S_1-S_2

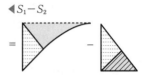

解答

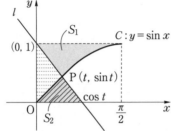

(1) $\mathrm{P}(t,\ \sin t)\ \left(0<t<\dfrac{\pi}{2}\right)$ とおく．このとき

$\cos t>0$ だから，法線 l は

$$y=-\frac{1}{\cos t}(x-t)+\sin t \quad \cdots\cdots(*)$$

$\mathrm{Q}(0,\ 1)$ を代入して

$$1=\frac{t}{\cos t}+\sin t$$

$$\therefore \quad \cos t=t+\sin t\cos t \quad \cdots\cdots(**)$$

ここで，$f(t)=t+\sin t\cos t-\cos t$ とおくと

$$f'(t)=1+\cos^2 t-\sin^2 t+\sin t$$
$$=2(1-\sin^2 t)+\sin t>0$$

となり，$f(t)$ は単調増加で

$$f(0)=-1<0,\ f\left(\frac{\pi}{2}\right)=\frac{\pi}{2}>0$$

とあわせて，$f(t)=0$ は $0<t<\dfrac{\pi}{2}$ にただ1つの解をもつ．

◀ $0<t<\dfrac{\pi}{2}$ において
$$y=\cos t \qquad \cdots\cdots①$$
$$y=t+\sin t\cos t \quad \cdots\cdots②$$
とおく．②において
$$y'=1+\cos 2t>0$$
だから，グラフを考えてもただ1点で交わることがわかる．

よって，点 Q を通るような点 P がただ 1 つ存在する．

(2) 法線 l と x 軸の交点は，(＊)から

$$0 = -\frac{1}{\cos t}(x-t) + \sin t$$

$$\therefore \quad x = t + \sin t \cos t = \cos t \ ((＊＊)より)$$

よって，図の共通部分を含めた面積を考えて

$$S_1 - S_2$$

$$= \left(\frac{\pi}{2} \cdot 1 - \int_0^{\frac{\pi}{2}} \sin x \, dx\right) - \frac{1}{2}\cos t \cdot 1$$

$$= \frac{\pi}{2} - 1 - \frac{\cos t}{2}$$

$$= \frac{\pi - 2 - \cos t}{2} > \frac{\pi - 3}{2} > 0$$

◀ 三角形や長方形の面積は，積分せずに公式で求めている．

よって，$S_1 > S_2$ である．

参考　そのまま積分すると次のようになります．

$$S_1 = \frac{1}{2}t(1 - \sin t) + \left\{\left(\frac{\pi}{2} - t\right) - \int_t^{\frac{\pi}{2}} \sin x \, dx\right\}$$

$$= \frac{\pi}{2} - \frac{t}{2} - \frac{t}{2}\sin t - \cos t$$

$$S_2 = \int_0^t \sin x \, dx + \frac{1}{2}(\cos t - t)\sin t$$

$$= 1 - \cos t + \frac{1}{2}(\cos t - t)\sin t$$

よって，(＊＊)とあわせて

$$\therefore \quad S_1 - S_2 = \frac{\pi}{2} - 1 - \frac{1}{2}(t + \sin t \cos t)$$

$$= \frac{\pi}{2} - 1 - \frac{\cos t}{2}$$

■■ メインポイント ■■

図形的に考えて，積分計算をラクにする工夫ができる場合がある

43 2曲線が共通接線をもつ（2曲線が接する）

アプローチ

　2曲線がPを通り，Pにおいて共通の接線をもつとき，2曲線はPで**接する**といいます．

　例えば，$y=f(x)$ と $y=g(x)$ に対して $x=t$ で『共通接線をもつ』，『接する』のどちらでも，条件は

$$f'(t)=g'(t),\ f(t)=g(t)$$

です．本問は，2曲線が $y=f(x)$，$x=g(y)$ のタイプですが，Pにおける接線が一致するのは変わりません．

解答

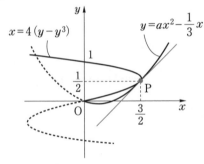

$$x=4(y-y^3) \qquad y=ax^2-\frac{1}{3}x$$

◀②のグラフは，
$$y=4(x-x^3)$$
のグラフを描いて，x，y 軸を変えればよい．

(1)　　$y=ax^2-\dfrac{1}{3}x \quad (x\geqq0)$ ……①

　　　　$x=4(y-y^3) \quad (y\geqq0)$ ……②

　①，②の両辺を x で微分して

$$y'=2ax-\frac{1}{3},\ 1=4(1-3y^2)y'$$

　次に，点 $P(p,\ q)\ (p>0,\ q>0)$ とおくと，①，②がPを通ることから

$$q=ap^2-\frac{1}{3}p \quad\text{……③}$$

$$p=4(q-q^3) \quad\text{……④}$$

　また，①，②のPにおける接線の傾きが等しいから

$$2ap-\frac{1}{3}=\frac{1}{4(1-3q^2)}$$

$$\therefore \quad 4\left(2ap-\frac{1}{3}\right)(1-3q^2)=1 \quad \cdots\cdots ⑤$$

③から

◀③, ④, ⑤から, a, p を消去して q の方程式をつくる.

$$ap-\frac{1}{3}=\frac{q}{p} \qquad \therefore \quad ap=\frac{q}{p}+\frac{1}{3}$$

ここで

$$p=4(q-q^3)>0, \quad q>0 \qquad \therefore \quad 0<q<1$$

◀②のグラフを見ればすぐにわかる.

よって, ④から, $\dfrac{q}{p}=\dfrac{1}{4(1-q^2)}$

これを⑤に代入して

$$4\left\{\frac{1}{2(1-q^2)}+\frac{1}{3}\right\}(1-3q^2)=1$$

$$4(5-2q^2)(1-3q^2)=6(1-q^2)$$

$$12q^4-31q^2+7=0$$

$$(4q^2-1)(3q^2-7)=0$$

$$\therefore \quad q=\frac{1}{2} \qquad \therefore \quad p=4\left(\frac{1}{2}-\frac{1}{8}\right)=\frac{3}{2}$$

$$\therefore \quad \mathrm{P}\left(\frac{3}{2}, \frac{1}{2}\right)$$

また, ①に代入して

$$\frac{1}{2}=\frac{9}{4}a-\frac{1}{2} \qquad \therefore \quad a=\frac{4}{9}$$

(2) 図から, 面積 S は

$$S=\int_0^{\frac{3}{2}}\left\{\frac{1}{2}-\left(\frac{4}{9}x^2-\frac{1}{3}x\right)\right\}dx$$

$$\qquad\qquad -\int_0^{\frac{1}{2}}4(y-y^3)dy$$

◀S を上の2つの部分の差とみている. また, ①は x について, ②は y について積分している.

$$=\left[-\frac{4}{27}x^3+\frac{1}{6}x^2+\frac{1}{2}x\right]_0^{\frac{3}{2}}-\left[2y^2-y^4\right]_0^{\frac{1}{2}}$$

$$=\left(-\frac{1}{2}+\frac{3}{8}+\frac{3}{4}\right)-\left(\frac{1}{2}-\frac{1}{16}\right)=\frac{3}{16}$$

■ メインポイント ■

2曲線 $y=f(x)$, $y=g(x)$ が $x=t$ で共通接線をもつ条件は,
$$f'(t)=g'(t), \quad f(t)=g(t)$$

第4章

44 減衰曲線と面積

$y=f(x)$ は減衰曲線と呼ばれ，頻出の曲線です。

特に，$f(x)=e^{-x}\sin x$ のときの概形は次の図のようになります。

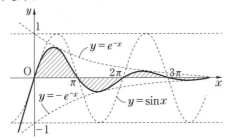

また，斜線部の面積 S は

$$\lim_{n\to\infty}\int_0^{n\pi}e^{-x}|\sin x|\,dx$$

となり，この計算も頻出です（**参考** 参照）。

本問は $f(x)=e^{-x}\sin ax$ なので，計算が少しメンドウになります。

◀ e^{-x} と $\sin x$ の積と考えると $y=f(x)$ のグラフは

$$e^{-n\pi}\sin n\pi=0$$

$$\left|e^{-\frac{\pi}{2}-n\pi}\sin\left(\frac{\pi}{2}+n\pi\right)\right|$$

$$=e^{-\frac{\pi}{2}-n\pi}$$

$$\left|e^{-x}\sin x\right|\leqq e^{-x}$$

から $(n\pi,\ 0)$ を通り，

$$x=\frac{\pi}{2}+n\pi \ \text{で}\ y=\pm e^{-x}$$

に接しています。

解答

(1) A_n の定義から

$$A_n=\int_{\frac{2(n-1)\pi}{a}}^{\frac{(2n-1)\pi}{a}}e^{-x}\sin ax\,dx$$

$$-\int_{\frac{(2n-1)\pi}{a}}^{\frac{2n\pi}{a}}e^{-x}\sin ax\,dx$$

である。ここで

$$(e^{-x}\sin ax)'=-e^{-x}\sin ax+ae^{-x}\cos ax$$

$$\cdots\cdots①$$

$$(e^{-x}\cos ax)'=-ae^{-x}\sin ax-e^{-x}\cos ax$$

$$\cdots\cdots②$$

①$+a\times$② から

$$\{e^{-x}(\sin ax+a\cos ax)\}'=-(a^2+1)e^{-x}\sin ax$$

以上から

$$A_n=\left[-\frac{1}{a^2+1}e^{-x}(\sin ax+a\cos ax)\right]_{\frac{2(n-1)\pi}{a}}^{\frac{(2n-1)\pi}{a}}$$

◀ $\int e^{-x}\sin ax\,dx$ は 2 回の部分積分だが，**解答** のように

$$e^{-x}\sin ax,\ e^{-x}\cos ax$$

を微分して求めるとカンタンになる。

$$+\left[\frac{1}{a^2+1}e^{-x}(\sin ax+a\cos ax)\right]_{\frac{(2n-1)\pi}{a}}^{\frac{2n\pi}{a}}$$

$$=\frac{a}{a^2+1}\{e^{-\frac{2(n-1)\pi}{a}}+2e^{-\frac{(2n-1)\pi}{a}}+e^{-\frac{2n\pi}{a}}\}$$

◀ $\cos(2n-1)\pi=-1,$
$\cos 2(n-1)\pi=\cos 2n\pi=1$

$$=\frac{a}{a^2+1}(1+e^{-\frac{\pi}{a}})^2 e^{-\frac{2(n-1)\pi}{a}}$$

(2) (1)から $\displaystyle\sum_{n=1}^{\infty}A_n$ は

初項 $\dfrac{a}{a^2+1}(1+e^{-\frac{\pi}{a}})^2$, 公比 $e^{-\frac{2\pi}{a}}$

の無限等比級数である. $0<e^{-\frac{2\pi}{a}}<1$ より

$$S=\frac{1}{1-e^{-\frac{2\pi}{a}}}\cdot\frac{a}{a^2+1}(1+e^{-\frac{\pi}{a}})^2$$

$$=\frac{a(e^{\frac{\pi}{a}}+1)^2}{(a^2+1)(e^{\frac{2\pi}{a}}-1)}=\frac{a(e^{\frac{\pi}{a}}+1)}{(a^2+1)(e^{\frac{\pi}{a}}-1)}$$

(3) (2)から

$$\lim_{a\to\infty}S=\lim_{a\to\infty}\frac{a^2(e^{\frac{\pi}{a}}+1)}{(a^2+1)}\cdot\frac{\frac{\pi}{a}}{e^{\frac{\pi}{a}}-1}\cdot\frac{1}{\pi}=\frac{2}{\pi}$$

◀基本極限 $\displaystyle\lim_{x\to0}\frac{e^x-1}{x}=1$

参考 $|\sin x|$ は基本周期 π の周期関数だから

$$\int_0^{n\pi}e^{-x}|\sin x|dx=\sum_{k=1}^{n}\int_{(k-1)\pi}^{k\pi}e^{-x}|\sin x|dx$$

$$=\sum_{k=1}^{n}\int_0^{\pi}e^{-x-(k-1)\pi}|\sin\{x+(k-1)\pi\}|dx$$

$$=\sum_{k=1}^{n}e^{-(k-1)\pi}\int_0^{\pi}e^{-x}\sin x\,dx$$

よって, $\displaystyle\int_0^{\pi}e^{-x}\sin x\,dx=\frac{e^{-\pi}+1}{2}$ を求めて

$$S=\lim_{n\to\infty}\int_0^{n\pi}e^{-x}|\sin x|dx=\frac{e^{-\pi}+1}{2}\cdot\frac{1}{1-e^{-\pi}}=\frac{e^{\pi}+1}{2(e^{\pi}-1)}$$

■■ メインポイント ■■

減衰曲線と x 軸とで囲む面積の平行移動を利用した求め方は覚えよう！

《周期関数と定積分の例》

【例1】 次の極限値を求めよ.

$$\lim_{n\to\infty}\int_0^{n\pi} e^{-x}\left|\sin nx\right|dx$$

（京都大）

解答

$nx=t$ とおくと

$$\int_0^{n\pi} e^{-x}\left|\sin nx\right|dx=\int_0^{n^2\pi} e^{-\frac{t}{n}}\left|\sin t\right|\frac{1}{n}dt=\frac{1}{n}\sum_{k=1}^{n^2}\int_{(k-1)\pi}^{k\pi} e^{-\frac{t}{n}}\left|\sin t\right|dt$$

$$=\frac{1}{n}\sum_{k=1}^{n^2}\int_0^{\pi} e^{-\frac{t+(k-1)\pi}{n}}\left|\sin\{t+(k-1)\pi\}\right|dt$$

$$=\frac{1}{n}\int_0^{\pi} e^{-\frac{t}{n}}\sin t\,dt\sum_{k=1}^{n^2}\left(e^{-\frac{\pi}{n}}\right)^{k-1}$$

ここで

$$\left(e^{-\frac{t}{n}}\sin t\right)'=e^{-\frac{t}{n}}\left(-\frac{1}{n}\sin t+\cos t\right)\quad\cdots\cdots①$$

$$\left(e^{-\frac{t}{n}}\cos t\right)'=e^{-\frac{t}{n}}\left(-\sin t-\frac{1}{n}\cos t\right)\quad\cdots\cdots②$$

①$+n\times$② から

$$\left\{e^{-\frac{t}{n}}(\sin t+n\cos t)\right\}'=-\frac{n^2+1}{n}e^{-\frac{t}{n}}\sin t$$

$$\therefore\quad\int_0^{\pi} e^{-\frac{t}{n}}\sin t\,dt=\left[-\frac{n}{n^2+1}e^{-\frac{t}{n}}(\sin t+n\cos t)\right]_0^{\pi}=\frac{n^2}{n^2+1}\left(e^{-\frac{\pi}{n}}+1\right)$$

以上から

$$\int_0^{n\pi} e^{-x}\left|\sin nx\right|dx=\frac{n}{n^2+1}\left(e^{-\frac{\pi}{n}}+1\right)\cdot\frac{1-e^{-n\pi}}{1-e^{-\frac{\pi}{n}}}$$

$$=\frac{n^2}{n^2+1}\cdot\frac{1}{\dfrac{e^{-\frac{\pi}{n}}-1}{-\dfrac{\pi}{n}}}\cdot\frac{1}{\pi}\cdot(1+e^{-\frac{\pi}{n}})\cdot(1-e^{-n\pi})$$

$$\therefore\quad\lim_{n\to\infty}\int_0^{n\pi} e^{-x}\left|\sin nx\right|dx=\frac{2}{\pi}$$

【例2】 (1) $\displaystyle\int_{-\pi}^{\pi}\left|\sin nx\right|dx$ を求めよ.

(2) $\displaystyle\lim_{n\to\infty}\int_{-\pi}^{\pi}(1+x+x^2)\left|\sin nx\right|dx$ を求めよ.

(早稲田大)

解答

(1) $\displaystyle\int_{-\pi}^{\pi}\left|\sin nx\right|dx=2\int_{0}^{\pi}\left|\sin nx\right|dx$ であり，$nx=t$ とおくと

$\displaystyle 2\int_{0}^{\pi}\left|\sin nx\right|dx=2\int_{0}^{n\pi}\left|\sin t\right|\frac{1}{n}dt=2n\int_{0}^{\pi}\sin t\,dt\cdot\frac{1}{n}=4$

(2) $x\left|\sin nx\right|$ は奇関数だから

$$\int_{-\pi}^{\pi}x\left|\sin nx\right|dx=0$$

次に，$nx=t$ とおいて

$$\int_{-\pi}^{\pi}x^2\left|\sin nx\right|dx=2\int_{0}^{\pi}x^2\left|\sin nx\right|dx$$

$$=2\int_{0}^{n\pi}\left(\frac{t}{n}\right)^2\left|\sin t\right|\frac{1}{n}dt=\frac{2}{n^3}\int_{0}^{n\pi}t^2\left|\sin t\right|dt$$

$$=\frac{2}{n^3}\sum_{k=1}^{n}\int_{(k-1)\pi}^{k\pi}t^2\left|\sin t\right|dt$$

$$=\frac{2}{n^3}\sum_{k=1}^{n}\int_{0}^{\pi}\{t+(k-1)\pi\}^2\left|\sin\{t+(k-1)\pi\}\right|dt$$

$$=\frac{2}{n^3}\sum_{k=1}^{n}\int_{0}^{\pi}\{t+(k-1)\pi\}^2\sin t\,dt$$

$$=\frac{2}{n^3}\sum_{k=1}^{n}\left[-\{t+(k-1)\pi\}^2\cos t+2\{t+(k-1)\pi\}\sin t+2\cos t\right]_{0}^{\pi}$$

$$=\frac{2}{n^3}\sum_{k=1}^{n}\{k^2\pi^2+(k-1)^2\pi^2-4\}$$

$$=\frac{2}{n^3}\left\{2\pi^2\cdot\frac{n(n+1)(2n+1)}{6}-2\pi^2\cdot\frac{n(n+1)}{2}+(\pi^2-4)n\right\}$$

(1)とあわせて

$$\lim_{n\to\infty}\int_{-\pi}^{\pi}(1+x+x^2)\left|\sin nx\right|dx=4+\frac{4}{3}\pi^2$$

アプローチ

面積，体積の立式は特に難しくありません．

$$S=\int_\alpha^\beta \frac{dx}{\sin x\cos x}, \qquad V=\pi\int_\alpha^\beta \frac{dx}{\sin^2 x\cos^2 x}$$

となりますが，この積分計算ができるかという問題です．(1)がヒントで

$$\frac{1}{\sin x\cos x}=\frac{1}{\tan x}+\tan x$$

として計算していきます．

◀ $V=\pi\int_\alpha^\beta \dfrac{dx}{\sin^2 x\cos^2 x}$

$\quad=\pi\int_\alpha^\beta \dfrac{1+\tan^2 x}{\sin^2 x}dx$

$\quad=\pi\int_\alpha^\beta \left(\dfrac{1}{\sin^2 x}+\dfrac{1}{\cos^2 x}\right)dx$

としてもよいです．

解答

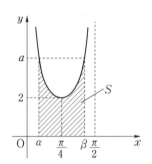

◀ $y=\dfrac{2}{\sin 2x}$ から，概形は
微分しなくともわかる．

(1) $0<x<\dfrac{\pi}{2}$ のとき

$$a=\frac{1}{\sin x\cos x}=\frac{1}{\tan x}\cdot\frac{1}{\cos^2 x}$$

$$=\frac{1+\tan^2 x}{\tan x} \quad\cdots\cdots(\ast)$$

ここで，$a>2$ だから

$$\tan^2 x-a\tan x+1=0$$

$$\therefore \quad \tan x=\frac{a\pm\sqrt{a^2-4}}{2}$$

よって，$0<\alpha<\beta<\dfrac{\pi}{2}$ とあわせて

$$\tan\alpha=\frac{a-\sqrt{a^2-4}}{2}, \qquad \tan\beta=\frac{a+\sqrt{a^2-4}}{2}$$

(2) （＊）から

$$S=\int_\alpha^\beta \frac{1}{\sin x\cos x}dx=\int_\alpha^\beta \frac{1+\tan^2 x}{\tan x}dx$$

$$=\int_\alpha^\beta \left(\frac{1}{\tan x}+\tan x\right)dx$$

$$=\Big[\log\big(\sin x\big)-\log\big(\cos x\big)\Big]_\alpha^\beta$$

$$=\Big[\log\big(\tan x\big)\Big]_\alpha^\beta=\log\frac{a+\sqrt{a^2-4}}{a-\sqrt{a^2-4}}$$

◀ $\displaystyle\int\tan x\,dx=-\log|\cos x|+C$

$\displaystyle\int\frac{1}{\tan x}dx=\log|\sin x|+C$

（C は積分定数）

(3) (1)から

$$V=\int_\alpha^\beta \pi\left(\frac{1}{\tan x}+\tan x\right)^2 dx$$

$$=\int_\alpha^\beta \pi\left(\frac{1}{\tan^2 x}+2+\tan^2 x\right)dx$$

$$=\int_\alpha^\beta \pi\left(\frac{1}{\sin^2 x}+\frac{1}{\cos^2 x}\right)dx$$

$$=\pi\left[-\frac{1}{\tan x}+\tan x\right]_\alpha^\beta$$

$$=\pi\left(-\frac{2}{a+\sqrt{a^2-4}}+\frac{a+\sqrt{a^2-4}}{2}\right)$$

$$\qquad-\pi\left(-\frac{2}{a-\sqrt{a^2-4}}+\frac{a-\sqrt{a^2-4}}{2}\right)$$

$$=2\pi\sqrt{a^2-4}$$

◀ $\displaystyle\frac{1}{\tan^2 x}+1=\frac{1}{\sin^2 x}$

◀ $\tan\alpha\tan\beta=1$ より

$\left[-\dfrac{1}{\tan x}+\tan x\right]_\alpha^\beta$

$=2(\tan\beta-\tan\alpha)$ として

もよい.

◀ $\dfrac{2}{a+\sqrt{a^2-4}}=\dfrac{a-\sqrt{a^2-4}}{2}$

参考　S を 32 と同じように解くと

$$S=\int_\alpha^\beta \frac{2}{\sin 2x}dx=\int_\alpha^\beta \frac{2\sin 2x}{\sin^2 2x}dx=\int_\alpha^\beta \frac{2\sin 2x}{1-\cos^2 2x}dx$$

$$=\int_\alpha^\beta \left(\frac{\sin 2x}{1-\cos 2x}+\frac{\sin 2x}{1+\cos 2x}\right)dx$$

$$=\frac{1}{2}\left[\log\frac{1-\cos 2x}{1+\cos 2x}\right]_\alpha^\beta=\Big[\log\tan x\Big]_\alpha^\beta$$

となる.

■■ メインポイント ■■

$\displaystyle\int_\alpha^\beta \frac{dx}{\sin x\cos x}$ の計算は，(1)の誘導にのるか，$\displaystyle\int_\alpha^\beta \frac{2}{\sin 2x}dx$ とするか

第4章

アプローチ

$y_1=\sqrt{x}\sin x$ や $y_2=\sqrt{x}\cos x$ のグラフは, 微分してもうまくいきません. 44 のように

『$\sqrt{x}$ と $\sin x$ の積』

と考えれば, 次のように概形がわかります.

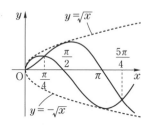

グラフが, x 軸に関して両側にある部分は

$y_1 \geqq y_2$ ならば y_1 の回転体を,

$y_1 \leqq y_2$ ならば y_2 の回転体を

それぞれ考えます.

◀ $y=\sqrt{x}\sin x$ の概形は, n を 0 以上の整数として, $(n\pi,\ 0)$ を通り,

$x=\dfrac{\pi}{2}+n\pi$ で $y=\sqrt{x}$

または $y=-\sqrt{x}$ に接しています.

$y_1 \geqq y_2$ のとき, 半径 y_1 の円盤に半径 y_2 の円盤が含まれます.

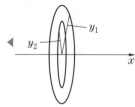

解答

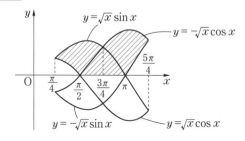

◀グラフの負の部分は x 軸に関して折り返して大小を調べる.

$\sqrt{x}\,|\sin x|$ と $\sqrt{x}\,|\cos x|$ の大小は, $\dfrac{\pi}{2} \leqq x \leqq \pi$

のとき

$$|\sin x|=|\cos x| \Longleftrightarrow \sin x=-\cos x$$

$$\therefore \quad x=\dfrac{3}{4}\pi$$

となることとあわせて

$$\begin{cases} \sqrt{x}\,|\sin x| \geqq \sqrt{x}\,|\cos x| & \left(\dfrac{\pi}{4} \leqq x \leqq \dfrac{3}{4}\pi\right) \\[2mm] \sqrt{x}\,|\cos x| \geqq \sqrt{x}\,|\sin x| & \left(\dfrac{3}{4}\pi \leqq x \leqq \dfrac{5}{4}\pi\right) \end{cases}$$

よって，求める回転体の体積 V について

$$\frac{V}{\pi} = \int_{\frac{\pi}{4}}^{\frac{3\pi}{4}} x\sin^2 x\,dx + \int_{\frac{3\pi}{4}}^{\frac{5\pi}{4}} x\cos^2 x\,dx$$

$$\qquad - \int_{\frac{\pi}{4}}^{\frac{\pi}{2}} x\cos^2 x\,dx - \int_{\pi}^{\frac{5\pi}{4}} x\sin^2 x\,dx$$

$$= \int_{\frac{\pi}{4}}^{\frac{3\pi}{4}} \frac{x(1-\cos 2x)}{2}\,dx + \int_{\frac{3\pi}{4}}^{\frac{5\pi}{4}} \frac{x(1+\cos 2x)}{2}\,dx$$

◀ $\displaystyle\int x\cos 2x\,dx$

$$\qquad - \int_{\frac{\pi}{4}}^{\frac{\pi}{2}} \frac{x(1+\cos 2x)}{2}\,dx$$

$= \dfrac{1}{2}x\sin 2x - \dfrac{1}{2}\displaystyle\int \sin 2x\,dx$

$$\qquad - \int_{\pi}^{\frac{5\pi}{4}} \frac{x(1-\cos 2x)}{2}\,dx$$

$= \dfrac{1}{2}x\sin 2x + \dfrac{1}{4}\cos 2x + C$

（C は積分定数）
となるが，暗算でも難しくない．

$$= \left[\frac{x^2}{4} - \frac{x\sin 2x}{4} - \frac{\cos 2x}{8}\right]_{\frac{\pi}{4}}^{\frac{3\pi}{4}}$$

$$\qquad + \left[\frac{x^2}{4} + \frac{x\sin 2x}{4} + \frac{\cos 2x}{8}\right]_{\frac{3\pi}{4}}^{\frac{5\pi}{4}}$$

$$\qquad - \left[\frac{x^2}{4} + \frac{x\sin 2x}{4} + \frac{\cos 2x}{8}\right]_{\frac{\pi}{4}}^{\frac{\pi}{2}}$$

$$\qquad - \left[\frac{x^2}{4} - \frac{x\sin 2x}{4} - \frac{\cos 2x}{8}\right]_{\pi}^{\frac{5\pi}{4}}$$

◀この部分はメンドウだが，丁寧に計算するしかない．

$$= \left(\frac{\pi^2}{8} + \frac{\pi}{4}\right) + \left(\frac{\pi^2}{4} + \frac{\pi}{2}\right)$$

$$\qquad - \left(\frac{3\pi^2}{64} - \frac{\pi}{16} - \frac{1}{8}\right) - \left(\frac{9\pi^2}{64} - \frac{5\pi}{16} + \frac{1}{8}\right)$$

$$= \frac{3\pi^2}{16} + \frac{9\pi}{8}$$

以上から，$V = \dfrac{3\pi^3}{16} + \dfrac{9\pi^2}{8}$ である．

■ メインポイント ■

軸に関して両側にグラフがある場合，折り返して同じ側で大小を考える

アプローチ

$x=g(y)$ $(a\leqq y\leqq b)$ を y 軸のまわりに回転した回転体の体積 V は

$$V=\int_a^b \pi x^2 dy=\int_a^b \pi\{g(y)\}^2 dy$$

ですが，関数が $y=f(x)$ で与えられるとき，$x=g(y)$ と表せるとは限りません．y 軸のまわりの回転体では

$x=g(y)$ と表すか，または

$y=f(x)$ で置換する

と覚えておきましょう．**類題** を参照してください．本問は，$x=g(y)$ と表せるタイプです．

◀ $y=f(x)$ $(a\leqq x\leqq b)$ を y 軸のまわりに回転した回転体の体積は
$$\int_a^b 2\pi xy\, dx$$
で得られる．『バームクーヘンの公式』とも呼ばれますが，記述式ではいきなり使わない方がよいでしょう．

解答

$y=(x+1)^2(x-1)^2$ のとき

$y=(x^2-1)^2$　　$\therefore$　$x^2=1\pm\sqrt{y}$

ここで

$$\begin{cases} x_2{}^2=1+\sqrt{y} & (x_2\geqq 1) \\ x_1{}^2=1-\sqrt{y} & (0\leqq x_1\leqq 1) \end{cases}$$

とおくと，右図から

$$V(t)=\int_0^t \pi x_2{}^2 dy-\int_0^t \pi x_1{}^2 dy+\int_t^1 \pi x_1{}^2 dy$$

$$=\int_0^t \pi(1+\sqrt{y})dy-\int_0^t \pi(1-\sqrt{y})dy$$

$$+\int_t^1 \pi(1-\sqrt{y})dy$$

$$=2\pi\int_0^t \sqrt{y}\, dy-\pi\int_1^t (1-\sqrt{y})dy$$

$$\therefore\quad V'(t)=2\pi\sqrt{t}-\pi(1-\sqrt{t})$$

$$=\pi(3\sqrt{t}-1)$$

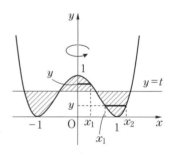

◀ 先に積分すると，$V(t)$ は
$$2\pi\left[\frac{2}{3}y^{\frac{3}{2}}\right]_0^t-\pi\left[y-\frac{2}{3}y^{\frac{3}{2}}\right]_1^t$$
$$=\pi\left(2t^{\frac{3}{2}}-t+\frac{1}{3}\right)$$

よって，$0\leqq t\leqq 1$ において $V(t)$ は $t=\dfrac{1}{9}$ のときに極小かつ最小となり，最小値は

$$V\left(\frac{1}{9}\right)=2\pi\int_0^{\frac{1}{9}}\sqrt{y}\,dy-\pi\int_1^{\frac{1}{9}}(1-\sqrt{y}\,)dy$$

$$=2\pi\left[\frac{2}{3}y^{\frac{3}{2}}\right]_0^{\frac{1}{9}}-\pi\left[y-\frac{2}{3}y^{\frac{3}{2}}\right]_1^{\frac{1}{9}}$$

$$=\frac{4}{81}\pi-\pi\left(\frac{1}{9}-\frac{2}{81}-\frac{1}{3}\right)=\frac{8}{27}\pi$$

[類題] **(置換する例)**

$y=\sin x\ (0\leqq x\leqq\pi)$ と x 軸で囲まれた部分を y 軸のまわりに回転させてできる立体の体積 V を求めよ.

[解答]

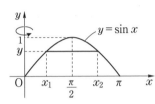

$y=\sin x_1\ \left(0\leqq x_1\leqq\dfrac{\pi}{2}\right),\ \ y=\sin x_2\ \left(\dfrac{\pi}{2}\leqq x_2\leqq\pi\right)$ と定めると,体積 V は

$$V=\int_0^1(\pi x_2{}^2-\pi x_1{}^2)dy$$

ここで,$y=\sin x_1,\ y=\sin x_2$ で置換すると

$$V=\int_{\pi}^{\frac{\pi}{2}}\pi x^2\frac{dy}{dx}dx-\int_0^{\frac{\pi}{2}}\pi x^2\frac{dy}{dx}dx$$

$$=\int_{\pi}^0\pi x^2\frac{dy}{dx}dx=\int_{\pi}^0\pi x^2\cos x\,dx$$

$$=\pi\left[x^2\sin x+2x\cos x-2\sin x\right]_{\pi}^0=2\pi^2$$

[注意!] $\displaystyle\int_{\pi}^0\pi x^2\frac{dy}{dx}dx$ において,部分積分から

$$\int_{\pi}^0\pi x^2\frac{dy}{dx}dx=\left[\pi x^2 y\right]_{\pi}^0-\int_{\pi}^0 2\pi xy\,dx=\int_0^{\pi}2\pi xy\,dx$$

となり,バームクーヘンの公式につながります.

■メインポイント■

y 軸のまわりの回転体の体積は,$x=g(y)$ と表すか,置換するか

48 y 軸のまわりの回転体(2)

アプローチ

(2)は難問です．まず，(1)の不等式は $x \to \infty$ で使い

ます．つまり，$x = \dfrac{1}{s}$ として問題を

$$\lim_{s \to \infty}\left(-\frac{\log s}{s^a}\right)=0$$

と置き換えます．ただ，(1)の $s^a > \log s$ では，はさみ
うちにならないので

$$x^b > \log x, \quad a > b > \frac{1}{e}$$

を満たす b として，a と $\dfrac{1}{e}$ の中点をとっています．

◀ $x \to +0$ では
$\log x \to -\infty$ で評価にな
りません．

◀
$$\frac{1}{2}\left(a+\frac{1}{e}\right)$$

解答

(1) $f(x)=x^a - \log x \ (x>0)$ とおくと

$$f'(x)=ax^{a-1}-\frac{1}{x}=\frac{ax^a-1}{x}$$

このとき，$a > \dfrac{1}{e}$ より $ax^a = 1$ は正の解をただ1

つもち，その解を α とすると

$\qquad f(x)$ は $x=\alpha$ のときに，極小かつ最小

また，$a\alpha^a = 1$ つまり $\log \alpha = -\dfrac{\log a}{a}$ だから

$$f(x) \geqq f(\alpha)=\alpha^a - \log \alpha = \frac{\log a + 1}{a}$$

$a > \dfrac{1}{e}$ つまり $\log a + 1 > 0$ より $f(\alpha)>0$ となり

$$f(x)=x^a - \log x > 0 \ (x>0)$$

x	0	$\cdots$	α	$\cdots$
$f'(x)$		$-$	0	$+$
$f(x)$		$\searrow$	$\dfrac{\log a+1}{a}$	$\nearrow$

(2) $\dfrac{1}{x}=s$ とおくと，$x^a \log x = -\dfrac{\log s}{s^a}$ となる．

ここで，$\dfrac{1}{2}\left(a+\dfrac{1}{e}\right) > \dfrac{1}{e}$ から(1)において a を

$\dfrac{1}{2}\left(a+\dfrac{1}{e}\right)$ に変えて

$$s^{\frac{1}{2}\left(a+\frac{1}{e}\right)} > \log s \ (s>0)$$

◀(1)において $a=\dfrac{1}{2}$，$\dfrac{1}{x}=s$
とおくと，$0<s<1$ のとき
$\qquad -\sqrt{s}<s\log s<0$
が成り立ち，はさみうちの
原理から
$$\lim_{s \to +0} s\log s=0$$
が示される．そこで，
$s=x^a$ とおいてもよい．

よって，$s>1$ のとき

$$0<\frac{\log s}{s^a}<\frac{s^{\frac{1}{2}\left(a+\frac{1}{e}\right)}}{s^a}=\frac{1}{s^{\frac{1}{2}\left(a-\frac{1}{e}\right)}}$$

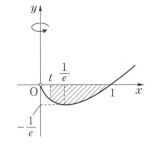

◀ $a>b>\dfrac{1}{e}$ なる b が存在し
て，
$$s^b>\log s$$
でもよい．

となり，$a>\dfrac{1}{e}$ とはさみうちの原理より

$$\lim_{s\to\infty}\frac{\log s}{s^a}=0$$

$$\therefore\ \lim_{x\to+0}x^a\log x=\lim_{s\to\infty}\left(-\frac{\log s}{s^a}\right)=0$$

(3)　$g(x)=x\log x$ とおくと

$$g'(x)=\log x+1$$

$t\leqq x\leqq1$ における増減表は，$0<t<\dfrac{1}{e}$ とから

x	t	$\cdots$	$\dfrac{1}{e}$	$\cdots$	1
$g'(x)$		$-$	0	$+$	
$g(x)$		$\searrow$	$-\dfrac{1}{e}$	$\nearrow$	0

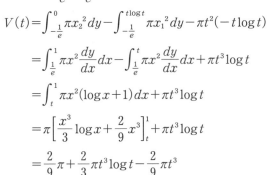

次に，$t\leqq x_1\leqq\dfrac{1}{e}$，$\dfrac{1}{e}\leqq x_2\leqq1$ とおくと

$$V(t)=\int_{-\frac{1}{e}}^{0}\pi x_2{}^2dy-\int_{-\frac{1}{e}}^{t\log t}\pi x_1{}^2dy-\pi t^2(-t\log t)$$

$$=\int_{\frac{1}{e}}^{1}\pi x^2\frac{dy}{dx}dx-\int_{\frac{1}{e}}^{t}\pi x^2\frac{dy}{dx}dx+\pi t^3\log t$$

$$=\int_{t}^{1}\pi x^2(\log x+1)dx+\pi t^3\log t$$

$$=\pi\left[\frac{x^3}{3}\log x+\frac{2}{9}x^3\right]_{t}^{1}+\pi t^3\log t$$

$$=\frac{2}{9}\pi+\frac{2}{3}\pi t^3\log t-\frac{2}{9}\pi t^3$$

(2)から $\displaystyle\lim_{t\to+0}t^3\log t=0$ だから

$$\lim_{t\to+0}V(t)=\frac{2}{9}\pi$$

$g(0)=0$ と定義する．
$$\lim_{t\to+0}V(t)$$
は，$y=g(x)$ と x 軸の囲
◀ む部分を y 軸のまわりに回
転した回転体の体積になる．

はさみうちの原理が使えるように不等式をつくる

49 斜回転

アプローチ

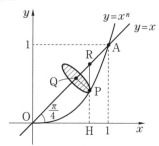
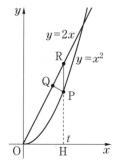

上の図の点を次のように定めます. まず

$$O(0, 0), \quad A(1, 1)$$

です. 次に線分 OA 上に点 Q をとり, Q を通り $y=x$ に垂直な直線と $y=x^n$ の交点を P, P を通り y 軸に平行な直線と $y=x$, x 軸との交点をそれぞれ R, H とします. $OQ=X$, $PQ=Y$ とおくとき

$$V = \int_0^{\sqrt{2}} \pi Y^2 dX$$

です. $P(t, t^n)$ とすると, 上の図から

$$PR = t - t^n, \quad PQ = QR = \frac{t-t^n}{\sqrt{2}} = Y$$

$$X = OR - RQ = \sqrt{2}\,t - \frac{t-t^n}{\sqrt{2}} = \frac{t+t^n}{\sqrt{2}}$$

$$\therefore \quad V = \int_0^1 \pi Y^2 \frac{dX}{dt} \cdot dt$$

$$= \int_0^1 \pi \left(\frac{t-t^n}{\sqrt{2}}\right)^2 \frac{1+nt^{n-1}}{\sqrt{2}} dt$$

となります.

◀ 例えば, $y=x^2$ と $y=2x$ の場合も, 同じように点を定めると, 相似から

$$PR = 2t - t^2$$

$$PQ = \frac{2t-t^2}{\sqrt{5}}$$

$$OQ = \sqrt{5}\,t - \frac{2(2t-t^2)}{\sqrt{5}}$$

$$= \frac{t+2t^2}{\sqrt{5}}$$

とできます.

解答 では $P(t, t^n)$ を O のまわりに $-\dfrac{\pi}{4}$ 回転した点が $(X, -Y)$ となることを利用します.

◀ 曲線 $y=x^n$ を $-\dfrac{\pi}{4}$ 回転して, x 軸のまわりの回転にしてもうまくいきません.

解答

(1) $y=x^n$ 上に点 $P(t, t^n)$ $(0 \le t \le 1)$ をとる.

P から $y=x$ に下ろした垂線の足を Q とし

$$OQ=X, \quad PQ=Y$$

とおくと

$(X,\ -Y)$ は，$(t,\ t^n)$ を O のまわりに $-\dfrac{\pi}{4}$

回転した点

であるから

$$X-Yi=(t+t^ni)\cdot\dfrac{1-i}{\sqrt{2}}$$

$$X=\dfrac{t+t^n}{\sqrt{2}},\quad Y=\dfrac{t-t^n}{\sqrt{2}}$$

よって，$\dfrac{dX}{dt}=\dfrac{1+nt^{n-1}}{\sqrt{2}}$ とから

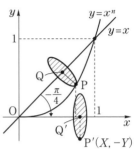

$$V_n=\int_0^{\sqrt{2}}\pi Y^2dX$$

$$=\int_0^1\pi\left(\dfrac{t-t^n}{\sqrt{2}}\right)^2\cdot\dfrac{1+nt^{n-1}}{\sqrt{2}}dt$$

$$=\dfrac{\sqrt{2}\,\pi}{4}\int_0^1\{nt^{3n-1}-(2n-1)t^{2n}$$

$$+(n-2)t^{n+1}+t^2\}dt$$

$$=\dfrac{\sqrt{2}\,\pi}{4}\left[\dfrac{t^{3n}}{3}-\dfrac{2n-1}{2n+1}t^{2n+1}+\dfrac{n-2}{n+2}t^{n+2}+\dfrac{t^3}{3}\right]_0^1$$

$$=\dfrac{\sqrt{2}\,\pi}{4}\left(\dfrac{2}{3}-\dfrac{2n-1}{2n+1}+\dfrac{n-2}{n+2}\right)$$

$$=\dfrac{\sqrt{2}\,\pi}{4}\left(\dfrac{2}{3}+\dfrac{2}{2n+1}-\dfrac{4}{n+2}\right)$$

(2)　(1)から

$$\lim_{n\to\infty}V_n=\lim_{n\to\infty}\dfrac{\sqrt{2}\,\pi}{4}\left(\dfrac{2}{3}+\dfrac{2}{2n+1}-\dfrac{4}{n+2}\right)$$

$$=\dfrac{\sqrt{2}\,\pi}{6}$$

━▌メインポイント▐━

曲線上の点 $(t,\ f(t))$ を回転して媒介変数表示する

50 回転体の体積と変化率

アプローチ

$0<t<3$ のとき，$\sin x = t-x$ が $0<x<t$ にただ1つの解をもつことはいいでしょうか.

$y=\sin x$ $(0 \le x \le \pi)$ が上に凸で，直線 $y=t-x$ が $y=\sin x$ 上の点 $(\pi,\ 0)$ における接線 $y=\pi-x$ に平行だからです.

ポイントは，$\sin x = t-x$ の解を α とするとき

t と α は互いに関数

であるということです. $\dfrac{d\alpha}{dt}=0$ などとはしないことです.

◀計算で示すと
$$f(x)=\sin x+x-t$$
とおいて
$$f'(x)=\cos x+1 \ge 0$$
から単調増加で
$$f(0)=-t<0,$$
$$f(t)=\sin t>0$$
とあわせて示されます.

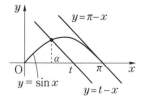

解答

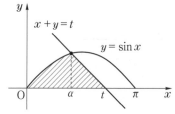

$\sin x = t-x$ の解を α $(0<\alpha<t)$ おくと

$$t=\alpha+\sin\alpha \qquad \therefore \quad \frac{dt}{d\alpha}=1+\cos\alpha \ \cdots\cdots①$$

このとき

$$V(t)=\int_0^\alpha \pi\sin^2 x\,dx+\frac{\pi}{3}\sin^2\alpha\cdot(t-\alpha)$$

$$=\int_0^\alpha \pi\sin^2 x\,dx+\frac{\pi}{3}\sin^3\alpha$$

よって，①とあわせて

$$\frac{d}{dt}V(t)=\frac{d}{d\alpha}V(t)\cdot\frac{d\alpha}{dt}$$

$$=(\pi\sin^2\alpha+\pi\sin^2\alpha\cos\alpha)\cdot\frac{1}{1+\cos\alpha}$$

$$=\pi\sin^2\alpha$$

となるから，$\dfrac{d}{dt}V(t)=\dfrac{\pi}{4}$ が成り立つとき

$$\pi \sin^2 \alpha = \frac{\pi}{4} \quad \text{すなわち,} \quad \sin \alpha = \pm \frac{1}{2}$$

$0 < \alpha < t < 3$ だから

$$\sin \alpha = \frac{1}{2} \qquad \therefore \quad \alpha = \frac{\pi}{6} \quad \text{または} \quad \frac{5}{6}\pi$$

である.

(i) $\alpha = \dfrac{\pi}{6}$ のとき

$$t = \sin \frac{\pi}{6} + \frac{\pi}{6} = \frac{1}{2} + \frac{\pi}{6} < \frac{1}{2} + 1 < 3$$

◀ $0 < t < 3$ の確認.

となり適する. このとき

$$V\left(\frac{1}{2} + \frac{\pi}{6}\right) = \int_0^{\frac{\pi}{6}} \pi \sin^2 x \, dx + \frac{\pi}{3} \sin^3 \frac{\pi}{6}$$

$$= \pi \int_0^{\frac{\pi}{6}} \frac{1 - \cos 2x}{2} \, dx + \frac{\pi}{24}$$

$$= \pi \left[\frac{x}{2} - \frac{\sin 2x}{4} \right]_0^{\frac{\pi}{6}} + \frac{\pi}{24}$$

$$= \pi \left(\frac{\pi}{12} - \frac{\sqrt{3}}{8} + \frac{1}{24} \right)$$

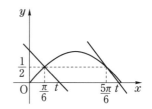

(ii) $\alpha = \dfrac{5}{6}\pi$ のとき

$$t = \sin \frac{5}{6}\pi + \frac{5}{6}\pi$$

$$= \frac{1}{2} + \frac{5}{6}\pi > \frac{1}{2} + \frac{5}{6} \cdot 3 = 3$$

となり不適.

以上から

$$t = \frac{1}{2} + \frac{\pi}{6}, \quad V(t) = \pi \left(\frac{\pi}{12} - \frac{\sqrt{3}}{8} + \frac{1}{24} \right)$$

である.

メインポイント

$\sin x = t - x$ の解を α とするとき, α は t の関数!

第4章

円柱を平面で切る

　円柱を平面で切る体積の問題は頻出です．直径を含む平面で切るのが基本ですが，本問のように切り方もいろいろです．

　体積を求めるのに，軸のとり方は x 軸，y 軸，z 軸が考えられます．本問は x 軸でしょうが，応用のためにも 3 通りで求めてみます．

解答

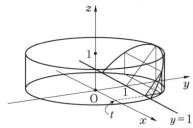

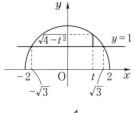

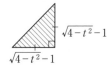

　立体を $x=t$ で切ると，切り口は図のような直角二等辺三角形で，面積 S は

$$S=\frac{1}{2}(\sqrt{4-t^2}-1)^2$$

となる．よって体積 V は

$$V=\int_{-\sqrt{3}}^{\sqrt{3}}\frac{1}{2}(\sqrt{4-t^2}-1)^2\,dt$$

$$=\int_0^{\sqrt{3}}(5-t^2-2\sqrt{4-t^2})\,dt$$

$$=\left[5t-\frac{t^3}{3}\right]_0^{\sqrt{3}}-2\int_0^{\sqrt{3}}\sqrt{4-t^2}\,dt$$

　ここで，$\displaystyle\int_0^{\sqrt{3}}\sqrt{4-t^2}\,dt$ は右図で扇形と三角形の面積を考えて

$$V=4\sqrt{3}-2\left(\frac{1}{2}\cdot2^2\cdot\frac{\pi}{3}+\frac{1}{2}\cdot\sqrt{3}\cdot1\right)$$

$$=3\sqrt{3}-\frac{4}{3}\pi$$

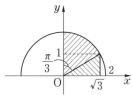

◀中心角 θ，半径 r の扇形の面積は $\dfrac{1}{2}r^2\theta$

別解 1 立体を $y=t$ で切ると，切り口は下の図1のような長方形で，右図とあわせて

$$横：2\sqrt{4-t^2}，縦：t-1$$

となるから

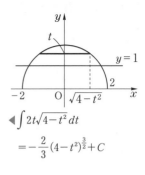

$$
\begin{aligned}
V &= \int_1^2 2(t-1)\sqrt{4-t^2}\,dt \\
&= \left[-\frac{2}{3}(4-t^2)^{\frac{3}{2}}\right]_1^2 - 2\left(\frac{1}{2}\cdot2^2\cdot\frac{\pi}{3} - \frac{1}{2}\cdot\sqrt{3}\right) \\
&= 2\sqrt{3} - \left(\frac{4}{3}\pi - \sqrt{3}\right) \\
&= 3\sqrt{3} - \frac{4}{3}\pi
\end{aligned}
$$

◀ $\displaystyle\int 2t\sqrt{4-t^2}\,dt$

$= -\dfrac{2}{3}(4-t^2)^{\frac{3}{2}}+C$

別解 2 立体を $z=t$ で切ると，切り口は下の図2のような弓形で，中心角を 2θ とおくと

$$2\cos\theta = t+1 \qquad \therefore\ \frac{dt}{d\theta} = -2\sin\theta$$

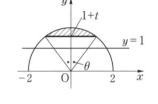

$$
\begin{aligned}
\therefore\quad V &= \int_0^1 \frac{1}{2}\cdot2^2(2\theta-\sin 2\theta)\,dt, \\
&= \int_{\frac{\pi}{3}}^0 2(2\theta-\sin 2\theta)(-2\sin\theta)\,d\theta \\
&= 8\int_0^{\frac{\pi}{3}} (\theta\sin\theta - \sin^2\theta\cos\theta)\,d\theta \\
&= 8\left[-\theta\cos\theta + \sin\theta - \frac{1}{3}\sin^3\theta\right]_0^{\frac{\pi}{3}} \\
&= 3\sqrt{3} - \frac{4}{3}\pi
\end{aligned}
$$

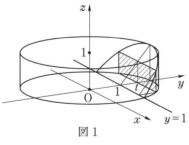

図 1

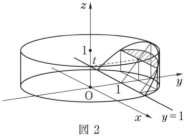

図 2

■ **メインポイント** ■

$x=t,\ y=t,\ z=t$ による断面図が正しく描けるか

52 平面図形の軸のまわりの回転体

アプローチ

D を $z=t$ で切ると切り口は線分で,線分を直線 l のまわりに1回転すればドーナツ状になります.これが立体 E を $z=t$ で切った切り口です.

回転体はイメージしにくいので,『**切ってからまわす**』と覚えましょう.

回転軸が $(1,0,0)$ を通り z 軸に平行ならば場合分けはありませんが,本問は $(1,1,0)$ とずれているので,切り口の面積は場合分けが必要です.

◀軸が $(1,0,0)$ を通り,z 軸に平行ならば,$z=t$ による E の切り口の面積は $\pi(\mathrm{AB}^2-\mathrm{AH}^2)$

解答

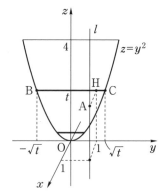

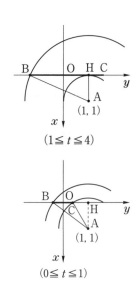

$(1 \leqq t \leqq 4)$

$(0 \leqq t \leqq 1)$

(1) 定義から

$$D_t = \{(0,\ y,\ t) \mid -\sqrt{t} \leqq y \leqq \sqrt{t}\}$$

であり

$$\mathrm{A}(1,\ 1,\ t),\ \mathrm{H}(0,\ 1,\ t),$$
$$\mathrm{B}(0,\ -\sqrt{t},\ t),\ \mathrm{C}(0,\ \sqrt{t},\ t)$$

とおく.

$$\mathrm{AP}^2 = \mathrm{AH}^2 + \mathrm{HP}^2 = 1 + \mathrm{HP}^2$$

が成り立つから,AP の長さの最大値と最小値は

(i) $1 \leqq t \leqq 4$ のとき

最大値:$\mathrm{AB} = \sqrt{1+(1+\sqrt{t})^2}$
$$= \sqrt{t+2\sqrt{t}+2}$$

最小値:$\mathrm{AH} = 1$

(ii) $0 \leqq t \leqq 1$ のとき

最大値：$\mathrm{AB} = \sqrt{t + 2\sqrt{t} + 2}$

最小値：$\mathrm{AC} = \sqrt{1 + (1 - \sqrt{t})^2}$

$\qquad\qquad = \sqrt{t - 2\sqrt{t} + 2}$

(2) (1)から，$1 \leqq t \leqq 4$ のとき

$\begin{aligned}
S(t) &= \pi(\mathrm{AB}^2 - \mathrm{AH}^2) \\
&= \pi\{(t + 2\sqrt{t} + 2) - 1\} \\
&= \pi(t + 2\sqrt{t} + 1)
\end{aligned}$

$0 \leqq t \leqq 1$ のとき

$\begin{aligned}
S(t) &= \pi(\mathrm{AB}^2 - \mathrm{AC}^2) \\
&= \pi\{(t + 2\sqrt{t} + 2) - (t - 2\sqrt{t} + 2)\} \\
&= 4\pi\sqrt{t}
\end{aligned}$

(3) (2)から

$\begin{aligned}
V &= \int_0^1 4\pi\sqrt{t}\,dt + \int_1^4 \pi(t + 2\sqrt{t} + 1)\,dt \\
&= 4\pi\left[\frac{2}{3}t^{\frac{3}{2}}\right]_0^1 + \pi\left[\frac{t^2}{2} + \frac{4}{3}t^{\frac{3}{2}} + t\right]_1^4 \\
&= \frac{8}{3}\pi + \pi\left(\frac{15}{2} + \frac{28}{3} + 3\right) \\
&= \frac{45}{2}\pi
\end{aligned}$

◀$1 \leqq t \leqq 4$ のとき
$\mathrm{AB}^2 - \mathrm{AH}^2 = \mathrm{BH}^2$
$0 \leqq t \leqq 1$ のとき
$(\mathrm{AB}^2 - \mathrm{AH}^2)$
$\qquad - (\mathrm{AC}^2 - \mathrm{AH}^2)$
$= \mathrm{BH}^2 - \mathrm{CH}^2$
が成り立つから，V は yz
平面上で $l': y = 1$ のまわ
りに D を 1 回転した体積に
等しい．

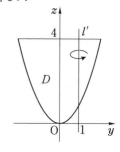

━━ メインポイント ━━

面は切れば線分で，線分は回転すればドーナツ状になる

53 円すいの回転体

線分 OB を x 軸のまわりに回転してできる円すい面の方程式は，$(t, 0, 0)$ $(0 < t \leqq 1)$ を通り，x 軸に垂直な平面での切り口が，中心 $(t, 0, 0)$ で半径 t の円になることから

$$x = t, \quad y^2 + z^2 = t^2$$

したがって，$y^2 + z^2 = x^2$ $(0 \leqq x \leqq 1)$ となります。

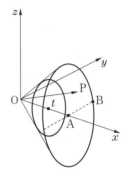

解答 では，円すい面上に点 P をとるとき

$$\angle \text{AOP} = \frac{\pi}{4}$$

が成り立つことから，内積を利用しています。座標軸が軸である直円すいは切り口の円を考えますが，そのほかは内積を利用します。

解答

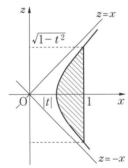

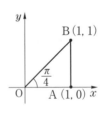

円すい面上の点を $P(x, y, z)$ とおく。$\overrightarrow{\text{OP}}$ と $\overrightarrow{\text{OA}}$ のなす角は $\overrightarrow{\text{OB}}$ と $\overrightarrow{\text{OA}}$ のなす角に等しく，$\frac{\pi}{4}$ である。

$$\therefore \quad \overrightarrow{\text{OP}} \cdot \overrightarrow{\text{OA}} = \text{OP} \cdot \text{OA} \cdot \cos \frac{\pi}{4}$$

つまり $x = \sqrt{x^2 + y^2 + z^2} \cdot 1 \cdot \dfrac{1}{\sqrt{2}}$

よって，線分 OB を x 軸のまわりに回転してできる円すい面の方程式は

$$2x^2 = x^2 + y^2 + z^2 \quad \therefore \quad x^2 = y^2 + z^2$$

であり，円すい V は
$$y^2+z^2 \leqq x^2, \quad 0 \leqq x \leqq 1$$
と表される．次に，V を
$$y=t \quad (-1 \leqq t \leqq 1)$$
で切ると，切り口は
$$x^2-z^2 \geqq t^2, \quad 0 \leqq x \leqq 1$$
となり，左ページの図の斜線部となる．図で，この斜線部を O のまわりに回転するときの面積 S は
$$S=\pi\{1+(1-t^2)-t^2\}$$
$$=2\pi(1-t^2)$$
よって，求める体積は
$$\int_{-1}^{1} S\,dt = \int_{-1}^{1} 2\pi(1-t^2)\,dt$$
$$=4\pi\left[t-\frac{t^3}{3}\right]_0^1 = \frac{8}{3}\pi$$

◀ 円すいの内部を含んでも，含まなくても求める回転体の体積は変わらない．

◀ $x^2-z^2=t^2$ は双曲線．

参考 1 放物線 $z=y^2, x=0$ を z 軸のまわりに回転してできる放物面の方程式を考えます．$z=t$ による切り口が中心 $(0, 0, t)$ で半径 $\sqrt{t}$ の円だから
$$x^2+y^2=t, z=t \quad \therefore \quad x^2+y^2=z$$

参考 2 直線 $l: x=y=z$ のまわりに x 軸を回転してできる円すい面の方程式を考えます．l と x 軸正の部分とのなす角 θ は，2 つのベクトル
$$(1, 1, 1), (1, 0, 0)$$
のなす角に等しいから $\cos\theta=\dfrac{1}{\sqrt{3}}$ である．よって
$$\left|(x, y, z)\cdot(1, 1, 1)\right|=\sqrt{x^2+y^2+z^2}\cdot\sqrt{3}\cdot\cos\theta$$
$$|x+y+z|=\sqrt{x^2+y^2+z^2}$$
$$(x+y+z)^2=x^2+y^2+z^2$$
$$\therefore \quad xy+yz+zx=0$$

■ メインポイント ■

円すい面や放物面の方程式はつくれるように！

54 正四角すいを円柱で切る

アプローチ

S_a が下の右図のようになるとき，扇形があるので面積を求めるには中心角を定める必要があります．中心角を θ とおくこともできますが，本問の誘導のように θ を定めた方がうまくいくようです．積分計算では

$$\cos\theta = 1 - \frac{a}{\sqrt{2}}$$

による置換積分です．

解答

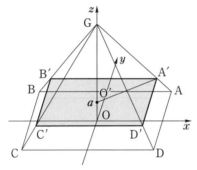

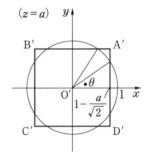

(1) 四角すいを $z=a$ $(0 \leqq a \leqq \sqrt{2})$ で切った切り口を正方形 A'B'C'D' とし，中心を O' とおく．

このとき，上の左図で $\triangle AGC$ は

$$\angle AGC = 90°$$
$$\angle GAC = \angle GCA = 45°$$

を満たし，$\triangle OAG \backsim \triangle O'A'G$ から

$$O'A' = O'G = \sqrt{2} - a \quad \cdots\cdots (*)$$

S_a が正方形となるのは $O'A' \leqq 1$ のときだから

$$\sqrt{2} - a \leqq 1 \text{ すなわち，} a \geqq \sqrt{2} - 1$$

a の最小値が z_0 だから

$$z_0 = \sqrt{2} - 1$$

◀四角すいは，正八面体の半分である．

◀四角すいの $z \geqq z_0$ の部分は円柱に含まれる．

(2) $0 < a < z_0$ のとき，S_a は上の右図のようになる．
図で線分 A'D' と x 軸との交点の x 座標は，$(*)$ から

$$\frac{\sqrt{2}-a}{\sqrt{2}}=1-\frac{a}{\sqrt{2}}$$

となり，$\cos\theta=1-\dfrac{a}{\sqrt{2}}$ となる θ は図のようにと

れる．よって，S_a の面積 T_a は図から

$$T_a=4\cdot\left\{2\cdot\frac{1}{2}\sin\theta\cos\theta+\frac{1}{2}\cdot1^2\cdot\left(\frac{\pi}{2}-2\theta\right)\right\}$$
$$=2\sin2\theta+\pi-4\theta$$

◀第1象限で，扇形と2つの
三角形の和を考えている．

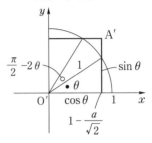

(3) (1)と(2)から

$$V=\int_0^{z_0}T_a\,da+\frac{1}{3}\cdot(\sqrt{2})^2\cdot1$$
$$=\int_0^{\sqrt{2}-1}(2\sin2\theta+\pi-4\theta)\,da+\frac{2}{3}$$

ここで，$\cos\theta=1-\dfrac{a}{\sqrt{2}}$ から

$$\frac{da}{d\theta}=\sqrt{2}\sin\theta$$

a	$0 \longrightarrow \sqrt{2}-1$
θ	$0 \longrightarrow \dfrac{\pi}{4}$

$$\therefore\quad\int_0^{\sqrt{2}-1}(2\sin2\theta+\pi-4\theta)\,da$$

$$=\int_0^{\frac{\pi}{4}}(2\sin2\theta+\pi-4\theta)\cdot\sqrt{2}\sin\theta\,d\theta$$

$$=\sqrt{2}\int_0^{\frac{\pi}{4}}\{4\sin^2\theta\cos\theta+(\pi-4\theta)\sin\theta\}\,d\theta$$

$$=\sqrt{2}\left[\frac{4}{3}\sin^3\theta-(\pi-4\theta)\cos\theta-4\sin\theta\right]_0^{\frac{\pi}{4}}$$

$$=\sqrt{2}\left(\frac{\sqrt{2}}{3}+\pi-2\sqrt{2}\right)$$

$$=\sqrt{2}\pi-\frac{10}{3}$$

$$\therefore\quad V=\left(\sqrt{2}\pi-\frac{10}{3}\right)+\frac{2}{3}=\sqrt{2}\pi-\frac{8}{3}$$

▪▮ メインポイント ▮▪

扇形の面積では中心角を定め，置換積分する

55　媒介変数表示のグラフ(1)

アプローチ

x, y のグラフは，**解答** の微分の結果から右図のようになります．$\theta=0$, π のときは原点で，x, y の増減の変わり目の $\theta=\alpha$, $\dfrac{\pi}{2}$, $\pi-\alpha$ に対しては順に (x, y) の座標が

$$\left(\frac{2}{3}, \frac{2\sqrt{3}}{9}\right),\ (1, 0),\ \left(\frac{2}{3}, -\frac{2\sqrt{3}}{9}\right)$$

となり，これらの点を順に結んでいけばグラフの概形はわかります．さらに，$\dfrac{dy}{dx}$ を調べてグラフの精度を上げていきます．

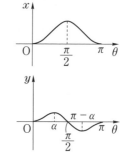

◀点を順につなぐといっても，例えば，

　　$C : x=t^2,\ y=t^3$

のグラフは，$\displaystyle \lim_{t \to 0}\frac{dy}{dx}=0$

とあわせて，概形は下図のようになるから注意が必要．

解答

(1)　$x=\sin^2\theta$, $y=\sin^2\theta\cos\theta$ のとき

$$\frac{dx}{d\theta}=2\sin\theta\cos\theta$$

$$\frac{dy}{d\theta}=2\sin\theta\cos^2\theta-\sin^3\theta$$

$$=\sin\theta(3\cos^2\theta-1)$$

$$\therefore\quad \frac{dy}{dx}=\frac{3\cos^2\theta-1}{2\cos\theta}$$

ここで，$\cos\alpha=\dfrac{1}{\sqrt{3}}$ $\left(0<\alpha<\dfrac{\pi}{2}\right)$ とおくと

$$\sin^2\alpha\cos\alpha=\frac{2}{3}\cdot\frac{1}{\sqrt{3}}=\frac{2\sqrt{3}}{9}$$

$$\sin^2(\pi-\alpha)\cos(\pi-\alpha)$$

$$=-\sin^2\alpha\cos\alpha=-\frac{2\sqrt{3}}{9}$$

とあわせて，増減表は次のとおり．

θ	0	$\cdots$	α	$\cdots$	$\dfrac{\pi}{2}$	$\cdots$	$\pi-\alpha$	$\cdots$	π
x	0	$\nearrow$	$\dfrac{2}{3}$	$\nearrow$	1	$\searrow$	$\dfrac{2}{3}$	$\searrow$	0
$\dfrac{dy}{dx}$		$+$	0	$-$	$/$	$+$	0		$-$
y	0	$\nearrow$	$\dfrac{2\sqrt{3}}{9}$	$\searrow$	0	$\searrow$	$-\dfrac{2\sqrt{3}}{9}$	$\nearrow$	0

◀ x, y の増減はアプローチ
の図からすぐにわかる.

さらに, $x=x(\theta)$, $y=y(\theta)$ とすると

$$x(\pi-\theta)=x(\theta),\quad y(\pi-\theta)=-y(\theta)$$

が成り立つから, 曲
線Cはx軸に関して
対称である.

以上から, Cの概
形は右図のようにな
る.

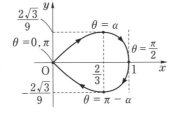

◀ $(1,\ 0)$ における接線は
$x=1$ になる.

(2) (1)の図と対称性から, 求める面積Sは

$$S=2\int_0^1 y\,dx$$

ここで, $x=\sin^2\theta$, $y=\sin^2\theta\cos\theta$ だから

$$\dfrac{dx}{d\theta}=2\sin\theta\cos\theta$$

x	$0 \longrightarrow 1$
θ	$0 \longrightarrow \dfrac{\pi}{2}$

$$\therefore\quad S=2\int_0^{\frac{\pi}{2}}\sin^2\theta\cos\theta\cdot 2\sin\theta\cos\theta\,d\theta$$

$$=4\int_0^{\frac{\pi}{2}}(\cos^2\theta-\cos^4\theta)\sin\theta\,d\theta$$

$$=4\left[-\dfrac{1}{3}\cos^3\theta+\dfrac{1}{5}\cos^5\theta\right]_0^{\frac{\pi}{2}}=\dfrac{8}{15}$$

◀ $\displaystyle\int\cos^n\theta\sin\theta\,d\theta$

$=-\dfrac{1}{n+1}\cos^{n+1}\theta+C$

(C は積分定数)

参考 $x=\sin^2\theta$, $y=\sin^2\theta\cos\theta$ のとき

$$y^2=\sin^4\theta\cos^2\theta=\sin^4\theta(1-\sin^2\theta)$$

よって, パラメータを消去して

$$y^2=x^2(1-x)\quad\text{すなわち}\quad y=\pm x\sqrt{1-x}\quad(0\le x\le 1)$$

のグラフと考えることもできます.

■ メインポイント ■

x, y の動きから, グラフの概形が描けるように！

56 媒介変数表示のグラフ(2)

アプローチ

原点まわりの $\dfrac{\pi}{4}$ 回転は，複素数平面で考えます．
このとき

$$x=\dfrac{3}{\sqrt{2}}t-t^2, \quad y=t^2-\dfrac{t}{\sqrt{2}}$$

となりますが，媒介変数表示で
『x，y が t の2次式ならば，放物線』
は覚えておきましょう．

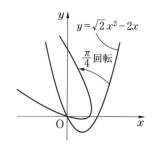

$y=\sqrt{2}\,x^2-2x$

$\dfrac{\pi}{4}$ 回転

解答

(1) (x, y) は (t, s) を原点のまわりに $\dfrac{\pi}{4}$ 回転した

点だから，複素数平面で考えて

$$x+iy=\left(\cos\dfrac{\pi}{4}+i\sin\dfrac{\pi}{4}\right)(t+is)$$

が成り立つ．

$$\therefore \quad x+iy=\left(\dfrac{1+i}{\sqrt{2}}\right)(t+is)$$

$$\therefore \quad x=\dfrac{t-s}{\sqrt{2}}, \quad y=\dfrac{t+s}{\sqrt{2}}$$

$s=\sqrt{2}\,t^2-2t$ を代入して

$$\boldsymbol{x=\dfrac{3}{\sqrt{2}}t-t^2, \quad y=t^2-\dfrac{t}{\sqrt{2}}}$$

(2) $y=a$ を満たす t がただ1つ存在すればよいから

$$t^2-\dfrac{t}{\sqrt{2}}=a \text{ すなわち, } t^2-\dfrac{t}{\sqrt{2}}-a=0$$

が重解をもてばよい．判別式を D' として

$$\therefore \quad D'=\dfrac{1}{2}+4a=0 \quad \therefore \quad a=-\dfrac{1}{8}$$

◀ $y=\left(t-\dfrac{1}{2\sqrt{2}}\right)^2-\dfrac{1}{8}$

から a は y の最小値 $-\dfrac{1}{8}$

(3) (1)から

$$\dfrac{dx}{dt}=\dfrac{3}{\sqrt{2}}-2t, \quad \dfrac{dy}{dt}=2t-\dfrac{1}{\sqrt{2}}$$

$$\therefore \quad \frac{dy}{dx} = \frac{2\sqrt{2}\,t-1}{3-2\sqrt{2}\,t}$$

また, $t=0$, $\dfrac{1}{2\sqrt{2}}$, $\dfrac{1}{\sqrt{2}}$, $\dfrac{3}{2\sqrt{2}}$ のとき, 順に座標は

$$(0,\ 0),\ \left(\frac{5}{8},\ -\frac{1}{8}\right),\ (1,\ 0),\ \left(\frac{9}{8},\ \frac{3}{8}\right)$$

となるから, 概形は次のようになる.

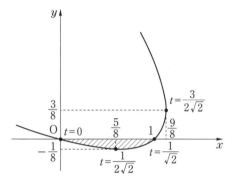

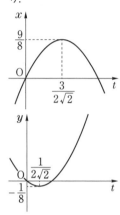

◀ x, y の動きは下図のとおり.

$x_1\left(0 \leqq t \leqq \dfrac{1}{2\sqrt{2}}\right)$, $x_2\left(\dfrac{1}{2\sqrt{2}} \leqq t \leqq \dfrac{1}{\sqrt{2}}\right)$ とおくと,
上図から

$$V = \int_{-\frac{1}{8}}^{0} \pi(x_2{}^2-x_1{}^2)\,dy$$

$$= \int_{\frac{1}{2\sqrt{2}}}^{\frac{1}{\sqrt{2}}} \pi x^2 \frac{dy}{dt}\,dt - \int_{\frac{1}{2\sqrt{2}}}^{0} \pi x^2 \frac{dy}{dt}\,dt$$

◀ 2 つの積分区間はつながる.

$$= \int_{0}^{\frac{1}{\sqrt{2}}} \pi x^2 \frac{dy}{dt}\,dt$$

$$= \int_{0}^{\frac{1}{\sqrt{2}}} \pi \left(\frac{3}{\sqrt{2}}t - t^2\right)^2 \left(2t - \frac{1}{\sqrt{2}}\right)dt$$

$$= \int_{0}^{\frac{1}{\sqrt{2}}} \pi \left(2t^5 - \frac{13}{\sqrt{2}}t^4 + 12t^3 - \frac{9}{2\sqrt{2}}t^2\right)dt$$

$$= \pi \left[\frac{t^6}{3} - \frac{13}{5\sqrt{2}}t^5 + 3t^4 - \frac{3}{2\sqrt{2}}t^3\right]_{0}^{\frac{1}{\sqrt{2}}} = \frac{11}{120}\pi$$

曲線 C はアステロイド曲線と呼ばれるもので

$$x^{\frac{2}{3}} + y^{\frac{2}{3}} = 1$$

とも表されます.

半径 1 の円 C_1 と,円 C_1 に内接する半径 $\dfrac{1}{4}$ の円

C_2 があり,円 C_2 が滑らずに回転するとき,円 C_2 上
の定点の軌跡もアステロイド曲線です(**参考** 参照).

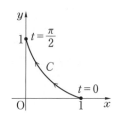

解答

(1) $x = \cos^3 t$, $y = \sin^3 t$ のとき

$$\frac{dx}{dt} = -3\cos^2 t \sin t, \quad \frac{dy}{dt} = 3\sin^2 t \cos t$$

$$\therefore \quad \frac{dy}{dx} = \frac{3\sin^2 t \cos t}{-3\cos^2 t \sin t} = -\tan t$$

$x = \dfrac{1}{8}$ のとき,$0 \le t \le \dfrac{\pi}{2}$ とから

$$\cos^3 t = \frac{1}{8} \iff \cos t = \frac{1}{2} \quad \therefore \quad t = \frac{\pi}{3}$$

このとき,$\dfrac{dy}{dx} = -\sqrt{3}$ だから法線の傾きは $\dfrac{1}{\sqrt{3}}$

になる.よって,A における法線の方程式は

$$y = \frac{\sqrt{3}}{3}\left(x - \frac{1}{8}\right) + \frac{3\sqrt{3}}{8}$$

$$\therefore \quad y = \frac{\sqrt{3}}{3}x + \frac{\sqrt{3}}{3}$$

◀さらに

$$\frac{d^2y}{dx^2} = \frac{d}{dt}\left(\frac{dy}{dx}\right) \cdot \frac{dt}{dx}$$

$$= \left(-\frac{1}{\cos^2 t}\right) \cdot \frac{1}{-3\cos^2 t \sin t}$$

$$= \frac{1}{3\cos^4 t \sin t} > 0$$

となるから,C は単調減少
かつ下に凸で,上の図のよ
うになる.

(2) (1)から

$$\left(\frac{dx}{dt}\right)^2 + \left(\frac{dy}{dt}\right)^2$$

$$= 9\cos^4 t \sin^2 t + 9\sin^4 t \cos^2 t$$

$$= 9\sin^2 t \cos^2 t$$

よって,曲線 C の長さは

$$\int_0^{\frac{\pi}{2}} \sqrt{\left(\frac{dx}{dt}\right)^2 + \left(\frac{dy}{dt}\right)^2}\, dt$$

◀$\sqrt{\sin^2 t \cos^2 t} = |\sin t \cos t|$
に注意する.

$$=\int_0^{\frac{\pi}{2}} 3\left|\sin t\cos t\right|dt=\frac{3}{2}\int_0^{\frac{\pi}{2}}\sin 2t\,dt$$

$$=\frac{3}{2}\left[-\frac{1}{2}\cos 2t\right]_0^{\frac{\pi}{2}}=\frac{3}{2}$$

(3) C の図から

$$V=\int_0^1 \pi y^2\,dx$$

$$=\pi\int_{\frac{\pi}{2}}^0 \sin^6 t\cdot(-3\cos^2 t\sin t)\,dt$$

◀ $\displaystyle\int\cos^n\theta\sin\theta\,d\theta$
$=-\dfrac{1}{n+1}\cos^{n+1}\theta+C$
（C は積分定数）

$$=3\pi\int_0^{\frac{\pi}{2}}(1-\cos^2 t)^3\cos^2 t\sin t\,dt$$

◀ $V=3\pi\displaystyle\int_0^{\frac{\pi}{2}}(\sin^7\theta-\sin^9\theta)\,d\theta$
とした場合は積分漸化式
（p.78 参照）を使うことに
なる.

$$=3\pi\int_0^{\frac{\pi}{2}}(\cos^2 t-3\cos^4 t+3\cos^6 t$$
$$-\cos^8 t)\sin t\,dt$$

$$=3\pi\left[-\frac{1}{3}\cos^3 t+\frac{3}{5}\cos^5 t-\frac{3}{7}\cos^7 t\right.$$
$$\left.+\frac{1}{9}\cos^9 t\right]_0^{\frac{\pi}{2}}$$

$$=\frac{16}{105}\pi$$

参考 図のように C_1, C_2 を定め，はじめ P は
$(1,\ 0)$ にあるとします．時計まわりの弧 PR＝θ だか
ら ∠PQR＝4θ となり

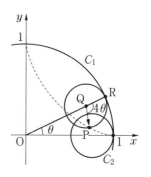

$$\overrightarrow{QP}=\frac{1}{4}(\cos(\theta-4\theta),\ \sin(\theta-4\theta))$$

$$=\frac{1}{4}(\cos 3\theta,\ -\sin 3\theta)$$

よって，$\overrightarrow{OP}=\overrightarrow{OQ}+\overrightarrow{QP}$ から P$(x,\ y)$ は

$$(x,\ y)=\frac{1}{4}(3\cos\theta+\cos 3\theta,\ 3\sin\theta-\sin 3\theta)$$

さらに 3 倍角の公式から

$$x=\cos^3\theta,\ y=\sin^3\theta$$

となります．

メインポイント

アステロイド曲線は 参考 からも導けるように！

58 放物線：$\sqrt{x} + \sqrt{y} = \sqrt{a}$

アプローチ

この曲線は，原点のまわりに $\dfrac{\pi}{4}$ 回転すると

$$y = ax^2 + b$$

というきれいな形になります．

「D を $y=x$ のまわりに回転した回転体の体積を求めよ」というのがよくある問題です．**49** で扱ったように，ふつう斜回転では曲線を回転させないのですが，この曲線は回転して考えます．

本問では，さらに移動して x 軸のまわりの回転体にします．

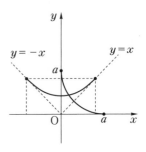

解答

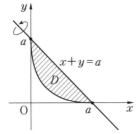

(1) $\sqrt{x} + \sqrt{y} = \sqrt{a}$ のとき

$$y = (\sqrt{a} - \sqrt{x})^2 = x - 2\sqrt{ax} + a$$

$0 < x < a$ のとき

$$\therefore \quad y' = 1 - \sqrt{\dfrac{a}{x}} < 0, \quad y'' = \dfrac{\sqrt{a}}{2} x^{-\frac{3}{2}} > 0$$

となり，曲線 $\sqrt{x} + \sqrt{y} = \sqrt{a}$ は単調減少で下に凸である．よって，D の概形は上の図の斜線部のようになり，面積 S は

$$S = \int_0^a \{(a-x) - (x - 2\sqrt{ax} + a)\}\,dx$$

$$= \int_0^a (2\sqrt{ax} - 2x)\,dx$$

$$= \left[\dfrac{4}{3}\sqrt{a} \cdot x^{\frac{3}{2}} - x^2\right]_0^a = \dfrac{a^2}{3}$$

◀ $0 \leq \theta \leq \dfrac{\pi}{2}$ として

$\quad x = a\sin^4\theta, \ y = a\cos^4\theta$
と表すこともできる．

◀ $S = \dfrac{1}{2}a^2 - \displaystyle\int_0^a (\sqrt{a} - \sqrt{x})^2\,dx$

としてもあまり変わらない．

(2) (x, y) を原点のまわりに $\dfrac{\pi}{4}$ 回転した点を

(X, Y) とおくと,複素数平面で考えて

$$x+iy=\left\{\cos\left(-\frac{\pi}{4}\right)+i\sin\left(-\frac{\pi}{4}\right)\right\}(X+iY)$$

◀ (x, y) は (X, Y) を原点
のまわりに $-\dfrac{\pi}{4}$ 回転した
点.

$$=\frac{1-i}{\sqrt{2}}\cdot(X+iY)$$

$$\therefore\quad x=\frac{X+Y}{\sqrt{2}},\qquad y=\frac{-X+Y}{\sqrt{2}}$$

$\sqrt{x}+\sqrt{y}=\sqrt{a}$ に代入すると

$$\sqrt{\frac{X+Y}{\sqrt{2}}}+\sqrt{\frac{-X+Y}{\sqrt{2}}}=\sqrt{a}$$

$$\therefore\quad \sqrt{2}\,Y+2\sqrt{\frac{Y^2-X^2}{2}}=a$$

X, Y をそれぞれ x, y に変えて,整理すると

$$\sqrt{y^2-x^2}=\frac{a}{\sqrt{2}}-y$$

$$\therefore\quad y=\frac{x^2}{\sqrt{2}\,a}+\frac{a}{2\sqrt{2}}\quad\left(y\le\frac{a}{\sqrt{2}}\right)$$

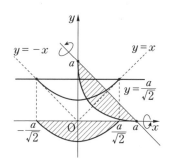

さらに,グラフを y 軸方向に $-\dfrac{a}{\sqrt{2}}$ 移動すると

$$y=\frac{x^2}{\sqrt{2}\,a}-\frac{a}{2\sqrt{2}}\quad(y\le 0)$$

となり,求める体積は,この曲線を x 軸のまわりに
回転したものである.よって,体積 V は

$$V=2\pi\int_0^{\frac{a}{\sqrt{2}}}\left(\frac{x^2}{\sqrt{2}\,a}-\frac{a}{2\sqrt{2}}\right)^2dx$$

$$=2\pi\int_0^{\frac{a}{\sqrt{2}}}\left(\frac{x^4}{2a^2}-\frac{x^2}{2}+\frac{a^2}{8}\right)dx$$

$$=2\pi\left[\frac{x^5}{10a^2}-\frac{x^3}{6}+\frac{a^2x}{8}\right]_0^{\frac{a}{\sqrt{2}}}$$

$$=\sqrt{2}\,\pi a^3\left(\frac{1}{40}-\frac{1}{12}+\frac{1}{8}\right)=\frac{\sqrt{2}}{15}\pi a^3$$

■ メインポイント ■

原点のまわりに $\dfrac{\pi}{4}$ 回転すると $y=ax^2+b$ の形になる有名曲線!

第5章

59 軌跡と媒介変数表示

アプローチ

後半の積分計算が大変そうですが, 結局, 関数の部分はすべて0になり意外にラクです.

なお, $\overrightarrow{AQ}=(2-\cos t)(\cos t,\ \sin t)$ から, A を極とする Q の軌跡の極方程式は $r=2-\cos t$ です. 極方程式の面積の公式によれば

$$S=\int_0^{2\pi}\frac{1}{2}(2-\cos t)^2 dt$$

となり, 計算がラクになります.

◀ $C : r=f(\theta)$ $(\theta_1\leqq\theta\leqq\theta_2)$ と $\theta=\theta_1,\ \theta=\theta_2$ で囲まれた部分の面積 S は
$$S=\int_{\theta_1}^{\theta_2}\frac{1}{2}r^2 d\theta$$

解答

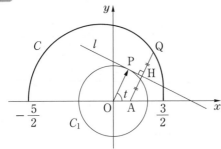

(1) 点 $P(\cos t,\ \sin t)$ における接線 l は

$$l : x\cos t+y\sin t=1$$

また, 点Aから l に下ろした垂線の足をHとおくと, $\overrightarrow{AH}/\!/\overrightarrow{OP}$ だから, 実数 s を用いて

$$\overrightarrow{OH}=\left(\frac{1}{2},\ 0\right)+s(\cos t,\ \sin t)$$
$$=\left(\frac{1}{2}+s\cos t,\ s\sin t\right)$$

と表せる. H は l 上の点だから, l に代入して

$$\left(\frac{1}{2}+s\cos t\right)\cos t+(s\sin t)\sin t=1$$

$$\therefore\quad s=1-\frac{1}{2}\cos t$$

$$\therefore\quad \overrightarrow{OQ}=\left(\frac{1}{2},\ 0\right)+2s(\cos t,\ \sin t)$$
$$=\left(\frac{1}{2}+(2-\cos t)\cos t,\ (2-\cos t)\sin t\right)$$

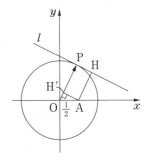

上の図で, A から直線 OP に下ろした垂線の足を H′ とおくと

$$OH'=\frac{1}{2}\cos t$$

◀ $\therefore\quad AH=H'P=1-\frac{1}{2}\cos t$
これは t が鈍角でも正しい.

よって，$Q(x(t), y(t))$ だから

$$\begin{cases} x(t) = \dfrac{1}{2} + 2\cos t - \cos^2 t \\ y(t) = 2\sin t - \sin t \cos t \end{cases}$$

(2)　(1)から，$0 < t < \pi$ のとき

$$x'(t) = -2\sin t + 2\sin t \cos t$$
$$= 2\sin t(\cos t - 1) < 0$$

よって，$x(t)$ は**単調減少**である．

(3)　$t = 0$，π のとき，Q の座標はそれぞれ

$$(x, y) = \left(\dfrac{3}{2}, 0\right), \left(-\dfrac{5}{2}, 0\right)$$

よって，$0 \leqq t \leqq \pi$ のとき，(2)と $y(t) \geqq 0$ から C は前ページの図のようになる．さらに，x 軸に関して対称だから

$$S = 2\int_{-\frac{5}{2}}^{\frac{3}{2}} y\,dx$$

$$= 2\int_{\pi}^{0} (2\sin t - \sin t \cos t) \cdot 2\sin t(\cos t - 1)\,dt$$

$$= 4\int_{0}^{\pi} (-\cos^4 t + 3\cos^3 t - \cos^2 t - 3\cos t + 2)\,dt$$

◀ x が単調減少だから

$$S = 2\int_{-\frac{5}{2}}^{\frac{3}{2}} y\,dx$$

でよい．

ここで

$$\cos^4 t = \left(\dfrac{1 + \cos 2t}{2}\right)^2$$

$$= \dfrac{1}{4}\left(1 + 2\cos 2t + \dfrac{1 + \cos 4t}{2}\right)$$

$$= \dfrac{3}{8} + \dfrac{1}{2}\cos 2t + \dfrac{1}{8}\cos 4t$$

◀ $\displaystyle\int_{0}^{\pi} \cos 4t\,dt$

$$= \left[-\dfrac{1}{4}\sin 4t\right]_{0}^{\pi} = 0$$

のように $\cos 2t$，$\cos t$ はこの積分で 0 になる．さらに

$$\int_{0}^{\pi} \sin^2 t \cos t\,dt$$

$$= \left[\dfrac{1}{3}\sin^3 t\right]_{0}^{\pi} = 0$$

となるから定数の積分しか残らない．

となるから

$$S = 4\int_{0}^{\pi}\left\{\left(-\dfrac{3}{8} - \dfrac{1}{2}\cos 2t - \dfrac{1}{8}\cos 4t\right)\right.$$

$$\left. + 3(1 - \sin^2 t)\cos t - \dfrac{1 + \cos 2t}{2} - 3\cos t + 2\right\}dt$$

$$= 4\pi\left(-\dfrac{3}{8} - \dfrac{1}{2} + 2\right) = \dfrac{9}{2}\pi$$

第5章

━━ **メインポイント** ━━

$\overrightarrow{\mathrm{AH}} /\!/ \overrightarrow{\mathrm{OP}}$ に気づくと少し計算が速い．後半は意外とラクになる

円に巻きついた糸をたわむことなくほどくことから，下の図において

$$\angle \text{ORP}=\frac{\pi}{2}, \quad \overparen{\text{AR}}=\text{RP}$$

が成り立ちます．あとは，$\overrightarrow{\text{OP}}=\overrightarrow{\text{OR}}+\overrightarrow{\text{RP}}$ として，ベクトルをつないでいきます．

なお，ベクトル $(a,\ b)$ を $\dfrac{\pi}{2}$，$-\dfrac{\pi}{2}$ 回転したベクトルがそれぞれ $(-b,\ a)$，$(b,\ -a)$ となることは覚えておきましょう．

◀複素数平面で考えて
$(a+bi)i=-b+ai$
$(a+bi)(-i)=b-ai$
からもわかります．

解答

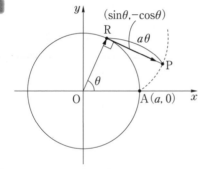

(1) $\text{R}(a\cos\theta,\ a\sin\theta)$ であり

$$\left(\cos\left(\theta-\frac{\pi}{2}\right),\ \sin\left(\theta-\frac{\pi}{2}\right)\right)$$
$$=(\sin\theta,\ -\cos\theta)$$

と $\text{RP}=a\theta$ から

$$\overrightarrow{\text{RP}}=a\theta(\sin\theta,\ -\cos\theta)$$

よって，$\overrightarrow{\text{OP}}=\overrightarrow{\text{OR}}+\overrightarrow{\text{RP}}$ から

$$\overrightarrow{\text{OP}}=(a\cos\theta,\ a\sin\theta)+a\theta(\sin\theta,\ -\cos\theta)$$

$$\therefore \begin{cases} x=a\cos\theta+a\theta\sin\theta \\ y=a\sin\theta-a\theta\cos\theta \end{cases}$$

(2) Pが第1象限にあるとき，$y=a$ となるのは $\theta=\dfrac{\pi}{2}$ のとき，$\text{P}\left(\dfrac{\pi}{2}a,\ a\right)$

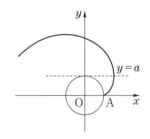

点Pは上の図のように，原点のまわりを原点から遠ざかりながら回っている．

◀$\theta=\dfrac{\pi}{2}$ のとき RP は x 軸に平行だから，P の y 座標は a になる．

また，⑴から $0<\theta<\dfrac{\pi}{2}$ のとき

$$\dfrac{dx}{d\theta}=a\theta\cos\theta>0, \quad \dfrac{dy}{d\theta}=a\theta\sin\theta>0$$

となるから，$0\leqq\theta\leqq\dfrac{\pi}{2}$ のときPの軌跡は右図のようになる．よって，求める面積 S は

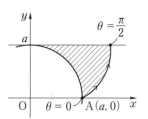

$$S=\int_0^a x\,dy-\dfrac{\pi}{4}a^2$$

ここで

$$\int_0^a x\,dy=\int_0^{\frac{\pi}{2}}a(\cos\theta+\theta\sin\theta)\cdot a\theta\sin\theta\,d\theta$$

◀ $\dfrac{a}{2}\pi\cdot a-\displaystyle\int_a^{\frac{a}{2}\pi}y\,dx-\dfrac{\pi}{4}a^2$
としてもよい．

$$=a^2\int_0^{\frac{\pi}{2}}(\theta\sin\theta\cos\theta+\theta^2\sin^2\theta)\,d\theta$$

$$=\dfrac{a^2}{2}\int_0^{\frac{\pi}{2}}\{\theta\sin2\theta+\theta^2(1-\cos2\theta)\}\,d\theta$$

$$\int_0^{\frac{\pi}{2}}\theta\sin2\theta\,d\theta=\left[-\dfrac{1}{2}\theta\cos2\theta+\dfrac{1}{4}\sin2\theta\right]_0^{\frac{\pi}{2}}=\dfrac{\pi}{4}$$

$$\int_0^{\frac{\pi}{2}}\theta^2\cos2\theta\,d\theta=\left[\dfrac{1}{2}\theta^2\sin2\theta\right]_0^{\frac{\pi}{2}}-\int_0^{\frac{\pi}{2}}\theta\sin2\theta\,d\theta=-\dfrac{\pi}{4}$$

となるから

$$S=\dfrac{a^2}{2}\left\{\left(\dfrac{\pi}{4}+\dfrac{\pi}{4}\right)+\left[\dfrac{\theta^3}{3}\right]_0^{\frac{\pi}{2}}\right\}-\dfrac{\pi}{4}a^2$$

$$=\dfrac{\pi^3}{48}a^2$$

第5章

━■ メインポイント ■━

ほどいた糸は，円の接線になっている！

アプローチ

下の図は**サイクロイド曲線**です.

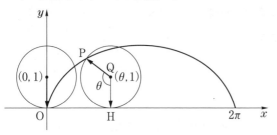

半径 1 の円 S が x 軸上を正の方向にすべることなく転がるときの S 上の定点 P の軌跡です. はじめに定点 P は原点とします. $\text{OH}=\theta$ とおくとき

$$\text{OH}=\overset{\frown}{\text{PH}} \quad \therefore \quad \angle \text{PQH}=\theta$$

$$\therefore \quad \overrightarrow{\text{QP}}=\left(\cos\left(\frac{3}{2}\pi-\theta\right), \ \sin\left(\frac{3}{2}\pi-\theta\right)\right)$$

$$=(-\sin\theta, \ -\cos\theta)$$

よって, $\overrightarrow{\text{OP}}=\overrightarrow{\text{OQ}}+\overrightarrow{\text{QP}}$ から, $\text{P}(x, y)$ は

$$x=\theta-\sin\theta, \quad y=1-\cos\theta$$

本問は, この応用でさらに x 軸も動くイメージです.

◀はじめに P を $(0, 2)$ にすると, 左の式で
$\overrightarrow{\text{QP}}=(\sin\theta, \ \cos\theta)$
となり
$x=\theta+\sin\theta, \ y=1+\cos\theta$

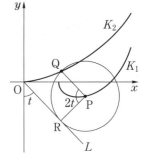

解答

(1) 半直線 L の方向ベクトルは

$$\left(\cos\left(t-\frac{\pi}{2}\right), \ \sin\left(t-\frac{\pi}{2}\right)\right)$$

$$=(\sin t, \ -\cos t) \quad \cdots\cdots(*)$$

よって, $\text{OR}=2t$ とあわせて

$$\overrightarrow{\text{OR}}=2t(\sin t, \ -\cos t)$$

次に, $\overrightarrow{\text{RP}}$ は $(*)$ を $\dfrac{\pi}{2}$ 回転したものだから

$$\overrightarrow{\text{RP}}=(\cos t, \ \sin t)$$

$$\therefore \quad \overrightarrow{\text{OP}}=\overrightarrow{\text{OR}}+\overrightarrow{\text{RP}}$$

$$=(2t\sin t+\cos t, \ -2t\cos t+\sin t)$$

$$\therefore \quad \mathbf{P}(2t\sin t+\cos t, \ -2t\cos t+\sin t)$$

◀(a, b) を $\dfrac{\pi}{2}$ 回転すると
$(-b, a)$

次に，$\overrightarrow{PQ}$ は $\overrightarrow{PR}$ を $-2t$ 回転したものだから，
複素数平面で考えて

$$(-\cos t - i\sin t)\{\cos(-2t) + i\sin(-2t)\}$$
$$= \{\cos(\pi + t) + i\sin(\pi + t)\}\{\cos(-2t) + i\sin(-2t)\}$$
$$= \cos(\pi - t) + i\sin(\pi - t)$$
$$= -\cos t + i\sin t$$

$\therefore$　$\overrightarrow{PQ} = (-\cos t, \ \sin t)$

$\therefore$　$\overrightarrow{OQ} = \overrightarrow{OP} + \overrightarrow{PQ}$
$$= (2t\sin t, \ -2t\cos t + 2\sin t)$$

$\therefore$　**Q$(2t\sin t, \ -2t\cos t + 2\sin t)$**

(2)　(1)と左図から，求める面積 S は
　　$P(x_1, \ y_1)$, $Q(x_2, \ y_2)$
　とおいて

$$S = \int_0^\pi y_2\, dx_2 - \int_1^\pi y_1\, dx_1$$
$$= \int_0^{\frac{\pi}{2}} (-2t\cos t + 2\sin t)(2\sin t + 2t\cos t)\, dt$$
$$\quad - \int_0^{\frac{\pi}{2}} (-2t\cos t + \sin t)(\sin t + 2t\cos t)\, dt$$
$$= \int_0^{\frac{\pi}{2}} 4(\sin^2 t - t^2\cos^2 t)$$
$$\quad - \int_0^{\frac{\pi}{2}} (\sin^2 t - 4t^2\cos^2 t)\, dt$$
$$= 3\int_0^{\frac{\pi}{2}} \sin^2 t\, dt$$
$$= \frac{3}{2}\int_0^{\frac{\pi}{2}} (1 - \cos 2t)\, dt = \frac{3}{4}\pi$$

■ メインポイント ■

$$\overrightarrow{OQ} = \overrightarrow{OR} + \overrightarrow{RP} + \overrightarrow{PQ} \ \ とベクトルをつないでいく$$

第6章　複素数平面

62　4次方程式の解

アプローチ

$$|\alpha-c|=|\beta-c|=|\gamma-c|=|\delta-c|$$

とは，複素数平面上で点 c から4点 α, β, γ, δ まで
の距離がすべて等しいということです．

$x^2-px+p=0$ が実数解をもつか虚数解をもつかで
分けて考えますが，虚数解をもつ場合

虚数解は共役で，実軸対称

になることに注意しましょう．

解答

(1)　p について整理すると
$$x^4-(p+1)x^3+(2p-1)x^2-p$$
$$=x^4-x^3-x^2-p(x^3-2x^2+1)$$
ここで
$$x^4-x^3-x^2=x^2(x^2-x-1)$$
$$x^3-2x^2+1=(x-1)(x^2-x-1)$$
となるから，与式を2次式の積で表すと
$$(x^2-x-1)\{x^2-p(x-1)\}$$
$$=\boldsymbol{(x^2-x-1)(x^2-px+p)}$$

(2)　4つの解 α, β, γ, δ は
$$\begin{cases} x^2-x-1=0 \text{ の2解を } \alpha, \ \beta \ (\alpha<\beta) \\ x^2-px+p=0 \text{ の2解を } \gamma, \ \delta \end{cases}$$
としても一般性を失わない．このとき
$$\alpha=\frac{1-\sqrt{5}}{2}, \ \beta=\frac{1+\sqrt{5}}{2}$$
であり，$|\alpha-c|=|\beta-c|$ から c は α, β の垂直二

等分線上，すなわち c の実部は $\dfrac{1}{2}$ である．

また，$x^2-px+p=0$ ……($*$) とおき，($*$)の
判別式を D とする．

例えば，$x^2-x-1=0$ の
◀ 2解が β, γ ならば，α と
γ を取り替えればよく，同
じことの繰り返しになると
いうこと．

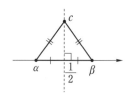

136

(ⅰ) $D=p^2-4p\geqq0$ すなわち，$p\leqq0$，$p\geqq4$ のとき，

γ，δ は実数で

$$|\gamma-c|=|\delta-c|=|\alpha-c|=|\beta-c|$$

から γ，δ は α，β のいずれかに一致する．（＊）
が重解をもつのは $p=0$，4 のときだが，α また
は β を重解にもつことはない．よって

$$(\gamma,\ \delta)=(\alpha,\ \beta),\ (\beta,\ \alpha)$$

となるが，$x^2-x-1=0$ と $x^2-px+p=0$ は一
致しないから不適．

(ⅱ) $D=p^2-4p<0$ すなわち，$0<p<4$ のとき，

γ，δ は虚数で，$\delta=\overline{\gamma}$ である．よって

$$|\gamma-c|=|\overline{\gamma}-c|$$

◀ c は γ，$\overline{\gamma}$ の垂直二等分線，
すなわち実軸．

から c は実数で，c の実部が $\dfrac{1}{2}$ より $c=\dfrac{1}{2}$ になる．

$$\therefore\ \left|\gamma-\frac{1}{2}\right|=\frac{\sqrt{5}}{2}\quad\therefore\ \left(\gamma-\frac{1}{2}\right)\left(\overline{\gamma}-\frac{1}{2}\right)=\frac{5}{4}$$

$$\gamma\overline{\gamma}-\frac{1}{2}(\gamma+\overline{\gamma})-1=0$$

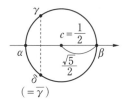

ここで，（＊）の解と係数の関係から

$$\gamma+\overline{\gamma}=p,\ \gamma\overline{\gamma}=p\quad\therefore\quad p-\frac{1}{2}p-1=0$$

$$\therefore\quad p=2\quad\text{これは}\ 0<p<4\ \text{を満たす．}$$

以上から，**$p=2$，$c=\dfrac{1}{2}$** である．

参考 **4次方程式の解と係数の関係**

4次方程式の問題では，解と係数の関係も必要になるので確認しておきます．

α，β，γ，δ が方程式 $x^4+ax^3+bx^2+cx+d=0$ の解

つまり $x^4+ax^3+bx^2+cx+d=(x-\alpha)(x-\beta)(x-\gamma)(x-\delta)$

右辺を展開して，係数を比較すると

$$\alpha+\beta+\gamma+\delta=-a$$
$$\alpha\beta+\alpha\gamma+\alpha\delta+\beta\gamma+\beta\delta+\gamma\delta=b$$
$$\alpha\beta\gamma+\alpha\beta\delta+\alpha\gamma\delta+\beta\gamma\delta=-c$$
$$\alpha\beta\gamma\delta=d$$

■ **メインポイント** ■

実数係数の方程式の虚数解は共役で，複素数平面上で実軸対称！

63 極形式

0でない複素数 z に対して

$$|z|=r \ (r>0), \ \arg z=\theta$$

とするとき, $z=r(\cos\theta+i\sin\theta)$ を z の**極形式**といいます. ここで, 例えば, $\sin\theta+i\cos\theta$ や $\sin\theta-i\cos\theta$ の形は極形式ではありません.

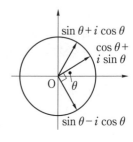

$$\sin\theta+i\cos\theta=\cos\left(\frac{\pi}{2}-\theta\right)+i\sin\left(\frac{\pi}{2}-\theta\right)$$

$$\sin\theta-i\cos\theta=\cos\left(\theta-\frac{\pi}{2}\right)+i\sin\left(\theta-\frac{\pi}{2}\right)$$

と変形すると, 極形式で表したことになります.

解答

(1) $\alpha=\cos\theta_1+i\sin\theta_1$ のとき

$$\alpha+1=(1+\cos\theta_1)+i\sin\theta_1$$

$$=2\cos^2\frac{\theta_1}{2}+2i\sin\frac{\theta_1}{2}\cos\frac{\theta_1}{2}$$

$$=2\cos\frac{\theta_1}{2}\left(\cos\frac{\theta_1}{2}+i\sin\frac{\theta_1}{2}\right)$$

ここで, $0<\dfrac{\theta_1}{2}<\dfrac{\pi}{2}$ から, $2\cos\dfrac{\theta_1}{2}>0$ だから極形式になっている.

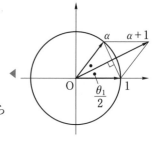

上図のひし形を考えれば

$$\arg(\alpha+1)=\frac{\theta_1}{2}$$

$$|\alpha+1|=2\cos\frac{\theta_1}{2}$$

(2) (1)から

$$\frac{1}{\alpha+1}=(\alpha+1)^{-1}$$

$$=\frac{1}{2\cos\dfrac{\theta_1}{2}}\left(\cos\frac{\theta_1}{2}-i\sin\frac{\theta_1}{2}\right)$$

となるから, 実部は $\dfrac{1}{2}$ である.

(3) (1)と同様にして

$$\beta+1=2\cos\frac{\theta_2}{2}\left(\cos\frac{\theta_2}{2}+i\sin\frac{\theta_2}{2}\right)$$

ここで，$\dfrac{\pi}{2}<\dfrac{\theta_2}{2}<\pi$ だから極形式は

$\beta+1$

$\quad=-2\cos\dfrac{\theta_2}{2}\left\{\cos\left(\dfrac{\theta_2}{2}+\pi\right)+i\sin\left(\dfrac{\theta_2}{2}+\pi\right)\right\}$

◀ $-\cos\theta-i\sin\theta$
$=\cos(\theta+\pi)+i\sin(\theta+\pi)$

となり，(1)とあわせて

$\dfrac{\alpha+1}{\beta+1}=-\dfrac{\cos\dfrac{\theta_1}{2}}{\cos\dfrac{\theta_2}{2}}\left\{\cos\left(\dfrac{\theta_1-\theta_2}{2}-\pi\right)\right.$

$\left.\qquad\qquad\qquad +i\sin\left(\dfrac{\theta_1-\theta_2}{2}-\pi\right)\right\}$

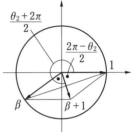

ここで，$0<\theta_1<\pi<\theta_2<2\pi$ から

$\qquad -2\pi<\dfrac{\theta_1-\theta_2}{2}-\pi<-\pi$

であり，このとき

◀上図のひし形を考えれば

$\qquad \arg(\beta+1)=\dfrac{\theta_2+2\pi}{2}$

$\qquad |\beta+1|=2\cos\dfrac{2\pi-\theta_2}{2}$

$\dfrac{\alpha+1}{\beta+1}$ の実部が $0\iff \cos\left(\dfrac{\theta_1-\theta_2}{2}-\pi\right)=0$

$\qquad\qquad\qquad\iff \dfrac{\theta_1-\theta_2}{2}-\pi=-\dfrac{3}{2}\pi$

$\qquad\qquad\qquad\iff \theta_2=\theta_1+\pi\iff \beta=-\alpha$

以上で題意は示された.

別解

(3) $|\alpha|=1,\ |\beta|=1$ から $\alpha\overline{\alpha}=1,\ \beta\overline{\beta}=1$

よって，$\overline{\alpha}=\dfrac{1}{\alpha},\ \overline{\beta}=\dfrac{1}{\beta}$

さらに，$\dfrac{\alpha+1}{\beta+1}\neq0$ とあわせて

$\dfrac{\alpha+1}{\beta+1}$ の実部が $0\iff \dfrac{\alpha+1}{\beta+1}$ が虚軸上 $\iff \dfrac{\alpha+1}{\beta+1}+\dfrac{\overline{\alpha}+1}{\overline{\beta}+1}=0$

$\qquad\qquad\qquad\iff \dfrac{\alpha+1}{\beta+1}+\dfrac{\alpha+1}{\beta+1}\cdot\dfrac{\beta}{\alpha}=0$

$\qquad\qquad\qquad\iff \beta=-\alpha$

メインポイント

$\alpha=\cos\theta+i\sin\theta$ に対して，$\alpha\pm1$ の極形式はベクトルの和で考える

64 1の n 乗根

アプローチ

1の n 乗根は，$z = \cos\dfrac{2\pi}{n} + i\sin\dfrac{2\pi}{n}$ を用いて

$$z^k = \cos\frac{2k\pi}{n} + i\sin\frac{2k\pi}{n} \quad (0 \le k \le n-1)$$

と表され，複素数平面において**正 n 角形の頂点**をなしています．また，$z \ne 1$ のとき

$$z^n - 1 = (z-1)(z^{n-1} + z^{n-2} + \cdots + z + 1)$$

から

$$1 + z + z^2 + \cdots + z^{n-1} = 0$$

が成り立ちます．

解答

(1) $z^7 = \left(\cos\dfrac{2\pi}{7} + i\sin\dfrac{2\pi}{7}\right)^7$

$\qquad = \cos 2\pi + i\sin 2\pi = 1$

から $z^7 - 1 = 0$ である．このとき

$\qquad (z-1)(z^6 + z^5 + z^4 + z^3 + z^2 + z + 1) = 0$

$z \ne 1$ だから

$\qquad z^6 + z^5 + z^4 + z^3 + z^2 + z + 1 = 0$

$\qquad \therefore \quad z + z^2 + z^3 + z^4 + z^5 + z^6 = -1$

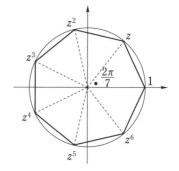

◀上図は正七角形で，実軸対称だから
$\quad \bar{z} = z^6,\ \overline{z^2} = z^5,\ \overline{z^4} = z^3$
がわかる．

(2) $|z| = 1$ から $z\bar{z} = 1$ となり

$$\bar{z} = \frac{1}{z} = \frac{z^7}{z} = z^6$$

同様にして，$\overline{z^2} = z^5,\ \overline{z^4} = z^3$ が成り立つから

$\qquad \alpha + \bar{\alpha} = (z + z^2 + z^4) + (\bar{z} + \overline{z^2} + \overline{z^4})$

$\qquad\qquad = (z + z^2 + z^4) + (z^6 + z^5 + z^3)$

$\qquad\qquad = z + z^2 + z^3 + z^4 + z^5 + z^6 = -1$

次に，$z^7 = 1$ とあわせて

$\qquad \alpha\bar{\alpha} = (z + z^2 + z^4)(\bar{z} + \overline{z^2} + \overline{z^4})$

$\qquad\qquad = (z + z^2 + z^4)(z^6 + z^5 + z^3)$

$\qquad\qquad = (1 + z + z^3) + (z^6 + 1 + z^2) + (z^4 + z^5 + 1)$

$\qquad\qquad = (1 + z + z^2 + z^3 + z^4 + z^5 + z^6) + 2 = 2$

よって，$\alpha,\ \bar{\alpha}$ は $t^2 + t + 2 = 0$ の2解である．

◀$z^7 = 1$, $z^8 = z^7 \cdot z = z$, $\cdots$ としている．

さらに

$$\sin\frac{2\pi}{7}+\sin\frac{4\pi}{7}+\sin\frac{8\pi}{7}$$

$$=\sin\frac{2\pi}{7}+\sin\frac{4\pi}{7}-\sin\frac{6\pi}{7}>0$$

◀前のページの図を見ればす
ぐわかる.

となり，α の虚部は正である．以上から

$$\alpha=\frac{-1+\sqrt{7}\,i}{2}$$

(3) $z^k=\cos\dfrac{2k\pi}{7}+i\sin\dfrac{2k\pi}{7}$ $(1\leqq k\leqq6)$ に対して

$$(z^k)^7=\cos2k\pi+i\sin2k\pi=1$$

よって，$x=z$, z^2, z^3, z^4, z^5, z^6 はすべて異な
り，$x^7=1$ を満たす．さらに，どれも1ではないか
ら

z, z^2, z^3, z^4, z^5, z^6 は

$x^6+x^5+x^4+x^3+x^2+x+1=0$ の異なる解

$\therefore$ $x^6+x^5+x^4+x^3+x^2+x+1$

$$=(x-z)(x-z^2)(x-z^3)$$
$$\times(x-z^4)(x-z^5)(x-z^6)$$

$x=1$ を代入して

$$(1-z)(1-z^2)(1-z^3)$$
$$\times(1-z^4)(1-z^5)(1-z^6)=7$$

参考 アプローチ から $n\geqq2$ のとき，

$$\sum_{k=0}^{n-1}z^k=0 \text{ つまり } \sum_{k=0}^{n-1}\left(\cos\frac{2k\pi}{n}+i\sin\frac{2k\pi}{n}\right)=0$$

$$\text{つまり } \sum_{k=0}^{n-1}\cos\frac{2k\pi}{n}=0 \text{ かつ } \sum_{k=0}^{n-1}\sin\frac{2k\pi}{n}=0$$

が得られます．

第6章

■**メインポイント**■

1の n 乗根は，$\cos\dfrac{2k\pi}{n}+i\sin\dfrac{2k\pi}{n}$ $(0\leqq k\leqq n-1)$ と表される

極限の応用として有名な問題です．複素数平面で考えると，無限等比級数としてカンタンに処理できます．

条件 1, 2 から，$z_1 = 1$ であり，z_2 は

$$|z_2 - z_1| = \frac{1}{\sqrt{2}}, \quad \arg \frac{z_2 - z_1}{z_1} = \frac{\pi}{4}$$

を満たすので

$$z_2 - z_1 = \frac{1}{\sqrt{2}}\left(\cos\frac{\pi}{4} + i\sin\frac{\pi}{4}\right)z_1 = \alpha z_1$$

$$\therefore \quad z_2 = 1 + \alpha$$

となります．これを繰り返して

$$z_n = 1 + \alpha + \alpha^2 + \cdots + \alpha^{n-1}$$

となる様子が下の図からもわかります．

◀ $|z_3 - z_2| = \left(\dfrac{1}{\sqrt{2}}\right)^2$

$\qquad = \dfrac{1}{\sqrt{2}}|z_2 - z_1|$

$\arg \dfrac{z_3 - z_2}{z_2 - z_1} = \dfrac{\pi}{4}$

$\therefore \quad z_3 - z_2 = \alpha(z_2 - z_1) = \alpha^2 z_1$

$\therefore \quad z_3 = 1 + \alpha + \alpha^2$

解答

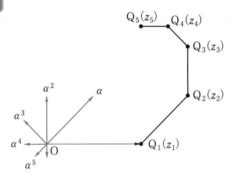

(1) $z_0 = 0$ とおくと，$n \geqq 1$ において定義から

$$\left|z_{n+1} - z_n\right| = \left(\frac{1}{\sqrt{2}}\right)^n = \frac{1}{\sqrt{2}}\left|z_n - z_{n-1}\right|$$

$$\arg \frac{z_{n+1} - z_n}{z_n - z_{n-1}} = \frac{\pi}{4}$$

$$\therefore \quad z_{n+1} - z_n = \frac{1}{\sqrt{2}}\left(\cos\frac{\pi}{4} + i\sin\frac{\pi}{4}\right)(z_n - z_{n-1})$$

$$= \alpha(z_n - z_{n-1})$$

$$= \alpha^n(z_1 - z_0) = \alpha^n \quad \cdots\cdots①$$

$\alpha^n = \dfrac{1}{2^{\frac{n}{2}}}\left(\cos\dfrac{n\pi}{4} + i\sin\dfrac{n\pi}{4}\right)$ とあわせて

$$\therefore \quad z_3 = z_2 + \alpha^2 = \frac{3+i}{2} + \frac{i}{2} = \frac{3}{2} + i$$

$$z_4 = z_3 + \alpha^3 = \frac{3}{2} + i + \frac{-1+i}{4} = \frac{5+5i}{4}$$

(2) (1)の①から

◀このタイプは，回転角や倍率が変わっても(2)，(3)の流れは同じ．

$$z_n = z_0 + \sum_{k=0}^{n-1} \alpha^k$$

$$= 1 + \alpha + \alpha^2 + \cdots + \alpha^{n-1}$$

$$= \frac{1-\alpha^n}{1-\alpha} = (1+i)(1-\alpha^n)$$

(3) $|\alpha|^n = \dfrac{1}{2^{\frac{n}{2}}}$ から

$$\lim_{n\to\infty} |\alpha|^n = 0 \qquad \therefore \quad \lim_{n\to\infty} \alpha^n = 0$$

よって，(2)から

$$w = \lim_{n\to\infty} z_n = 1 + i$$

(4) (2)から

$$z_n = (1+i)(1-\alpha^n) = w - (1+i)\alpha^n$$

$$\therefore \quad \arg\{-(1+i)\alpha^n\} = \frac{5\pi}{4} + \frac{n\pi}{4}$$

$-(1+i)\alpha^n$ の実部が正になればよいから，k を整数として

◀上の図のように $-(1+i)\alpha^n$ の偏角が $2k\pi - \dfrac{\pi}{4}$, $2k\pi$, $2k\pi + \dfrac{\pi}{4}$ のときに z_n の実部が w より大きくなる．

$$2k\pi - \frac{\pi}{2} < \frac{n+5}{4}\pi < 2k\pi + \frac{\pi}{2}$$

$$\therefore \quad 8k-7 < n < 8k-3$$

n は自然数だから，k を自然数として

$$\therefore \quad n = 8k-6, \ 8k-5, \ 8k-4$$

第6章

■■■メインポイント■■

$\alpha = r(\cos\theta + i\sin\theta)$ に対して

$$z_n = z_1(1 + \alpha + \alpha^2 + \cdots + \alpha^{n-1})$$

から，無限等比級数になる

アプローチ

$\alpha\beta \neq 0$ のとき O(0), A(α), B(β) に対して

　　　△OAB が正三角形

$\iff \beta = \left\{\cos\left(\pm\dfrac{\pi}{3}\right) + i\sin\left(\pm\dfrac{\pi}{3}\right)\right\}\alpha$

$\iff \dfrac{\beta}{\alpha} = \dfrac{1 \pm \sqrt{3}\,i}{2} \iff \left(\dfrac{\beta}{\alpha}\right)^2 - \dfrac{\beta}{\alpha} + 1 = 0$

$\iff \alpha^2 - \alpha\beta + \beta^2 = 0$

が成り立ちます. さらに C(γ) とおくと

　　　△ABC が正三角形

$\iff (\beta-\alpha)^2 - (\beta-\alpha)(\gamma-\alpha) + (\gamma-\alpha)^2 = 0$

$\iff \alpha^2 + \beta^2 + \gamma^2 - \alpha\beta - \beta\gamma - \gamma\alpha = 0$

となります.

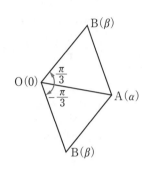

　また, $zw \neq 0$ のときの, 平行条件, 垂直条件

$$z /\!/ w \iff z\overline{w} - \overline{z}w = 0$$

$$z \perp w \iff z\overline{w} + \overline{z}w = 0$$

は覚えましょう.

解答

(1) $3\alpha^2 + \beta^2 - 6\alpha - 2\beta + 4 = 0$ のとき, $\alpha \neq 1$ より

　　　$3(\alpha-1)^2 + (\beta-1)^2 = 0$ 　　∴ $\left(\dfrac{\beta-1}{\alpha-1}\right)^2 = -3$

　　　　　∴ $\dfrac{\beta-1}{\alpha-1} = \pm\sqrt{3}\,i$

(2) (1)から

　　$\dfrac{\beta-1}{\alpha-1} = \sqrt{3}\left\{\cos\left(\pm\dfrac{\pi}{2}\right) + i\sin\left(\pm\dfrac{\pi}{2}\right)\right\}$

　さらに, $|\alpha-1| = 1$ とあわせて

　　$CA = 1$, $CB = \sqrt{3}$, $\angle ACB = \dfrac{\pi}{2}$

　よって, 三角形 ABC の面積は

$$\frac{1}{2}\cdot 1 \cdot \sqrt{3} = \frac{\sqrt{3}}{2}$$

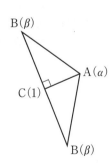

(3) C, D, E が一直線上のとき, $\alpha\beta \neq 0$ より

$$\left(\frac{1}{\alpha}-1\right) /\!/ \left(\frac{1}{\beta}-1\right)$$

$$\left(\frac{1}{\alpha}-1\right)\left(\frac{1}{\beta}-1\right)=\left(\frac{1}{\overline{\alpha}}-1\right)\left(\frac{1}{\overline{\beta}}-1\right)$$

$$\frac{(\alpha-1)(\beta-1)}{\alpha\beta}=\frac{(\overline{\alpha}-1)(\overline{\beta}-1)}{\overline{\alpha}\overline{\beta}}$$

$$\frac{\overline{\beta}-1}{\overline{\alpha}-1}\cdot\frac{1}{\alpha\overline{\beta}}=\frac{\beta-1}{\alpha-1}\cdot\frac{1}{\overline{\alpha}\beta}$$

ここで，$\dfrac{\beta-1}{\alpha-1}=\pm\sqrt{3}\,i$ から

$$(\mp\sqrt{3}\,i)\cdot\frac{1}{\alpha\overline{\beta}}=(\pm\sqrt{3}\,i)\cdot\frac{1}{\overline{\alpha}\beta} \quad \text{（複号同順）}$$

$$\therefore\quad \overline{\alpha}\beta+\alpha\overline{\beta}=0 \quad \cdots\cdots(*)$$

よって，$\angle\mathrm{AOB}=\dfrac{\pi}{2}$ である．AB の中点を M

とおくと，$\angle\mathrm{ACB}=\dfrac{\pi}{2}$ とあわせて，4 点 O，

C，A，B は中心が M，半径 1 の円周上にある．
このとき

$$\triangle\mathrm{OCM},\ \triangle\mathrm{ACM} \text{ はともに正三角形}$$

になるから，右図より $\alpha=\dfrac{3}{2}\pm\dfrac{\sqrt{3}}{2}i$ である．

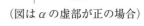

（図は α の虚部が正の場合）

別解

$(*)$ のあとに，$|\alpha-1|=1$ から，$\alpha-1=\cos\theta+i\sin\theta$ とおくと

$$\alpha=1+\cos\theta+i\sin\theta,\quad \beta=1\mp\sqrt{3}\,\sin\theta\pm\sqrt{3}\,i\cos\theta$$

$(*)$ から，α，β は垂直だから

$$(1+\cos\theta)(1\mp\sqrt{3}\,\sin\theta)\pm\sqrt{3}\,\sin\theta\cos\theta=0$$

$$1\pm\sqrt{3}\,\sin\theta+\cos\theta=0$$

このとき，$(1+\cos\theta)^2=3\sin^2\theta=3(1-\cos^2\theta)$

よって，$(\cos\theta+1)(4\cos\theta-2)=0$

$\cos\theta=-1$ とすると，$\sin\theta=0$ とから $\alpha=0$ となり不適．

$$\therefore\quad \cos\theta=\frac{1}{2},\ \sin\theta=\pm\frac{\sqrt{3}}{2} \qquad \therefore\quad \alpha=\frac{3}{2}\pm\frac{\sqrt{3}}{2}i$$

メインポイント

$$zw\neq 0 \text{ のとき，平行条件：} z /\!/ w \iff z\overline{w}-\overline{z}w=0$$

$$\text{垂直条件：} z\perp w \iff z\overline{w}+\overline{z}w=0$$

複素数平面の直線は次のようになります.

(i) z_0 を通り,α に平行な直線
$$(z - z_0) /\!/ \alpha \iff \overline{\alpha}z - \alpha\overline{z} = \overline{\alpha}z_0 - \alpha\overline{z_0}$$

(ii) z_0 を通り,α に垂直な直線
$$(z - z_0) \perp \alpha \iff \overline{\alpha}z + \alpha\overline{z} = \overline{\alpha}z_0 + \alpha\overline{z_0}$$

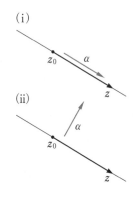

(i)

(ii)

ここで
$$\overline{\overline{\alpha}z_0 - \alpha\overline{z_0}} = -(\overline{\alpha}z_0 - \alpha\overline{z_0}),$$
$$\overline{\overline{\alpha}z_0 + \alpha\overline{z_0}} = \overline{\alpha}z_0 + \alpha\overline{z_0}$$

が成り立つことから

$\overline{\alpha}z_0 - \alpha\overline{z_0}$ は純虚数または 0,$\overline{\alpha}z_0 + \alpha\overline{z_0}$ は実数.

よって,一般形は c を実数として
$$\begin{cases} \boldsymbol{\alpha} \text{に平行な直線}:\overline{\alpha}z - \alpha\overline{z} + ci = 0 \\ \boldsymbol{\alpha} \text{に垂直な直線}:\overline{\alpha}z + \alpha\overline{z} + c = 0 \end{cases}$$

と表されます.

解答

B(β)

$\frac{1}{2}\beta$

P(z)

A(α)

$\frac{1}{2}\alpha$

O(0)

(1) OB の垂直二等分線は,β に垂直で $\frac{1}{2}\beta$ を通るから

$$\overline{\beta}\left(z - \frac{1}{2}\beta\right) + \beta\left(\overline{z} - \frac{1}{2}\overline{\beta}\right) = 0$$

$$\therefore \quad \overline{\beta}z + \beta\overline{z} = \beta\overline{\beta}$$

$z = \alpha\beta$ を代入して

$$\overline{\beta} \cdot \alpha\beta + \beta \cdot \overline{\alpha\beta} = \beta\overline{\beta} \quad \therefore \quad |\beta|^2(\alpha + \overline{\alpha} - 1) = 0$$

O,B は異なり $\beta \neq 0$ となるから
$$\alpha + \overline{\alpha} = 1$$

◀ OB の垂直二等分線を
$$|z| = |z - \beta|$$
と表すと,$z = \alpha\beta$ を代入して
$$|\alpha\beta| = |\alpha\beta - \beta|$$
$$|\alpha||\beta| = |\beta||\alpha - 1|$$
$\beta \neq 0$ より
$$|\alpha| = |\alpha - 1|$$
これは α が 0,1 の垂直二等分線上にあることを示す.

よって，α の満たす条件は

$\alpha + \overline{\alpha} = 1$ （ただし，$\alpha \neq \beta$）

◀ アプローチ によれば，

1 に垂直で $\dfrac{1}{2}$ を通る直線.

となり，$\dfrac{1}{2}$ を通り，虚軸に平行な直線になる（右図）.

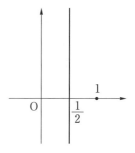

(2) (1)と同様にして，$\beta + \overline{\beta} = 1$ が成り立つから

$$\alpha = \frac{1}{2} + ai, \quad \beta = \frac{1}{2} + bi \ (a \neq b)$$

とおける．$z = x + yi$ とすると，$z = \alpha\beta$ から

$$x + yi = \left(\frac{1}{2} + ai\right)\left(\frac{1}{2} + bi\right)$$

$$= \frac{1}{4} - ab + \frac{a+b}{2}i$$

$$\Longleftrightarrow ab = \frac{1}{4} - x, \ a + b = 2y$$

このとき

a, b は $t^2 - 2yt + \dfrac{1}{4} - x = 0$ の 2 解

であり，a, b は異なる実数だから，判別式を D として

$$\frac{D}{4} = y^2 - \left(\frac{1}{4} - x\right) > 0 \qquad \therefore \quad x > \frac{1}{4} - y^2$$

よって，**下図の斜線部（境界を含まない）**.

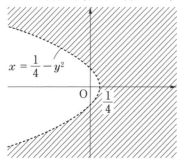

$x = \dfrac{1}{4} - y^2$

■ メインポイント ■

平行，垂直条件から直線がつくれるように！

第6章

68 複素数平面の円

アプローチ

α を中心とし, 半径 r の円の方程式は

$$|z-\alpha|=r$$

で表されます. さらに

$$|z-\alpha|^2=r^2$$
$$(z-\alpha)(\bar{z}-\bar{\alpha})=r^2$$
$$z\bar{z}-\bar{\alpha}z-\alpha\bar{z}+|\alpha|^2-r^2=0$$

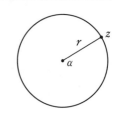

$|\alpha|^2-r^2$ が実数になることから, c を実数として円の一般形は

$$z\bar{z}+\bar{\alpha}z+\alpha\bar{z}+c=0$$

と表されます.

▶ xy 平面で円の一般形は
$$x^2+y^2+ax+by+c=0$$
◀で, $\dfrac{a^2+b^2}{4}-c>0$

なお, **解答** の $(*)$ は $k\neq\pm1$, 0 のとき, **アポロニウスの円**といいます. 一般に正数 m, n に対して

$$n|z-\alpha|=m|z-\beta|$$

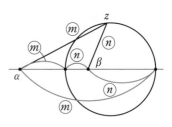

が成り立つとき, z は α, β を $m:n$ に内分する点と外分する点を直径の両端とする円を描きます.

解答

$z\neq0$ だから

$$\left|\frac{i}{z}-1\right|=\left|\frac{1}{z}-k\right|$$
$$\Longleftrightarrow |z-i|=|kz-1| \quad\cdots\cdots(*)$$
$$(z-i)(\bar{z}+i)=(kz-1)(k\bar{z}-1)$$
$$(1-k^2)z\bar{z}+(k+i)z+(k-i)\bar{z}=0$$

$k^2=1$ とすると

$$(\pm1+i)z+(\pm1-i)\bar{z}=0 \quad(\text{複号同順})$$

は直線を表すから, $|z|\leqq2$ を満たさない.

◀ $z=x+yi$ とおくと, 直線
は $y=\pm x$

$k^2\neq1$ のとき

$$z\bar{z}+\frac{k+i}{1-k^2}z+\frac{k-i}{1-k^2}\bar{z}=0$$
$$\left(z+\frac{k-i}{1-k^2}\right)\left(\bar{z}+\frac{k+i}{1-k^2}\right)=\frac{k^2+1}{(1-k^2)^2}$$

148

$$\left| z - \frac{k-i}{k^2-1} \right|^2 = \frac{k^2+1}{(k^2-1)^2}$$

これは，中心 $\dfrac{k-i}{k^2-1}$，半径 $\dfrac{\sqrt{k^2+1}}{|k^2-1|}$ の円を表す.

この円を C と表すと

$$\left| \frac{k-i}{k^2-1} \right| = \frac{\sqrt{k^2+1}}{|k^2-1|}$$

となるから，0 と C 上の点 z との距離の最大値は

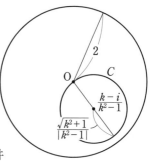

$$C \text{ の直径}： \frac{2\sqrt{k^2+1}}{|k^2-1|}$$

である.

よって，任意の C 上の点 z が $|z| \leqq 2$ を満たす条件
は

$$\frac{2\sqrt{k^2+1}}{|k^2-1|} \leqq 2 \iff k^2+1 \leqq (k^2-1)^2$$

$$k^4 - 3k^2 \geqq 0$$

$$k^2(k^2-3) \geqq 0$$

$$\therefore \quad \boldsymbol{k \leqq -\sqrt{3}, \ k=0, \ k \geqq \sqrt{3}} \qquad \blacktriangleleft k=0 \ \text{を忘れずに.}$$

参考 $\quad k \neq \pm 1, \ 0$ のとき，アポロニウスの円で アプローチ より

$$|z-i| = |kz-1| = |k|\left| z - \frac{1}{k} \right|$$

$$\therefore \quad |z-i| : \left| z - \frac{1}{k} \right| = |k| : 1$$

i と $\dfrac{1}{k}$ を $|k| : 1$ に内分する点，外分する点がそれぞれ

$k>0$ のとき $\dfrac{1+i}{k+1}, \ \dfrac{1-i}{k-1},$ $\qquad k<0$ のとき $\dfrac{1-i}{k-1}, \ \dfrac{1+i}{k+1}$

いずれにしても，中心 $\dfrac{k-i}{k^2-1}$，半径 $\dfrac{\sqrt{k^2+1}}{|k^2-1|}$ になります.

第6章

■■ メインポイント ■■

c を実数として

$$\text{円：} z\bar{z} + \bar{\alpha}z + \alpha\bar{z} + c = 0, \qquad \text{直線：} \bar{\alpha}z + \alpha\bar{z} + c = 0$$

アプローチ

直線 OB に関する対称移動の方法は，**解答** のほか
にも考えられます．

(i) $\arg\dfrac{\beta}{\alpha}=\theta$ とおいて，α を O のまわりに 2θ 回

転すると考える方法

$$\gamma=\left(\dfrac{\beta}{\alpha}\cdot\dfrac{|\alpha|}{|\beta|}\right)^2\alpha=\overline{\left(\dfrac{\alpha}{\beta}\right)}\beta$$

◀ $\dfrac{\beta}{\alpha}\cdot\dfrac{|\alpha|}{|\beta|}$ として大きさを1

にすると

$$\dfrac{\beta}{\alpha}\cdot\dfrac{|\alpha|}{|\beta|}=\cos\theta+i\sin\theta$$

となります．

(ii) 一番カンタンな対称移動が，実軸対称であるこ
とを利用する **参考** の方法

などがあります．

(2)は計算が大変です．二等辺三角形や直角三角形の
式をイメージしながら因数分解しましょう．

解答

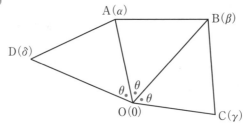

(1) 点Cの定義から

$$\arg\dfrac{\alpha}{\beta}=\theta,\quad\left|\dfrac{\alpha}{\beta}\right|=\left|\dfrac{\gamma}{\beta}\right|=r$$

とおけて，このとき

$$\dfrac{\alpha}{\beta}=r(\cos\theta+i\sin\theta),$$

$$\dfrac{\gamma}{\beta}=r\{\cos(-\theta)+i\sin(-\theta)\}$$

と表せる．

$$\therefore\quad\dfrac{\gamma}{\beta}=\overline{\left(\dfrac{\alpha}{\beta}\right)}\qquad\therefore\quad\gamma=\overline{\left(\dfrac{\alpha}{\beta}\right)}\beta$$

◀図で，A と B を取り替え
た場合もあるので，$\theta<0$
の場合もある．

(2) (1)と同様に考えて，D(δ) は $\delta = \overline{\left(\dfrac{\beta}{\alpha}\right)}\alpha$ である．

よって，辺 AB と直線 DC が平行なとき

$$(\beta-\alpha)(\overline{\gamma}-\overline{\delta})=(\overline{\beta}-\overline{\alpha})(\gamma-\delta)$$

◀平行条件
$z /\!/ w \iff z\overline{w}-\overline{z}w=0$

$$(\beta-\alpha)\left(\frac{\alpha}{\beta}\overline{\beta}-\frac{\beta}{\alpha}\overline{\alpha}\right)$$

$$=(\overline{\beta}-\overline{\alpha})\left\{\overline{\left(\frac{\alpha}{\beta}\right)}\beta-\overline{\left(\frac{\beta}{\alpha}\right)}\alpha\right\}$$

$$\frac{\overline{\alpha}\beta^2}{\alpha}+\frac{\alpha^2\overline{\beta}}{\beta}=\frac{\alpha\overline{\beta}^2}{\overline{\alpha}}+\frac{\overline{\alpha}^2\beta}{\overline{\beta}}$$

$$\overline{\alpha}^2\beta^3\overline{\beta}+\alpha^3\overline{\alpha}\,\overline{\beta}^2=\alpha^2\beta\overline{\beta}^3+\alpha\overline{\alpha}^3\beta^2$$

$$\beta\overline{\beta}(\overline{\alpha}^2\beta^2-\alpha^2\overline{\beta}^2)-\alpha\overline{\alpha}(\overline{\alpha}^2\beta^2-\alpha^2\overline{\beta}^2)=0$$

◀$\alpha\overline{\alpha}-\beta\overline{\beta}=0 \iff |\alpha|=|\beta|$

$$(\beta\overline{\beta}-\alpha\overline{\alpha})(\overline{\alpha}\beta-\alpha\overline{\beta})(\overline{\alpha}\beta+\alpha\overline{\beta})=0$$

$\overline{\alpha}\beta-\alpha\overline{\beta}=0 \iff \alpha /\!/ \beta$
$\overline{\alpha}\beta+\alpha\overline{\beta}=0 \iff \alpha \perp \beta$

これは

OA＝OB，または OA／／OB，

または OA⊥OB

であることを示す．OA／／OB ではないから

△OAB は OA＝OB の二等辺三角形，または

∠AOB が直角の直角三角形

参考 **解答** と同じですが，次のように考えることもできます．

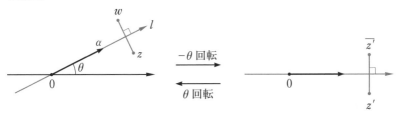

0 と α を通る直線 l に関して，z と対称な点を w とする．また，$\arg\alpha=\theta$ とおくとき，w は z を

$$-\theta \text{ 回転} \longrightarrow \text{実軸対称移動} \longrightarrow \theta \text{ 回転}$$

すればよいから

$$w=\overline{\left(z\cdot\frac{|\alpha|}{\alpha}\right)}\cdot\frac{\alpha}{|\alpha|}=\frac{\alpha}{\overline{\alpha}}\overline{z}=\frac{\alpha^2}{|\alpha|^2}\overline{z}$$

■■メインポイント■

線対称のいろいろな移動方法を理解する

アプローチ

複素数平面上の異なる 3 点 A(α), B(β), C(γ) を
図のように定めるとき

$$\angle\text{BAC}=\arg\left(\frac{\gamma-\alpha}{\beta-\alpha}\right), \quad \angle\text{ACB}=\arg\left(\frac{\beta-\gamma}{\alpha-\gamma}\right)$$

となります.（わかりにくい場合は，図のように反対
側の角で考えてもよい.）

$\arg z$ については，対数法則のように

$$\begin{cases} \arg zw=\arg z+\arg w \\ \arg\dfrac{z}{w}=\arg z-\arg w, \quad \arg z^n=n\arg z \end{cases}$$

が成り立ちます.

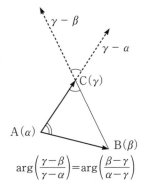

$$\arg\left(\frac{\gamma-\beta}{\gamma-\alpha}\right)=\arg\left(\frac{\beta-\gamma}{\alpha-\gamma}\right)$$

解答

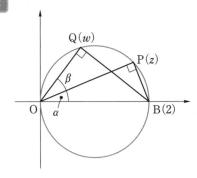

(1) O(0), B(2), $\arg z=\alpha$, $\arg w=\beta$

とおく.$\left(\text{条件より,}\ 0<\alpha<\beta<\dfrac{\pi}{2}\right)$

$$\angle\text{OPB}=\angle\text{OQB}=\frac{\pi}{2}$$

となることから，$R=\dfrac{z(w-2)}{w(z-2)}$ に対して

$$\arg R=\arg\frac{z(w-2)}{w(z-2)}$$

$$=\arg\frac{z}{z-2}+\arg\frac{w-2}{w}$$

$$=-\frac{\pi}{2}+\frac{\pi}{2}=0$$

◀$R>1$ とは
$\arg R=2n\pi$ かつ $|R|>1$
ということ.

152

$$|R| = \left| \frac{z(w-2)}{w(z-2)} \right| = \frac{|z||w-2|}{|w||z-2|}$$

$$= \frac{2\cos\alpha \cdot 2\sin\beta}{2\cos\beta \cdot 2\sin\alpha} = \frac{\tan\beta}{\tan\alpha}$$

ここで, $0<\alpha<\beta<\dfrac{\pi}{2}$ だから

$$0<\tan\alpha<\tan\beta \qquad \therefore \quad \frac{\tan\beta}{\tan\alpha}>1$$

以上から, R は $R>1$ を満たす実数である.

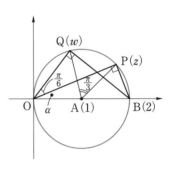

(2) $\angle \mathrm{PAQ}=\dfrac{\pi}{3}$ のとき

$$\beta-\alpha=\angle \mathrm{POQ}=\frac{1}{2}\angle \mathrm{PAQ}=\frac{\pi}{6}$$

である. このとき, (1)から

$$R=\frac{\cos\alpha\sin\beta}{\cos\beta\sin\alpha}=\frac{\sin(\alpha+\beta)-\sin(\alpha-\beta)}{\sin(\alpha+\beta)+\sin(\alpha-\beta)}$$

$$=\frac{\sin\left(2\alpha+\dfrac{\pi}{6}\right)+\dfrac{1}{2}}{\sin\left(2\alpha+\dfrac{\pi}{6}\right)-\dfrac{1}{2}}=1+\frac{1}{\sin\left(2\alpha+\dfrac{\pi}{6}\right)-\dfrac{1}{2}}$$

◀積和の公式
$\sin(\alpha+\beta)+\sin(\alpha-\beta)$
$=2\sin\alpha\cos\beta$
$\sin(\alpha+\beta)-\sin(\alpha-\beta)$
$=2\cos\alpha\sin\beta$

ここで, $\beta=\alpha+\dfrac{\pi}{6}<\dfrac{\pi}{2}$ だから $0<\alpha<\dfrac{\pi}{3}$ である.

よって, R は $\alpha=\dfrac{\pi}{6}$ のとき, 最小値 3 をとる.

参考

(1) $z=2\cos\alpha(\cos\alpha+i\sin\alpha)$ から

$z-2=2\{\cos\alpha(\cos\alpha+i\sin\alpha)-1\}=2\sin\alpha(-\sin\alpha+i\cos\alpha)$

$$=2\sin\alpha\left\{\cos\left(\alpha+\frac{\pi}{2}\right)+i\sin\left(\alpha+\frac{\pi}{2}\right)\right\}\ (\boxed{63}\ 参照)$$

$$\therefore \quad \frac{z-2}{z}=\frac{\sin\alpha}{\cos\alpha}\left\{\cos\frac{\pi}{2}+i\sin\frac{\pi}{2}\right\}=i\tan\alpha$$

同様に, $\dfrac{w-2}{w}=i\tan\beta$ だから $R=\dfrac{\tan\beta}{\tan\alpha}$ となります.

メインポイント

$$\begin{cases} \arg zw=\arg z+\arg w \\ \arg \dfrac{z}{w}=\arg z-\arg w, \quad \arg z^n=n\arg z \end{cases}$$

71 4点が同一円周上

アプローチ

z_1, z_2, z_3, z_4 が相異なる複素数で，複素数平面上の同一円周上にあるとします．このとき

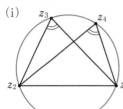

(i)

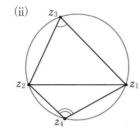

(ii)

(i) z_4 が z_1, z_2 に関して z_3 と同じ側にあるとき
$$\frac{(z_1-z_3)(z_2-z_4)}{(z_2-z_3)(z_1-z_4)} は正の実数$$

(ii) z_4 が z_1, z_2 に関して z_3 と反対側にあるとき
$$\frac{(z_1-z_3)(z_2-z_4)}{(z_2-z_3)(z_1-z_4)} は負の実数$$

となります．

◀(i)のとき
$$\arg\frac{z_1-z_3}{z_2-z_3}=\arg\frac{z_1-z_4}{z_2-z_4}$$
$$\arg\frac{z_1-z_3}{z_2-z_3}+\arg\frac{z_2-z_4}{z_1-z_4}=0$$
$$\arg\frac{(z_1-z_3)(z_2-z_4)}{(z_2-z_3)(z_1-z_4)}=0$$
よって
$$\frac{(z_1-z_3)(z_2-z_4)}{(z_2-z_3)(z_1-z_4)}$$
は正の実数になります．
(ii)は解答と同じ．

解答

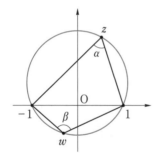

(1) 図のように α, β を定める．1, z, -1, w が相異なり，1, -1 に関して z と w が反対側にあるから，1, z, -1, w が同一円周上にあるための必要十分条件は図から $\alpha+\beta=\pi$ である．ここで
$$\alpha+\beta=\pi \iff \arg\frac{1-z}{-1-z}+\arg\frac{-1-w}{1-w}=\pi$$
$$\therefore \quad \arg\frac{(1-z)(-1-w)}{(-1-z)(1-w)}=\pi$$

$$\therefore \quad \frac{(1+w)(1-z)}{(1-w)(1+z)} \text{ は負の実数}$$

以上で示された.

(2) $w = \dfrac{1+z^2}{2}$ とおくと

$$w = \frac{1}{2}\{1+(x+yi)^2\}$$
$$= \frac{1}{2}\{(1+x^2-y^2)+2xyi\}$$

$x<0$, $y>0$ から, z の虚部は正, w の虚部は負となり(1)の条件を満たす.

$$\frac{(1+w)(1-z)}{(1-w)(1+z)} = \frac{\dfrac{3+z^2}{2}(1-z)}{\dfrac{1-z^2}{2}(1+z)} = \frac{3+z^2}{(1+z)^2}$$

とあわせて, (1)から
$$3+z^2 = t(1+z)^2 \quad (t \text{ は負の実数})$$
なる t が存在する条件を求める. このとき
$$3+(x^2-y^2+2xyi)$$
$$= t\{x^2-y^2+2x+1+2(x+1)yi\}$$
$$\iff \begin{cases} x^2-y^2+3 = t(x^2-y^2+2x+1) \\ xy = t(x+1)y \end{cases}$$

$y>0$ から $t = \dfrac{x}{x+1}$ であり, $x<0$, $t<0$ から

$$x<0, \quad \frac{x}{x+1}<0 \quad \therefore \quad -1<x<0$$

である. このとき
$$(x+1)(x^2-y^2+3) = x(x^2-y^2+2x+1)$$
$$\iff x^2+y^2-2x-3 = 0$$
$$\iff (x-1)^2+y^2 = 4$$

よって, z の軌跡は円の一部(右図)で
$$(x-1)^2+y^2=4, \quad -1<x<0, \quad y>0$$

◀ $\dfrac{3+z^2}{(1+z)^2}$ が負の実数だから

$$\frac{3+z^2}{(1+z)^2} = \frac{3+\bar{z}^2}{(1+\bar{z})^2}$$

これから, $|z-1|=2$ を得る. さらに, $x<0$, $y>0$ から
$z = 1+2\cos\theta+2i\sin\theta$,
$\dfrac{2}{3}\pi < \theta < \pi$

とおいて, $\dfrac{3+z^2}{(1+z)^2}<0$ を

確認してもよいが, 計算量は 解答 と変わらない.

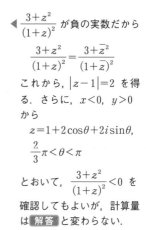

━━ ▪ メインポイント ▪ ━━

4点が同一円周上は, 円周角の性質を考える

72 1次分数変換

アプローチ

a, b, c, d を複素数かつ $ad-bc \neq 0$ とするとき

$$w = \frac{az+b}{cz+d}$$

◀ $ad-bc=0$ のとき
  $w=$定数
  となってしまいます.

の表す変換を **1次分数変換** といいます. この変換で

『**円の像は，円または直線**』

が成り立ちます（**補足** 参照）. 本問は，像が直線になる場合です.

解答

(1) $z \neq 0$ のとき $\dfrac{(1-i)(z-2)}{iz}$ が実数だから，

$$\frac{(1-i)(z-2)}{iz} = \frac{(1+i)(\bar{z}-2)}{-i\bar{z}}$$

$$(1-i)\bar{z}(z-2)+(1+i)z(\bar{z}-2)=0$$

$$z\bar{z}-(1+i)z-(1-i)\bar{z}=0 \quad \cdots\cdots ①$$

$$\left|z-(1-i)\right|^2=2$$

これは，中心が $1-i$，半径が $\sqrt{2}$ の円を表す. ただし，$z \neq 0$ だから 0 を除く. **z の描く図形は右図のとおり.**

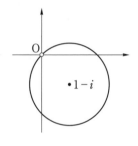

(2) w が 0 と $1+i$ を通る直線上にあるから

$$w /\!/ (1+i) \iff (1-i)w-(1+i)\bar{w}=0$$

$$w = \frac{iz+a(1+i)}{z-b} \text{ を代入して}$$

$$(1-i)\cdot\frac{iz+a(1+i)}{z-b}-(1+i)\cdot\frac{-i\bar{z}+a(1-i)}{\bar{z}-b}=0$$

◀ 0 を通り，$1-i$ に垂直だから
  $(1+i)w+(1-i)\bar{w}=0$
  としてもよい. 両辺に $-i$
  をかければ同じ.

よって，$z \neq b$ のとき

$$(1-i)(\bar{z}-b)\{iz+a(1+i)\}$$
$$\qquad -(1+i)(z-b)\{-i\bar{z}+a(1-i)\}=0$$

$$(\bar{z}-b)\{(1+i)z+2a\}$$
$$\qquad -(z-b)\{(1-i)\bar{z}+2a\}=0$$

$$2iz\bar{z}-\{(2a+b)+bi\}z$$
$$\qquad +\{(2a+b)-bi\}\bar{z}=0$$

◀ 先に
  $(1-i)\{iz+a(1+i)\}$
  $=(1+i)z+2a$
  を計算している.

$$2z\bar{z}-\{b-(2a+b)i\}z$$
$$-\{b+(2a+b)i\}\bar{z}=0 \quad \cdots\cdots ②$$

一方，z は①を満たすから，①と②は一致する．

$$\therefore \quad \frac{b}{2}=1, \quad \frac{2a+b}{2}=-1$$

よって，$a=-2$，$b=2$ である．

補足 1 $w=\dfrac{1}{z}$ の表す変換による円の像を考えます．

(ⅰ) $|z-\alpha|=|\alpha|\neq0$ のとき（原点を通る円）

$$\left|\frac{1}{w}-\alpha\right|=|\alpha| \quad \therefore \quad \left|w-\frac{1}{\alpha}\right|=|w| \quad (w\neq0)$$

◀ 変換 $w=\dfrac{1}{z}$ の定義域に点 0 は含まれないので，この円周上の点 0 は当然除いて考える．

これは，0，$\dfrac{1}{\alpha}$ の垂直二等分線．

(ⅱ) $|z-\alpha|=r \ (r\neq|\alpha|)$ のとき（原点を通らない円）

$$\left|\frac{1}{w}-\alpha\right|=r \quad \therefore \quad |\alpha|\left|w-\frac{1}{\alpha}\right|=r|w|$$

これは，アポロニウスの円（ 68 参照）．

補足 2 $w=\dfrac{a+(a+b)i}{z-b}+i$ であり，$a+(a+b)i=c$ とおくと

$$w=\frac{c}{z-b}+i$$

この変換を

$$z \xrightarrow{\ f\ } z-b \xrightarrow{\ g\ } \frac{1}{z-b} \xrightarrow{\ h\ } \frac{c}{z-b} \xrightarrow{\ i\ } \frac{c}{z-b}+i$$

と分解すると，f, i は平行移動を，h は回転と相似拡大をそれぞれ表すので，円は円にうつります．また，変換 $g(z)=\dfrac{1}{z}$ は **補足 1** から円は円または直線にうつります．

つまり，本問の変換で**円は円または，直線にうつる**ということです．

■■ **メインポイント** ■■

1次分数変換で，

円の像は円または直線になる

73 複素数平面と数列の融合問題

アプローチ

複素数平面の点列の応用問題です. 65 でも扱いましたが, こちらは難問です. 条件から得られる2つの漸化式から, どう $w_{k+2}-w_k$ の一般項を導くかです. (2)は図示すれば単純な動きです.

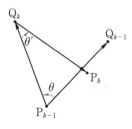

解答

$P_n(z_n)$, $Q_n(w_n)$ とおく. また
$$\alpha = \cos\theta + i\sin\theta, \quad \beta = \cos\theta' + i\sin\theta'$$
とすると, 条件(i), (ii)は
$$\begin{cases} w_k - z_{k-1} = \alpha(w_{k-1} - z_{k-1}) & \cdots\cdots① \\ z_k - w_k = \beta(z_{k-1} - w_k) & \cdots\cdots② \end{cases}$$

(1) ①, ②から
$$\begin{aligned} z_k - w_k &= -\beta(w_k - z_{k-1}) \\ &= \alpha\beta(z_{k-1} - w_{k-1}) \end{aligned}$$
$$\therefore \quad z_k - w_k = (\alpha\beta)^k(z_0 - w_0) \quad \cdots\cdots③$$

◀まず, ①, ②からこの等比型に気づくこと.

また, ①とあわせて
$$\begin{aligned} w_{k+1} - z_k &= -\alpha(z_k - w_k) \\ &= -\alpha(\alpha\beta)^k(z_0 - w_0) \quad \cdots\cdots④ \end{aligned}$$
となり, ③+④ から
$$w_{k+1} - w_k = (1-\alpha)(\alpha\beta)^k(z_0 - w_0) \quad \cdots\cdots⑤$$
$$\therefore \quad w_{k+2} - w_{k+1} = (1-\alpha)(\alpha\beta)^{k+1}(z_0 - w_0)$$
この2式を加えて
$$w_{k+2} - w_k = (1+\alpha\beta)(1-\alpha)(\alpha\beta)^k(z_0 - w_0)$$
よって, $w_{k+2} = w_k$ となる条件は $z_0 \neq w_0$ から
$$\alpha = 1 \quad \text{または} \quad \alpha\beta = -1$$
これは, l を整数として
$$\theta = 2l\pi \quad \text{または} \quad \theta + \theta' = (2l-1)\pi$$
と同値である.

◀$\arg\alpha\beta = \theta + \theta'$

(2) $\theta + \theta' = 0$ のとき, $\alpha\beta = 1$ だから
$$③ : z_n - w_n = z_0 - w_0 \quad \cdots\cdots③'$$
$$⑤ : w_{n+1} - w_n = (1-\alpha)(z_0 - w_0) \quad \cdots\cdots⑤'$$

⑤′から $\{w_n\}$ は等差数列だから
$$w_n - w_0 = (1-\alpha)(z_0 - w_0)n$$
③′ に代入して
$$z_n = z_0 + (1-\alpha)(z_0 - w_0)n$$
$$\therefore \quad z_{n-1} - w_0 = z_0 - w_0 + (1-\alpha)(z_0 - w_0)(n-1)$$
$$= \{n - (n-1)\alpha\}(z_0 - w_0)$$
よって，$\left|P_0 Q_0\right| = \left|z_0 - w_0\right| = 1$ のとき
$$\left|P_{n-1}Q_0\right| = \left|z_{n-1} - w_0\right|$$
$$= \left|n - (n-1)\alpha\right|$$
$$\left|Q_n Q_0\right| = \left|w_n - w_0\right|$$
$$= \left|1-\alpha\right|n$$

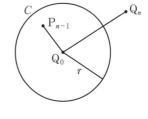

となるから，P_{n-1} が C の内部，Q_n が C の外部にある条件は
$$\left|P_{n-1}Q_0\right| < r < \left|Q_n Q_0\right|$$
つまり $\left|n-(n-1)\alpha\right| < r < \left|1-\alpha\right|n$
ここで，
$$\left|n-(n-1)\alpha\right|^2$$
$$= \{n-(n-1)\alpha\}\{n-(n-1)\overline{\alpha}\}$$
$$= n^2 - n(n-1)(\alpha+\overline{\alpha}) + (n-1)^2 \alpha\overline{\alpha}$$
$$= 2n^2 - 2n + 1 - 2n(n-1)\cos\theta$$
$$\left|1-\alpha\right|^2 = (1-\alpha)(1-\overline{\alpha})$$
$$= 1 - (\alpha+\overline{\alpha}) + \alpha\overline{\alpha}$$
$$= 2 - 2\cos\theta$$

◀ $\alpha = \cos\theta + i\sin\theta$ から
$\alpha + \overline{\alpha} = 2\cos\theta$,
$\alpha\overline{\alpha} = \left|\alpha\right|^2 = 1$

さらに
$$2n^2(1-\cos\theta) - \{2n^2 - 2n + 1 - 2n(n-1)\cos\theta\}$$
$$= 2n(1-\cos\theta) - 1 > 0 \quad \cdots\cdots(*)$$
とあわせて，$(*)$ を満たすとき
$$2n^2 - 2n + 1 - 2n(n-1)\cos\theta$$
$$< r^2 < 2n^2(1-\cos\theta)$$
その他の場合，r は存在しない.

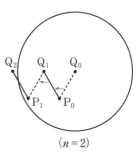

$(n=2)$

■ **メインポイント** ■

連立型の漸化式. まず，$\{z_k - w_k\}$ が等比数列に気づくこと！

２次曲線

74 楕円，双曲線は標準形を利用

P(x, y) に対して，楕円の定義

F(c, 0)，F′($-c$, 0)，PF+PF′=$2a$

から，標準形

$$\frac{x^2}{a^2}+\frac{y^2}{b^2}=1, \quad a^2-b^2=c^2$$

が得られます．また，双曲線の定義

F(c, 0)，F′($-c$, 0)，$\left|\text{PF}-\text{PF}'\right|=2a$

から，標準形

$$\frac{x^2}{a^2}-\frac{y^2}{b^2}=1, \quad a^2+b^2=c^2$$

が得られます．ただ，どちらも定義に基づくと2乗を2回繰り返すのでメンドウです．放物線は2乗が1回で済むのでどちらでもいいのですが，楕円と双曲線は標準形に慣れましょう．

◀ F(0, c)，F′(0, $-c$)，
　　PF+PF′=$2a$
の場合は
$\frac{x^2}{b^2}+\frac{y^2}{a^2}=1$, $a^2-b^2=c^2$

◀ F(0, c)，F′(0, $-c$)，
　　$\left|\text{PF}-\text{PF}'\right|=2a$
の場合は
$\frac{x^2}{b^2}-\frac{y^2}{a^2}=-1$, $a^2+b^2=c^2$

解答

(A) 焦点が (2, -1)，(2, 1) だから，中心が (2, 0) で，楕円の方程式は

$$\frac{(x-2)^2}{a^2}+\frac{y^2}{b^2}=1, \quad b^2-a^2=1$$

と表せる．このとき

$$b^2(x-2)^2+a^2y^2=a^2b^2$$

であり，$y=2x$ を代入すると

$$b^2(x-2)^2+a^2(2x)^2=a^2b^2$$

$$(4a^2+b^2)x^2-4b^2x+4b^2-a^2b^2=0$$

これが重解をもつ．よって，判別式を D として

$$\frac{D}{4}=4b^4-(4a^2+b^2)(4b^2-a^2b^2)$$

$$=a^2b^2(-16+4a^2+b^2)=0$$

$$\therefore \quad 4a^2+b^2=16$$

$b^2=a^2+1$ とあわせて

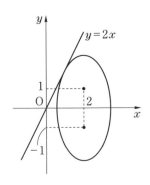

160

$$4a^2+(a^2+1)=16 \qquad \therefore \quad a^2=3, \quad b^2=4$$

$$\therefore \quad \frac{(x-2)^2}{3}+\frac{y^2}{4}=1$$

(B) 原点を O, A (2, 0) とおく. また, 円 C の中心
を P, 半径を r とおく. このとき, 円 C が円 C_1,
C_2 に外接することから

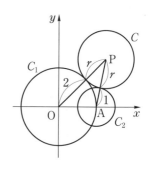

$$\text{OP}=r+2, \quad \text{AP}=r+1$$

$$\therefore \quad \text{OP}-\text{AP}=1 \quad \cdots\cdots(*)$$

が成り立つ. よって, 点 P は O, A を焦点にもつ
双曲線を描く. 双曲線は, 中心が (1, 0) で

$$\frac{(x-1)^2}{a^2}-\frac{y^2}{b^2}=1, \qquad a^2+b^2=1$$

と表せる. ここで, $a>0$, $b>0$ とする. さらに
(*) とあわせて

$$2a=1 \qquad \therefore \quad a^2=\frac{1}{4}, \quad b^2=\frac{3}{4}$$

$$\therefore \quad \frac{(x-1)^2}{\dfrac{1}{4}}-\frac{y^2}{\dfrac{3}{4}}=1$$

ただし, OP>AP より P は $x>1$ を満たし, か
つ P は円 C_1, C_2 の外部である. 2 円 C_1, C_2 の式

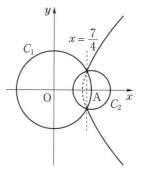

$$x^2+y^2=4, \quad (x-2)^2+y^2=1$$

を辺々引いて, 共通弦の方程式は

$$\therefore \quad 4x=7 \qquad \therefore \quad x=\frac{7}{4}$$

以上から

$$4(x-1)^2-\frac{4y^2}{3}=1 \quad \left(x>\frac{7}{4}\right)$$

■ **メインポイント** ■

楕円や双曲線の方程式は, 定義ではなく標準形を利用する

75 楕円を円に戻す

円 $x^2+y^2=a^2$ を y 軸方向に $\dfrac{b}{a}$ 倍すると

$$x^2+\left(\frac{ay}{b}\right)^2=a^2 \qquad \therefore\quad \frac{x^2}{a^2}+\frac{y^2}{b^2}=1 \quad\cdots\cdots(*)$$

となります．つまり，**楕円は円を一定方向に拡大・縮小した図形**です．このことから

・$(*)$上の点は，$(a\cos\theta,\ b\sin\theta)$ と表せる．

・$(*)$の囲む面積は，$\pi a^2\cdot\dfrac{b}{a}=\pi ab$

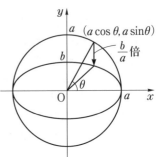

などがわかります．面積や接線の問題では，円にもどした方が計算がラクになります．

解答

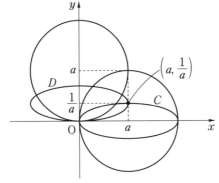

(A) (1) 上図のとおり．

(2) 図形を y 軸方向に a^2 倍すると

$$C \Longrightarrow (x-a)^2+y^2=a^2$$
$$D \Longrightarrow x^2+(y-a)^2=a^2$$

であり，共通部分は右図の斜線部になる．この面積を S' とおくと，S' は

$\dfrac{1}{4}$ 円 2 つの面積和から正方形の面積を引く

と考えて

$$S'=2\cdot\frac{\pi a^2}{4}-a^2=\left(\frac{\pi}{2}-1\right)a^2$$

よって，$S=\dfrac{1}{a^2}S'$ から $S=\dfrac{\pi}{2}-1$ である．

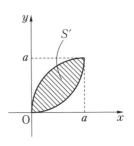

注意! 図形を x 軸方向に $\dfrac{1}{a}$ 倍, y 軸方向に a 倍する

と

$$C \Longrightarrow (x-1)^2+y^2=1$$
$$D \Longrightarrow x^2+(y-1)^2=1$$

となり, S はこの 2 円の共通部分の面積に等しいから

a によらないことがわかります.

◀ x 軸方向に $\dfrac{1}{a}$ 倍, y 軸方向に a 倍すると面積は $\dfrac{1}{a}\cdot a=1$ 倍で変わらない.

(B)

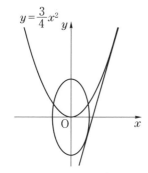

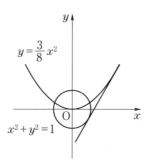

図形を y 軸方向に $\dfrac{1}{2}$ 倍すると

$$y=\frac{3}{4}x^2 \Longrightarrow y=\frac{3}{8}x^2$$

$$x^2+\frac{y^2}{4}=1 \Longrightarrow x^2+y^2=1$$

$y=\dfrac{3}{8}x^2$ 上の点 $\left(t,\ \dfrac{3}{8}t^2\right)$ における接線は

$$y=\frac{3}{4}tx-\frac{3}{8}t^2 \qquad \therefore\quad 6tx-8y-3t^2=0$$

であり, これが円 $x^2+y^2=1$ に接すればよい.

$$\therefore\quad \frac{3t^2}{\sqrt{36t^2+64}}=1$$

$$\therefore\quad 9t^4-36t^2-64=(3t^2-16)(3t^2+4)=0$$

$$\therefore\quad t=\pm\frac{4}{\sqrt{3}} \qquad \therefore\quad y=\pm\sqrt{3}\,x-2$$

◀重解条件でもよいが, 円にすると
　中心と直線の距離＝半径
の関係が使える.

よって, 求める共通接線の方程式は y 軸方向に 2 倍して

$$y=\pm 2\sqrt{3}\,x-4$$

▸ メインポイント ◂

面積や接線の問題では, 円にもどすことを考える

アプローチ

楕円 $\dfrac{x^2}{a^2}+\dfrac{y^2}{b^2}=1$ 上の点 $(x_1,\ y_1)$ における接線と

法線の方程式は，それぞれ

$$\frac{x_1 x}{a^2}+\frac{y_1 y}{b^2}=1, \qquad \frac{y_1 x}{b^2}-\frac{x_1 y}{a^2}=\frac{a^2-b^2}{a^2 b^2}x_1 y_1$$

と表されます．さらに，$(x_1,\ y_1)=(a\cos\theta,\ b\sin\theta)$
とすると，接線，法線はそれぞれ

$$\frac{x\cos\theta}{a}+\frac{y\sin\theta}{b}=1$$

$$\frac{x\sin\theta}{b}-\frac{y\cos\theta}{a}=\frac{a^2-b^2}{ab}\sin\theta\cos\theta$$

となりますが，本問はこちらの方が計算がスッキリします．

◀ 直線 $ax+by+c=0$ に垂直で $(x_1,\ y_1)$ を通る直線は
$$b(x-x_1)-a(y-y_1)=0$$
と表されます．

解答

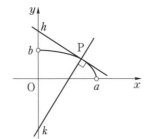

$\mathrm{P}(a\cos\theta,\ b\sin\theta)\ \left(0<\theta<\dfrac{\pi}{2}\right)$ とおけて，接線は

$$\frac{x\cos\theta}{a}+\frac{y\sin\theta}{b}=1$$

よって，$x=0$ を代入して

$$h=\frac{b}{\sin\theta}$$

また，法線は，接線に垂直で $(a\cos\theta,\ b\sin\theta)$
を通るから

$$\frac{\sin\theta}{b}(x-a\cos\theta)-\frac{\cos\theta}{a}(y-b\sin\theta)=0$$

$$\therefore \quad \frac{x\sin\theta}{b}-\frac{y\cos\theta}{a}=\frac{a^2-b^2}{ab}\sin\theta\cos\theta$$

よって，$x=0$ を代入して

$$\therefore \quad k=-\frac{a^2-b^2}{b}\sin\theta$$

$$\therefore \quad L=h-k=\frac{b}{\sin\theta}+\frac{a^2-b^2}{b}\sin\theta$$

ここで，$\sin\theta=t$ とおき

$$f(t)=\frac{b}{t}+\frac{a^2-b^2}{b}t \quad (0<t<1)$$

とすると

$$f'(t)=-\frac{b}{t^2}+\frac{a^2-b^2}{b}$$

$$=\frac{(a^2-b^2)t^2-b^2}{bt^2}$$

$a>b>0$ から $\alpha=\dfrac{b}{\sqrt{a^2-b^2}}$ とおくと

（ⅰ）$\alpha\geqq1$ すなわち，$a\leqq\sqrt{2}\,b$ のとき

$$f'(t)<0$$

となり，単調減少だから $0<t<1$ において最小値は存在しない.

（ⅱ）$\alpha<1$ すなわち，$a>\sqrt{2}\,b$ のとき

t	0	$\cdots$	α	$\cdots$	1
$f'(t)$		$-$	0	$+$	
$f(t)$		$\searrow$		$\nearrow$	

上の増減表から $t=\alpha$ で最小値をとり，最小値は

$$f(\alpha)=b\cdot\frac{\sqrt{a^2-b^2}}{b}+\frac{a^2-b^2}{b}\cdot\frac{b}{\sqrt{a^2-b^2}}$$

$$=2\sqrt{a^2-b^2}$$

以上から

$a>\sqrt{2}\,b$ のとき，最小値 $2\sqrt{a^2-b^2}$

相加・相乗平均の関係を用いると

◁ $L\geqq2\sqrt{\dfrac{b}{\sin\theta}\cdot\dfrac{a^2-b^2}{b}\sin\theta}$

$$=2\sqrt{a^2-b^2}$$

と最小値を得る．等号は

$$\frac{b}{\sin\theta}=\frac{a^2-b^2}{b}\sin\theta$$

つまり，

$$\sin^2\theta=\frac{b^2}{a^2-b^2} \quad\cdots\cdots(*)$$

のときに成立．よって，最小値の存在条件は

$$\frac{b^2}{a^2-b^2}<1 \quad\therefore\quad a^2>2b^2$$

となるが，$(*)$ を満たさないときの様子がわからない.

◁ $\alpha\geqq1 \iff b\geqq\sqrt{a^2-b^2}$
$\iff a\leqq\sqrt{2b}$

接線，法線も $(a\cos\theta,\ b\sin\theta)$ とおいた方が計算しやすい

楕円上の点と焦点との距離

楕円 $\dfrac{x^2}{a^2}+\dfrac{y^2}{b^2}=1$ $(a>b>0)$ の焦点の１つを

$$F(c, \ 0) \ (c=\sqrt{a^2-b^2})$$

とおくとき，楕円上の点 $P(x, \ y)$ に対して

$$FP=\sqrt{(x-c)^2+y^2}=a-\dfrac{c}{a}x$$

と $\sqrt{}$ が外れます．本問でも O が焦点なので，この
ことが使えます（**参考**を参照）．

　また，$A(r\cos\alpha, \ r\sin\alpha)$ とおくと楕円の極方程
式を求めることになります．

◀ $y^2=b^2-\dfrac{b^2}{a^2}x^2$ を代入して
$$FP=\sqrt{\dfrac{c^2}{a^2}x^2-2cx+a^2}$$
$$=\left|\dfrac{c}{a}x-a\right|$$
$-a\leqq x\leqq a$ より
$$FP=a-\dfrac{c}{a}x$$

解答

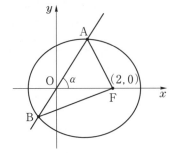

(1)　$\sqrt{4-3}=1$ から，２つの焦点は
$$(0, \ 0), \ (2, \ 0)$$

(2)　楕円と直線の交点は $(r\cos\alpha, \ r\sin\alpha)$ とおけて
$$\dfrac{(x-1)^2}{4}+\dfrac{y^2}{3}=1 \ \text{つまり} \ 3(x-1)^2+4y^2=12$$
に代入すると
$$3(r\cos\alpha-1)^2+4(r\sin\alpha)^2=12$$
$$(4-\cos^2\alpha)r^2-6r\cos\alpha-9=0$$
$$\therefore \ r=\dfrac{3}{2-\cos\alpha}, \ -\dfrac{3}{2+\cos\alpha}$$
よって，図のように A，B を定めるとき
$$OA=\dfrac{3}{2-\cos\alpha}, \ OB=\dfrac{3}{2+\cos\alpha}$$
である．

◀図のように A，B をとり
　　$OA=r_A$，$OB=r_B$
　とおくと
　$A(r_A\cos\alpha, \ r_A\sin\alpha)$
　$B(-r_B\cos\alpha, \ -r_B\sin\alpha)$
　となる．

◀焦点 O を極とする極方程式
　が $r=\dfrac{3}{2-\cos\alpha}$ というこ
　と．
◀ **85** の**補足**参照．

$$\therefore \quad d = \text{OA} + \text{OB}$$

$$= \frac{3}{2-\cos\alpha} + \frac{3}{2+\cos\alpha}$$

$$= \frac{12}{4-\cos^2\alpha}$$

さらに，三角形 ABF の面積 S は

$$S = \frac{1}{2} \cdot d \cdot \text{OF} \sin\alpha = \frac{12\sin\alpha}{4-\cos^2\alpha}$$

(3)　OA＋AF＝4，OB＋BF＝4 が成り立つから

◀楕円の定義
AF，BF を OA，OB に変えている.

$$p = \text{AF} \cdot \text{BF}$$

$$= (4-\text{OA})(4-\text{OB})$$

$$= 16 - 4(\text{OA}+\text{OB}) + \text{OA}\cdot\text{OB}$$

$$= 16 - \frac{48}{4-\cos^2\alpha} + \frac{9}{4-\cos^2\alpha}$$

$$= 16 - \frac{39}{4-\cos^2\alpha}$$

よって，$\alpha = \dfrac{\pi}{2}$ のとき最大値は $\dfrac{25}{4}$ である.

参考　A(p, q) とおくと，$-1 \leq p \leq 3$ とあわせて

$$\text{OA} = \sqrt{p^2+q^2} = \sqrt{p^2+3-\frac{3}{4}(p-1)^2} = \frac{p+3}{2}$$

また，$\text{OA}\cos\alpha = p$ だから

$$\frac{p+3}{2}\cos\alpha = p \quad \therefore \quad p = \frac{3\cos\alpha}{2-\cos\alpha} \quad \therefore \quad \text{OA} = \frac{3}{2-\cos\alpha}$$

第7章

■┃メインポイント┃■

楕円上の点と焦点との距離は，直接計算してもキレイになる

　本間の点Pの軌跡は円になり，この円を準円といいます.

　　楕円 $\dfrac{x^2}{a^2}+\dfrac{y^2}{b^2}=1$ の準円は $x^2+y^2=a^2+b^2$

です．なお，解答では重解条件にしましたが，『円にもどす』と計算はラクになります.

解答

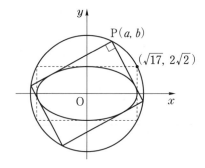

(ⅰ)　$a=\pm\sqrt{17}$ のとき，図から明らかに

　　　$P(\pm\sqrt{17},\ \pm2\sqrt{2}\,)$（複号任意）

(ⅱ)　$a\neq\pm\sqrt{17}$ のとき，Pを通る直線は

　　　　　$y=m(x-a)+b$

　とおけて，$8x^2+17y^2=136$ に代入すると

　　　　　$8x^2+17\{mx-(ma-b)\}^2=136$

　　∴　　$(17m^2+8)x^2-34m(ma-b)x$

　　　　　　　　　　　$+17(ma-b)^2-136=0$

　判別式をDとおくと，重解をもつことから

　　$\dfrac{D}{4}=17^2m^2(ma-b)^2$

　　　　　　　　$-(17m^2+8)\{17(ma-b)^2-136\}=0$

　　$17\cdot136m^2-8\cdot17(ma-b)^2+8\cdot136=0$

　　$17m^2-(ma-b)^2+8=0$

　　$(17-a^2)m^2+2abm-b^2+8=0$　……（*）

　これは $a\neq\pm\sqrt{17}$ から m についての2次方程式で，判別式を D' とおくと

◀ $(a,\ b)$ を通る直線は
　$x=a$ または
　$y=m(x-a)+b$
$x=a$ の吟味を忘れないように.

◀ $(ma-b)$ のかたまりで計算するとラクになる.

$$\frac{D'}{4}=a^2b^2-(17-a^2)(-b^2+8)$$

$$=136\left(\frac{a^2}{17}+\frac{b^2}{8}-1\right)$$

Pは楕円の外部だから $D'>0$ となる．よって，(＊)の2解を m_1, m_2 とおくと，Pを通る2接線が直交することから

◀『楕円の外部だから異なる2解をもつ』でもよさそうだが，ていねいに確認．

$$m_1m_2=-1$$

が成り立つ．解と係数の関係とあわせて

$$m_1m_2=\frac{-b^2+8}{17-a^2}=-1 \qquad \therefore \quad a^2+b^2=25$$

以上(i)，(ii)より，Pの軌跡は

$$円 : x^2+y^2=25$$

である．

参考 1 図形を y 軸方向に $\dfrac{\sqrt{17}}{2\sqrt{2}}$ 倍すると，楕円と直線は

$$x^2+y^2=17, \quad 2\sqrt{2}\,y=\sqrt{17}\{m(x-a)+b\}$$

これらが接するから

$$\frac{\left|\sqrt{17}(ma-b)\right|}{\sqrt{17m^2+8}}=\sqrt{17}$$

$$\Longleftrightarrow (ma-b)^2=17m^2+8$$

となり，計算は速い．

参考 2 放物線の場合，Pから引いた2本の接線が直交するような点の軌跡は『**準線**』です．

また，このときの2接点をQ，Rとおくと，直線QRは焦点Fを通ります．

放物線を $x^2=4py\,(p>0)$ として，確認してください（右図参照）．

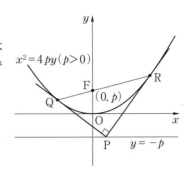

第7章

■ **メインポイント** ■

(a, b) を通る直線は，$x=a$ と $y=m(x-a)+b$ で分けて考える

79 楕円と双曲線の焦点が一致する

アプローチ

計算で示すだけですが，大変です．交点は
$$(\alpha\cos\theta,\ \beta\sin\theta)$$
とおいた方がラクだと思います．両方で解答したので
比べてください．

解答

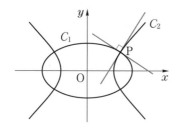

C_2 の焦点は x 軸上だから，C_1 と C_2 の焦点が一致するとき $\alpha^2 > \beta^2$ であり

$$\alpha^2 - \beta^2 = a^2 + b^2 \quad \cdots\cdots(*)$$

また，図形の対称性から第1象限の交点

$$P(\alpha\cos\theta,\ \beta\sin\theta)\ \left(0 < \theta < \frac{\pi}{2}\right)$$

における接線が直交すればよい．ただし，C_2 上の点でもあるから

$$\frac{\alpha^2\cos^2\theta}{a^2} - \frac{\beta^2\sin^2\theta}{b^2} = 1 \quad \cdots\cdots\text{①}$$

を満たす．点 P における C_1，C_2 の接線はそれぞれ

$$\frac{x\cos\theta}{\alpha} + \frac{y\sin\theta}{\beta} = 1$$

$$\frac{\alpha x\cos\theta}{a^2} - \frac{\beta y\sin\theta}{b^2} = 1$$

となり，直交することは

$$\frac{\cos\theta}{\alpha}\cdot\frac{\alpha\cos\theta}{a^2} - \frac{\sin\theta}{\beta}\cdot\frac{\beta\sin\theta}{b^2}$$

$$= \frac{\cos^2\theta}{a^2} - \frac{\sin^2\theta}{b^2} = 0 \quad \cdots\cdots(**)$$

を示せばよい．

◀ $C_2 : \dfrac{x^2}{a^2} - \dfrac{y^2}{b^2} = -1$ ならば
$$\beta^2 - \alpha^2 = a^2 + b^2$$
になる．

◀ 2直線
$$ax + by + c = 0$$
$$px + qy + r = 0$$
が直交する条件は，2直線の法線ベクトルが垂直になることだから
$$ap + bq = 0$$

①より

$$\frac{\alpha^2\cos^2\theta}{a^2}-\frac{\beta^2(1-\cos^2\theta)}{b^2}=1$$

$$\therefore\quad\cos^2\theta=\frac{a^2(b^2+\beta^2)}{b^2\alpha^2+a^2\beta^2}\qquad\therefore\quad\sin^2\theta=\frac{b^2(\alpha^2-a^2)}{b^2\alpha^2+a^2\beta^2}$$

よって，（＊）とあわせて

$$\frac{\cos^2\theta}{a^2}-\frac{\sin^2\theta}{b^2}=\frac{b^2+\beta^2}{b^2\alpha^2+a^2\beta^2}-\frac{\alpha^2-a^2}{b^2\alpha^2+a^2\beta^2}$$

$$=\frac{(a^2+b^2)-(\alpha^2-\beta^2)}{b^2\alpha^2+a^2\beta^2}=0$$

よって，（＊＊）は示された．

参考　交点Pを $(p,\ q)$ とすると，C_1，C_2 における接線はそれぞれ

$$\frac{px}{a^2}+\frac{qy}{\beta^2}=1,\qquad\frac{px}{a^2}-\frac{qy}{b^2}=1$$

であり，これらが直交するためには

$$\frac{p}{a^2}\cdot\frac{p}{a^2}-\frac{q}{\beta^2}\cdot\frac{q}{b^2}=\frac{p^2}{a^2a^2}-\frac{q^2}{\beta^2b^2}=0$$

を示せばよい．ここで，p，q は

$$\frac{p^2}{a^2}+\frac{q^2}{\beta^2}=1\quad\cdots\cdots②,\qquad\frac{p^2}{a^2}-\frac{q^2}{b^2}=1\quad\cdots\cdots③$$

が成り立つ．

このとき，②×β^2＋③×b^2，②×α^2－③×a^2 から

$$\left(\frac{\beta^2}{a^2}+\frac{b^2}{a^2}\right)p^2=\beta^2+b^2,\qquad\left(\frac{\alpha^2}{\beta^2}+\frac{a^2}{b^2}\right)q^2=\alpha^2-a^2$$

$$\therefore\quad p^2=\frac{(\beta^2+b^2)a^2\alpha^2}{a^2\beta^2+b^2\alpha^2},\qquad q^2=\frac{(\alpha^2-a^2)b^2\beta^2}{a^2\beta^2+b^2\alpha^2}$$

よって，（＊）とあわせて

$$\frac{p^2}{a^2a^2}-\frac{q^2}{\beta^2b^2}=\frac{(\beta^2+b^2)-(\alpha^2-a^2)}{a^2\beta^2+b^2\alpha^2}=\frac{(a^2+b^2)-(\alpha^2-\beta^2)}{a^2\beta^2+b^2\alpha^2}=0$$

■ メインポイント ■

2直線 $ax+by+c=0$，$px+qy+r=0$ に対して

垂直条件：$ap+bq=0$，平行条件：$aq-bp=0$

80 双曲線の媒介変数表示

アプローチ

$\left(t+\dfrac{1}{t}\right)^2-\left(t-\dfrac{1}{t}\right)^2=4$ から，$(x,\ y)$ は双曲線 $x^2-y^2=4$ 上にあります.

さらに，$x=t+\dfrac{1}{t}$，$y=t-\dfrac{1}{t}$ のグラフが下のようになることから，$t\neq0$ 以外の実数を動くとき，右図のように双曲線全体を動きます.

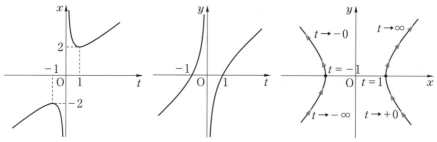

問題文に『双曲線 C』とあるので，双曲線全体を表すことは 解答 では触れません. また，(2)の $t>1$ とは第 1 象限の部分です.

解答

(1) $x=t+\dfrac{1}{t}$，$y=t-\dfrac{1}{t}$ のとき

$$\left(t+\frac{1}{t}\right)^2-\left(t-\frac{1}{t}\right)^2=4$$

が成り立つことから，双曲線 C は

$$x^2-y^2=4 \qquad \therefore\quad \frac{x^2}{4}-\frac{y^2}{4}=1$$

これより

焦点 $F(2\sqrt{2},\ 0)$，$F'(-2\sqrt{2},\ 0)$
漸近線：$y=\pm x$

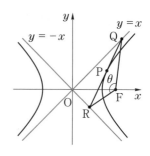

(2) $P\left(t+\dfrac{1}{t},\ t-\dfrac{1}{t}\right)$ における接線は

$$\left(t+\frac{1}{t}\right)x-\left(t-\frac{1}{t}\right)y=4$$

$y=x$，$y=-x$ を代入して，それぞれ

$$\left(t+\frac{1}{t}\right)x-\left(t-\frac{1}{t}\right)x=4 \qquad \therefore\quad x=2t$$

$$\left(t+\frac{1}{t}\right)x+\left(t-\frac{1}{t}\right)x=4 \quad \therefore \quad x=\frac{2}{t}$$

$t>1$ より，接線と $y=x$ との交点が Q，$y=-x$
との交点が R となるから

$$\mathrm{Q}(2t,\ 2t),\ \mathrm{R}\left(\frac{2}{t},\ -\frac{2}{t}\right)$$

である．このとき

$$\overrightarrow{\mathrm{FQ}}=(2t-2\sqrt{2},\ 2t)=2(t-\sqrt{2},\ t)$$

$$\overrightarrow{\mathrm{FR}}=\left(\frac{2}{t}-2\sqrt{2},\ -\frac{2}{t}\right)=\frac{2}{t}(1-\sqrt{2}\,t,\ -1)$$

◀$t<-1$ のときは
$\mathrm{R}\left(\dfrac{2}{t},\ -\dfrac{2}{t}\right)$, $\mathrm{Q}(2t,\ 2t)$
となる（アプローチ の図
参照）．

線分 FQ，FR と x 軸正の方向のなす角をそれぞ
れ α，β とおくと，$t=\sqrt{2}$ のとき

$$\alpha=90°,\ \beta=225° \quad \therefore \quad \angle\mathrm{QFR}=135°$$

$t\neq\sqrt{2}$ のとき

$$\tan\alpha=\frac{t}{t-\sqrt{2}},\ \tan\beta=\frac{1}{\sqrt{2}\,t-1}$$

よって，$\angle\mathrm{QFR}=\theta$ に対して

$$\tan\theta=\tan(\beta-\alpha)$$

$$-\frac{\dfrac{1}{\sqrt{2}\,t-1}-\dfrac{t}{t-\sqrt{2}}}{1+\dfrac{1}{\sqrt{2}\,t-1}\cdot\dfrac{t}{t-\sqrt{2}}}$$

$$=\frac{-\sqrt{2}\,t^2+2t-\sqrt{2}}{\sqrt{2}\,t^2-2t+\sqrt{2}}=-1$$

以上から $\angle\mathbf{QFR}=\mathbf{135°}$ である．

◀$t>1$ より $\sqrt{2}\,t-1>0$

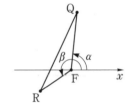

参考 双曲線 $\dfrac{x^2}{a^2}-\dfrac{y^2}{b^2}=1$ の媒介変数表示には

$$1+\tan^2\theta=\frac{1}{\cos^2\theta}\ \text{つまり}\ \frac{1}{\cos^2\theta}-\tan^2\theta=1$$

と比較して $x=\dfrac{a}{\cos\theta}$，$y=b\tan\theta$ もあります．

■ メインポイント ■

$\dfrac{x^2}{a^2}-\dfrac{y^2}{b^2}=1$ の媒介変数表示には，次のものがある

$$(x,\ y)=\left(\frac{a}{\cos\theta},\ b\tan\theta\right),\ \left(\frac{a}{2}\left(t+\frac{1}{t}\right),\ \frac{b}{2}\left(t-\frac{1}{t}\right)\right)$$

第7章

81 楕円の接線から x 軸, y 軸が切り取る長さ

アプローチ

中心がずれていて，わかりにくいですが

『楕円 $\dfrac{x^2}{12}+\dfrac{y^2}{4}=1$ の第1象限の接線から x 軸，

y 軸が切り取る長さの最小値を求めよ.』

というのが(2)の問題です．この問題にはうまい解法が
ありますが，基本は微分です．

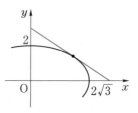

解答

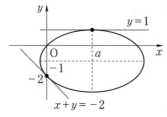

(1) 焦点が $y=-1$ 上で直線 $y=1$ に接するから

$$b=-1,\quad 短軸は 4$$

となり，楕円 C は

$$\frac{(x-a)^2}{p^2}+\frac{(y+1)^2}{4}=1 \quad (p>0)$$

と表せる．さらに，$y=-x-2$ を代入して

$$4(x-a)^2+p^2(-x-1)^2=4p^2$$
$$(4+p^2)x^2-2(4a-p^2)x+4a^2-3p^2=0$$

これが，$x=0$ を重解にもつから

$$4a-p^2=0 \ \ かつ \ \ 4a^2-3p^2=0$$
$$\therefore \ \ 4a^2-12a=0$$

ここで，$a=0$ は適さないから

$$a=3,\quad p^2=12$$

よって，C の方程式は

$$\frac{(x-3)^2}{12}+\frac{(y+1)^2}{4}=1$$

◀ $x=0$ が重解だから $x^2=0$
に一致する．この場合は円
にもどさなくてもカンタン.

(2) 図形を x 軸方向に -3，y 軸方向に 1 平行移動する．移動後の C, P, Q, R をそれぞれ C', P', Q', R' とおく．$C' : \dfrac{x^2}{12}+\dfrac{y^2}{4}=1$ から

◀ C の中心が原点になるよ
うに移動する.

174

$$P'(2\sqrt{3}\cos\theta,\ 2\sin\theta)\ \left(0<\theta<\frac{\pi}{2}\right)$$

とおけて，P' における接線は

$$\frac{x\cos\theta}{2\sqrt{3}}+\frac{y\sin\theta}{2}=1$$

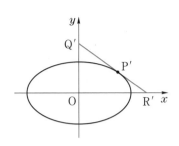

$$\therefore\quad Q'\left(0,\ \frac{2}{\sin\theta}\right),\ R'\left(\frac{2\sqrt{3}}{\cos\theta},\ 0\right)$$

$QR=Q'R'$ だから

$$QR^2=\frac{4}{\sin^2\theta}+\frac{12}{\cos^2\theta}$$

$QR^2=f(\theta)$ とおくと

$$f'(\theta)=\frac{-8\cos\theta}{\sin^3\theta}+\frac{24\sin\theta}{\cos^3\theta}$$

$$=\frac{8(3\sin^4\theta-\cos^4\theta)}{\sin^3\theta\cos^3\theta}$$

ここで，$\tan\alpha=\dfrac{1}{\sqrt[4]{3}}\ \left(0<\alpha<\dfrac{\pi}{2}\right)$ とおくと

$$\sin^2\alpha=\frac{1}{1+\sqrt{3}},\ \ \cos^2\alpha=\frac{\sqrt{3}}{1+\sqrt{3}}$$

であり，$0<\theta<\dfrac{\pi}{2}$ における増減表は右のとおり．

θ	0	$\cdots$	α	$\cdots$	$\dfrac{\pi}{2}$
$f'(\theta)$		$-$	0	$+$	
$f(\theta)$		$\searrow$		$\nearrow$	

よって，QR の最小値は

$$\sqrt{f(\alpha)}=\sqrt{\frac{4}{\sin^2\alpha}+\frac{12}{\cos^2\alpha}}$$

$$=\sqrt{4(\sqrt{3}+1)^2}=2(\sqrt{3}+1)$$

参考　$f(\theta)$ の最小値は，相加・相乗平均を使うと速い．

$$f(\theta)=\left(\frac{4}{\sin^2\theta}+\frac{12}{\cos^2\theta}\right)(\cos^2\theta+\sin^2\theta)$$

$$=16+\frac{4\cos^2\theta}{\sin^2\theta}+\frac{12\sin^2\theta}{\cos^2\theta}\geqq16+2\sqrt{4\cdot12}=4(\sqrt{3}+1)^2$$

等号は，$\tan^2\theta=\dfrac{1}{\sqrt{3}}$ のときに成立．

■ メインポイント ■

接点は $(2\sqrt{3}\cos\theta,\ 2\sin\theta)$ とおく．$(s,\ t)$ とおくとメンドウになる

第7章

82 軌跡 … 楕円の定義の利用

右図は，三角形 ABQ の Q における外角の二等分線が l で，B から l に下ろした垂線の足が P，l に関してBと対称な点がB′です．このとき

$$AQ+QB=AB'=2OP$$

が成り立ちます．よって，OP が一定ならば

『Q は A，B を焦点とする楕円上』

にあります．本問では OP＝2 です．

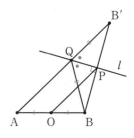

解答

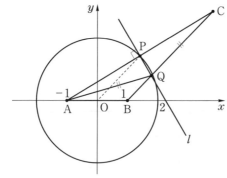

(1) 直線 l は
$$\overrightarrow{AP}=(2\cos\theta+1,\ 2\sin\theta)$$
に垂直で，$(2\cos\theta,\ 2\sin\theta)$ を通るから
$$(2\cos\theta+1)(x-2\cos\theta)+2\sin\theta(y-2\sin\theta)=0$$
$$\therefore\quad \boldsymbol{(2\cos\theta+1)x+2y\sin\theta=2\cos\theta+4}$$

◀$(a,\ b)$ は直線 $ax+by+c=0$ の法線ベクトルである．

(2) $\overrightarrow{AC}=2\overrightarrow{AP}$ から
$$\overrightarrow{OC}=\overrightarrow{OA}+2\overrightarrow{AP}$$
$$=(4\cos\theta+1,\ 4\sin\theta)$$
よって，$\overrightarrow{BC}=(4\cos\theta,\ 4\sin\theta)$ だから
$$\overrightarrow{OQ}=\overrightarrow{OB}+t\overrightarrow{BC}$$
$$=(4t\cos\theta+1,\ 4t\sin\theta)$$
とおける．点 Q は l 上の点だから，l に代入して
$$(2\cos\theta+1)(4t\cos\theta+1)+8t\sin^2\theta=2\cos\theta+4$$
$$\therefore\quad 4t(2+\cos\theta)=3 \quad \therefore\quad 4t=\dfrac{3}{2+\cos\theta}$$

◀中点連結定理から
BC＝2OP
になる．

$\overrightarrow{\text{BQ}}=4t(\cos\theta,\ \sin\theta)$ だから

$$\text{BQ}=4|t|=\frac{3}{2+\cos\theta}$$

(3) AQ=CQ，BC=4 から

AQ+BQ

=CQ+BQ=BC=4 ……(*)

よって，点 Q は A，B を焦点とする楕円を描く．

楕円の式は，A，B が焦点だから

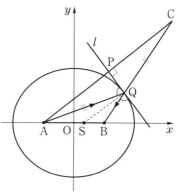

$$\frac{x^2}{a^2}+\frac{y^2}{b^2}=1,\ a^2-b^2=1$$

とおける．さらに，(*)から $2a=4$ だから

$$b^2=3 \qquad \therefore\ \frac{x^2}{4}+\frac{y^2}{3}=1$$

よって，長軸と短軸の長さの比は $2:\sqrt{3}$ である．

補足 l 上の Q 以外の点 R に対して

AR+RB=CR+RB>BC=AQ+QB

が成り立つので，l は(3)の楕円の接線です．つまり

『焦点 A から出た光は，l 上の点 Q で反射して B に達する』

ということです．

なお，このことは計算でも示せます． **77** から $Q(p,\ q)$ に対して

$$\text{AQ}=2+\frac{p}{2},\ \text{QB}=2-\frac{p}{2}$$

また，Q における法線と x 軸との交点 S の座標は $\left(\dfrac{p}{4},\ 0\right)$ となるから

$$\text{AS}:\text{BS}=\left(\frac{p}{4}+1\right):\left(1-\frac{p}{4}\right)=\text{AQ}:\text{QB}$$

よって，QS は $\angle$AQB の二等分線です．

第7章

━ **メインポイント** ━

図から，楕円の定義：AQ+BQ=BC=4 に気づくこと！

アプローチ

応用問題です. 直線 $sx-ty=1$ が

　　双曲線 H 上の点 $(-s,\ -t)$ における接線

です. これに気づかなくとも(1), (2)は問題ありませんが, (3)は下のような図で考えると見通しがよくなります.

解答

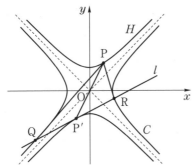

　Oに関してPと対称な点をP′とおく. 点P′は H 上にあり, 点 P′$(-s,\ -t)$ における接線は

　　$(-s)x-(-t)y=-1$ すなわち, $sx-ty=1$

となる. よって, l は P′ における接線である.

◀Pにおける接線は
　$sx-ty=-1$
で, $sx-ty=1$ と平行になる.

(1)　点 P は H 上にあるから

$$s^2-t^2=-1 \quad \cdots\cdots①$$

　一方, l に $(s,\ t)$ を代入すると $s^2-t^2=1$ となり, ①は成り立たない. よって, l は点 P を通らない.

(2)　①から $t \neq 0$ だから, $x^2-y^2=1$ と

$$sx-ty=1 \text{ すなわち, } y=\frac{sx-1}{t}$$

を連立して

$$x^2-\left(\frac{sx-1}{t}\right)^2=1$$

$$(t^2-s^2)x^2+2sx-t^2-1=0$$

さらに, ①から

$$x^2+2sx-s^2-2=0 \quad \cdots\cdots②$$

判別式を D とおくと

$$\frac{D}{4}=s^2+(s^2+2)=2(s^2+1)>0$$

よって, l と C は異なる 2 点で交わる.

また, ②の 2 解を α, β とおき, Q, R の x 座標をそれぞれ α, β とする. QR の中点を $(x,\ y)$ とすると, 解と係数の関係から

$$\alpha+\beta=-2s \quad \therefore \quad x=\frac{\alpha+\beta}{2}=-s$$

$$\therefore \quad y=\frac{s(-s)-1}{t}=-t \quad (①より)$$

◀ $y=\dfrac{sx-1}{t}$ に $x=-s$ を代入

となり, P′ は QR の中点である. △PQR の重心 G は PP′ を 2:1 に内分するから

$$G\left(\frac{2(-s)+s}{3},\ \frac{2(-t)+t}{3}\right)=\left(-\frac{s}{3},\ -\frac{t}{3}\right)$$

下図で
　PO：OP′＝1：1
　PG：GP′＝2：1

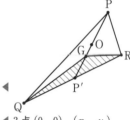

(3) $Q\left(\alpha,\ \dfrac{s\alpha-1}{t}\right)$, $R\left(\beta,\ \dfrac{s\beta-1}{t}\right)$ であり, O は PP′ の中点だから

$$\triangle GQR=\frac{2}{3}\triangle OQR$$

$$=\frac{2}{3}\cdot\frac{1}{2}\left|\alpha\cdot\frac{s\beta-1}{t}-\beta\cdot\frac{s\alpha-1}{t}\right|$$

$$=\frac{1}{3}\left|\frac{\beta-\alpha}{t}\right|$$

ここで, ②を解くと

$$x=-s\pm\sqrt{2(s^2+1)}$$

$$\therefore \quad |\beta-\alpha|=2\sqrt{2(s^2+1)}=2\sqrt{2}\,|t| \quad (①より)$$

よって △GQR$=\dfrac{2\sqrt{2}}{3}$ となり, 点 P$(s,\ t)$ の位置によらず一定である.

◀ 3 点 $(0,\ 0)$, $(x_1,\ y_1)$, $(x_2,\ y_2)$ でつくる三角形の面積 S は
$$S=\frac{1}{2}|x_1y_2-x_2y_1|$$

■ メインポイント ■

計算だけでも解けるが, $sx-ty=1$ の意味がわかると見通しがよい

第7章

第8章 極座標, 速度・道のり

84 極方程式とグラフ

アプローチ

(A) 極方程式の場合, $r<0$ のときは
$$(r, \theta)=(-r, \theta+\pi)$$
と定めます. 例えば, $r=\sin\theta$ において,
$\pi\leqq\theta\leqq2\pi$ の部分は $0\leqq\theta\leqq\pi$ の部分と一致して,
$0\leqq\theta\leqq2\pi$ のとき OC を直径とする円を2周します.

(B) 極方程式 $r=f(\theta)$ $(\alpha\leqq\theta\leqq\beta)$ の曲線の長さは
$$\int_\alpha^\beta\sqrt{f(\theta)^2+\{f'(\theta)\}^2}\,d\theta$$
で得られます.

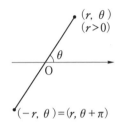

解答

(A)

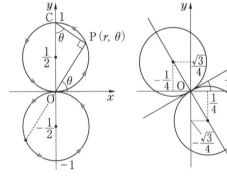

図1   図2

$r=\left|\sin\left(\theta-\dfrac{\pi}{6}\right)\right|$ のグラフは, $r=\bigl|\sin\theta\bigr|$ のグ

ラフを極Oのまわりに $\dfrac{\pi}{6}$ 回転したものである.

また, $\bigl|\sin(\theta+\pi)\bigr|=\bigl|\sin\theta\bigr|$ だから
$$(r, \theta+\pi)=(-r, \theta)$$

つまり, 極Oに関して対称になる. さらに,
$0\leqq\theta\leqq\pi$ において, $\sin(\pi-\theta)=\sin\theta$ だから, y
軸対称になる.

◀ $r=\sin\theta$ のとき
$r^2=r\sin\theta$
$\therefore\quad x^2+y^2=y$
$\Longleftrightarrow x^2+\left(y-\dfrac{1}{2}\right)^2=\dfrac{1}{4}$
として求めてもよいが,
アプローチ の考え方は理
解すること.

180

$0 \leqq \theta \leqq \dfrac{\pi}{2}$ のとき，$\mathrm{C}\left(1, \ \dfrac{\pi}{2}\right)$，$\mathrm{P}(r, \ \theta)$ とおくと，

$\angle \mathrm{OPC} = \dfrac{\pi}{2}$ となり，P は OC を直径とする半円を

描く．以上から $r = \left| \sin\theta \right|$ が図 1 であり，

$\qquad r = \left| \sin\left(\theta - \dfrac{\pi}{6}\right) \right|$ が図 2

になる．

(B) $x = r\cos\theta$，$y = r\sin\theta$ から

$\qquad \dfrac{dx}{d\theta} = r'\cos\theta - r\sin\theta$，$\dfrac{dy}{d\theta} = r'\sin\theta + r\cos\theta$ ◀ r は θ の関数．

$\qquad \therefore \ \left(\dfrac{dx}{d\theta}\right)^2 + \left(\dfrac{dy}{d\theta}\right)^2$

$\qquad\qquad = (r'\cos\theta - r\sin\theta)^2 + (r'\sin\theta + r\cos\theta)^2$

$\qquad\qquad = r'^2 + r^2$

$\qquad\qquad = (-\sin\theta)^2 + (1 + \cos\theta)^2$

$\qquad\qquad = 2 + 2\cos\theta = 4\cos^2\dfrac{\theta}{2}$

よって，求める曲線の長さは

$$\int_0^{\pi} \sqrt{\left(\dfrac{dx}{d\theta}\right)^2 + \left(\dfrac{dy}{d\theta}\right)^2}\, d\theta = \int_0^{\pi} 2\left| \cos\dfrac{\theta}{2} \right| d\theta = 4\left[\sin\dfrac{\theta}{2} \right]_0^{\pi} = 4$$

参考 $r = a(1 + \cos\theta)$ が描く曲線を，**カージオイ**
ド曲線といいます．

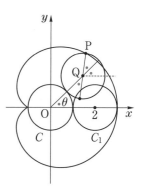

単位円 C と C に外接する半径 1 の円 C_1 があり，は
じめ C_1 の中心は $(2, \ 0)$ で，定点 $\mathrm{P}(3, \ 0)$ とします．
円 C_1 が C に外接しながらすべることなく転がるとき，
点 $\mathrm{P}(x, \ y)$ は図から

$\qquad \overrightarrow{\mathrm{OP}} = \overrightarrow{\mathrm{OQ}} + \overrightarrow{\mathrm{QP}} = (2\cos\theta, \ 2\sin\theta) + (\cos 2\theta, \ \sin 2\theta)$

$\qquad \therefore \ x = 2\cos\theta + \cos 2\theta$，$y = 2\sin\theta + \sin 2\theta$

$\qquad \therefore \ x + 1 = 2(1 + \cos\theta)\cos\theta$，$y = 2(1 + \cos\theta)\sin\theta$

よって，$(-1, \ 0)$ を極として $r = 2(1 + \cos\theta)$ となり
ます．

■**メインポイント**■

極方程式では $r < 0$ も考える．曲線の長さは $\displaystyle\int_\alpha^\beta \sqrt{r'^2 + r^2}\, d\theta$

第8章

85 楕円の極方程式

アプローチ

焦点 $F(c, 0)$，準線 $x = p$ $(c \neq p)$ に対して，点 P から準線に垂線 PH を下ろすとき

$$FP : PH = e : 1$$

を満たす点 P の軌跡は

$e=1$ ならば放物線，$0 < e < 1$ ならば楕円，
$e > 1$ ならば双曲線

となります．ここで，e を**離心率**といいます．

本問は，$e = \dfrac{\sqrt{3}}{2}$ の場合だから楕円です．

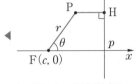

上の図から，極方程式は
$$FP = ePH$$
$$\Longleftrightarrow r = e|p - c - r\cos\theta|$$
$$\Longleftrightarrow r = \frac{e(p-c)}{1 + e\cos\theta}$$
または
$$r = \frac{e(c-p)}{1 - e\cos\theta} \cdots (*)$$
となりますが，$r < 0$ を認めるのでどちらでもよいでしょう．

解答

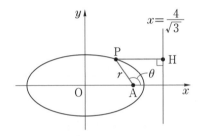

(1) P から直線 $x = \dfrac{4}{\sqrt{3}}$ に垂線 PH を下ろすと

$$2PA = \sqrt{3}\,PH$$
$$4PA^2 = 3PH^2$$
$$4\{(x - \sqrt{3})^2 + y^2\} = 3\left(x - \frac{4}{\sqrt{3}}\right)^2$$
$$x^2 + 4y^2 = 4$$

よって，P の軌跡は**楕円 $\dfrac{x^2}{4} + y^2 = 1$** である．

(2) 直交座標で $P(x, y)$ とすると，$PH > PA$ から

$$x = \sqrt{3} + r\cos\theta < \frac{4}{\sqrt{3}}$$

$$\therefore\quad 2PA = \sqrt{3}\,PH$$
$$\Longleftrightarrow 2r = \sqrt{3}\left\{\frac{4}{\sqrt{3}} - (\sqrt{3} + r\cos\theta)\right\}$$
$$\therefore\quad r = \frac{1}{2 + \sqrt{3}\,\cos\theta}$$

◀ $PH : PA = 2 : \sqrt{3}$ より

楕円 $\dfrac{x^2}{4} + y^2 = 1$ の A を極とする極方程式が
$$r = \frac{1}{2 + \sqrt{3}\,\cos\theta}$$
ということ．

(3)　Q，R は右図のように定めてよく，Q の極座標を
(r, θ) とすると，R の偏角は $\theta + \pi$ で RA$=s$ と
して R$(s, \theta + \pi)$ と表せる．このとき，(2)から

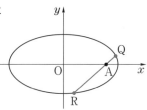

$$r = \frac{1}{2 + \sqrt{3}\cos\theta}$$

$$s = \frac{1}{2 + \sqrt{3}\cos(\theta + \pi)} = \frac{1}{2 - \sqrt{3}\cos\theta}$$

$$\therefore \quad \frac{1}{\text{QA}} + \frac{1}{\text{RA}}$$

$$= \frac{1}{r} + \frac{1}{s}$$

$$= (2 + \sqrt{3}\cos\theta) + (2 - \sqrt{3}\cos\theta) = 4$$

となり，一定である．

補足　**77** の(2)では，楕円 $\dfrac{(x-1)^2}{4} + \dfrac{y^2}{3} = 1$ の極方程式を求めるのに

$x = r\cos\theta,\ y = r\sin\theta$ を代入しています（α を θ にしている）．

　r の 2 次方程式

$$3(r\cos\theta - 1)^2 + 4(r\sin\theta)^2 = 12$$

$$\iff (3\cos^2\theta + 4\sin^2\theta)r^2 - 6r\cos\theta - 9 = 0$$

は，原点が焦点になっているので，前ページの（＊）から因数分解できます（その
ようには見えませんが）．実際，

$$(4 - \cos^2\theta)r^2 - 6r\cos\theta - 9 = 0$$

を解いて

$$r = \frac{3}{2 - \cos\theta}, \quad -\frac{3}{2 + \cos\theta}$$

となります．また，r, θ をそれぞれ $-r, \theta + \pi$ とすれば第 2 式は

$$-r = -\frac{3}{2 + \cos(\theta + \pi)} \quad \text{つまり} \quad r = \frac{3}{2 - \cos\theta}$$

となり，第 1 式と一致します．$r < 0$ も考えるので，楕円の表し方が 2 通りある
わけです（π だけ偏角はずれます）．

■ **メインポイント** ■

離心率が与えられたときの 2 次曲線は，極方程式が表しやすい

86 極方程式と面積

アプローチ

曲線の長さは 84 で扱いましたが，極方程式に対する面積の公式もあります．

$$r=f(\theta) \quad (\alpha \leqq \theta \leqq \beta)$$

と $\theta=\alpha$，$\theta=\beta$ で囲まれた面積 S は

$$S=\int_{\alpha}^{\beta}\frac{1}{2}r^2\,d\theta$$

となります．パラメータの面積計算より，かなり計算はラクです（参考 参照）．

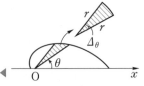

◀ $\alpha \leqq \theta \leqq \beta$ を分割して上の図のような十分小さい中心角 $\Delta\theta$ の扇形を集めると考えています．

解答

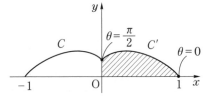

$$C' : x=e^{-\theta}\cos\theta, \quad y=e^{-\theta}\sin\theta$$

とおくと，曲線 C' の極方程式は，$r=e^{-\theta}$ である．また，曲線 C，C' は y 軸に関して対称である．

(1) 対称性から，$L(t)$ は $0\leqq\theta\leqq t$ における曲線 C' の長さに等しい．ここで，$\dfrac{dr}{d\theta}=-e^{-\theta}$ だから

$$\begin{aligned}
\therefore \quad L(t)&=\int_0^t\sqrt{r^2+\left(\frac{dr}{d\theta}\right)^2}\,d\theta\\
&=\int_0^t\sqrt{e^{-2\theta}+e^{-2\theta}}\,d\theta\\
&=\sqrt{2}\int_0^t e^{-\theta}\,d\theta=\sqrt{2}\left[-e^{-\theta}\right]_0^t\\
&=\sqrt{2}\,(1-e^{-t})
\end{aligned}$$

$$\begin{aligned}
\therefore \quad \lim_{t\to\infty}L(t)&=\lim_{t\to\infty}\sqrt{2}\,(1-e^{-t})\\
&=\sqrt{2}
\end{aligned}$$

◀ $\dfrac{dx}{d\theta}=-e^{-\theta}(\cos\theta+\sin\theta)$

$\dfrac{dy}{d\theta}=e^{-\theta}(\cos\theta-\sin\theta)$

$\therefore \quad \sqrt{\left(\dfrac{dx}{d\theta}\right)^2+\left(\dfrac{dy}{d\theta}\right)^2}$
$\quad =\sqrt{2}\,e^{-\theta}$

からもすぐに得られる．

(2) 対称性から，曲線 $C'\left(0\le\theta\le\dfrac{\pi}{2}\right)$ と x 軸，y 軸

で囲まれた面積に等しい．この面積を S とおくと

$$S=\int_0^{\frac{\pi}{2}}\frac{1}{2}(e^{-\theta})^2d\theta=\left[-\frac{1}{4}e^{-2\theta}\right]_0^{\frac{\pi}{2}}$$

$$=\frac{1}{4}(1-e^{-\pi})$$

参考 パラメータのまま面積を考えると次のようになります．

$$S=\int_0^1 y\,dx=\int_{\frac{\pi}{2}}^0 e^{-\theta}\sin\theta\frac{dx}{d\theta}d\theta$$

$$=\int_0^{\frac{\pi}{2}}e^{-\theta}\sin\theta\cdot e^{-\theta}(\cos\theta+\sin\theta)d\theta$$

$$=\int_0^{\frac{\pi}{2}}e^{-2\theta}(\sin\theta\cos\theta+\sin^2\theta)d\theta$$

$$=\frac{1}{2}\int_0^{\frac{\pi}{2}}e^{-2\theta}(\sin2\theta-\cos2\theta)d\theta+\frac{1}{2}\int_0^{\frac{\pi}{2}}e^{-2\theta}d\theta$$

ここで，$(e^{-2\theta}\sin2\theta)'=-2e^{-2\theta}(\sin2\theta-\cos2\theta)$ が成り立つから

$$\int_0^{\frac{\pi}{2}}e^{-2\theta}(\sin2\theta-\cos2\theta)d\theta=\left[-\frac{1}{2}e^{-2\theta}\sin2\theta\right]_0^{\frac{\pi}{2}}=0$$

$$\therefore\quad S=\frac{1}{2}\int_0^{\frac{\pi}{2}}e^{-2\theta}d\theta=\frac{1}{4}(1-e^{-\pi})$$

$0\le\theta\le\pi$ のときの，C と x 軸で囲む面積となるとさらに面倒ですが，公式を使えば $S=\int_0^{\pi}\frac{1}{2}(e^{-\theta})^2d\theta$ となり計算がカンタンです．ただし，x 軸や y 軸のまわりの回転体ではパラメータで計算するしかありません．

■■ **メインポイント** ■■

$x=r\cos\theta,\ y=r\sin\theta$ の面積の問題には公式 $\displaystyle\int_\alpha^\beta\frac{1}{2}r^2d\theta$ を用いる

87 レムニスケート曲線

アプローチ

$a>0$ とします. 極方程式で
$$r^2=2a^2\cos 2\theta$$
直交座標では
$$(x^2+y^2)^2=2a^2(x^2-y^2)$$
で表される曲線を**レムニスケート**といいます.

F$'(-a,\ 0)$, F$(a,\ 0)$ に対して, PF$'\cdot$PF$=a^2$ を
満たす点Pの軌跡がレムニスケートです.

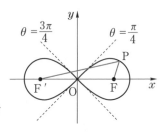

解答

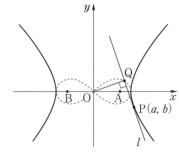

(1) P$(a,\ b)$ における接線を l とおくと
$$l : ax-by=1 \quad \cdots\cdots①$$
Oを通り, l に垂直な直線は
$$bx+ay=0 \quad \cdots\cdots②$$
①$\times a+$②$\times b$, ②$\times a-$①$\times b$ からそれぞれ
$$(a^2+b^2)x=a, \quad (a^2+b^2)y=-b$$
P$(a,\ b)$ は C 上の点だから, $a^2+b^2>0$ となり
$$x=\frac{a}{a^2+b^2},\quad y=-\frac{b}{a^2+b^2}$$

◀ $(a,\ -b)$ に垂直なベクト
ルの1つが $(b,\ a)$

◀ C 上に原点はないから
$a^2+b^2 \neq 0$

(2) $x=r\cos\theta,\ y=r\sin\theta$ を $x^2-y^2=1$ に代入して
$$r^2(\cos^2\theta-\sin^2\theta)=r^2\cos 2\theta=1$$
$$\therefore\quad r=\frac{1}{\sqrt{\cos 2\theta}}$$

(3) $Q(x, y)$ とおくとき，(1)から
$$x = \frac{a}{a^2+b^2}, \quad y = -\frac{b}{a^2+b^2}$$

◀(2), (3)とも $\cos 2\theta > 0$ より
$$-\frac{\pi}{4} + 2n\pi < \theta < \frac{\pi}{4} + 2n\pi,$$
$$\frac{3\pi}{4} + 2n\pi < \theta < \frac{5\pi}{4} + 2n\pi$$

(2)から，$a^2 + b^2 = \dfrac{1}{\cos 2\theta}$ だから

$$\therefore \quad x^2 + y^2 = \frac{a^2+b^2}{(a^2+b^2)^2} = \frac{1}{a^2+b^2}$$
$$= \cos 2\theta$$

よって，Q の描く軌跡の極方程式は
$$r = \sqrt{\cos 2\theta}$$

◀ $r^2 = x^2 + y^2$

(4) $Q(x, y)$ とおくと
$$AQ^2 \cdot BQ^2$$
$$= \left\{ \left(x - \frac{1}{\sqrt{2}} \right)^2 + y^2 \right\} \left\{ \left(x + \frac{1}{\sqrt{2}} \right)^2 + y^2 \right\}$$
$$= \left(x^2 + y^2 + \frac{1}{2} - \sqrt{2}\,x \right) \left(x^2 + y^2 + \frac{1}{2} + \sqrt{2}\,x \right)$$
$$= \left(x^2 + y^2 + \frac{1}{2} \right)^2 - 2x^2$$
$$= (x^2 + y^2)^2 - (x^2 - y^2) + \frac{1}{4}$$

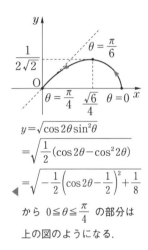

$$y = \sqrt{\cos 2\theta \sin^2 \theta}$$
$$= \sqrt{\frac{1}{2}(\cos 2\theta - \cos^2 2\theta)}$$

◀ $= \sqrt{-\frac{1}{2}\left(\cos 2\theta - \frac{1}{2}\right)^2 + \frac{1}{8}}$

から $0 \leqq \theta \leqq \dfrac{\pi}{4}$ の部分は
上の図のようになる．

(3)から
$$x^2 + y^2 = \cos 2\theta$$
$$x = \sqrt{\cos 2\theta}\,\cos\theta, \quad y = \sqrt{\cos 2\theta}\,\sin\theta$$
だから
$$AQ^2 \cdot BQ^2$$
$$= \cos^2 2\theta - \cos 2\theta(\cos^2\theta - \sin^2\theta) + \frac{1}{4}$$
$$= \cos^2 2\theta - \cos^2 2\theta + \frac{1}{4} = \frac{1}{4}$$

よって，P によらず $AQ \cdot BQ$ は一定値 $\dfrac{1}{2}$ をとる．

▪▪■ **メインポイント** ■▪▪

レムニスケート：$r^2 = 2a^2 \cos 2\theta$, $(x^2 + y^2)^2 = 2a^2(x^2 - y^2)$

第8章

88 平面上の点の運動

xy 平面上の動点 $P(x, y)$ に対して

速度ベクトル $\vec{v}=\left(\dfrac{dx}{dt}, \dfrac{dy}{dt}\right)$

ですが，特に，P が曲線 $y=f(x)$ 上を動くときは

$\vec{v}=\left(\dfrac{dx}{dt}, \dfrac{dy}{dx}\cdot\dfrac{dx}{dt}\right)=\dfrac{dx}{dt}(1, f'(x))$

となります．

なお，$x\geqq 0$ の方向に動くとは，$\dfrac{dx}{dt}\geqq 0$ ということです．

◀さらに，$\dfrac{dx}{dt}\geqq 0$ として

速さ：$\dfrac{dx}{dt}\sqrt{1+\{f'(x)\}^2}$

道のり：$\displaystyle\int_a^b\sqrt{1+\{f'(x)\}^2}\,dx$

となります．

解答

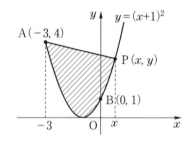

(1) $P(p, (p+1)^2)$ $(p\geqq 0)$ とおくと，AP の傾きは

$$\dfrac{(p+1)^2-4}{p+3}=\dfrac{(p-1)(p+3)}{p+3}=p-1$$

となるから，直線 AP は

$$y=(p-1)x+3p+1$$

$$\therefore\ S=\int_{-3}^{p}\{(p-1)x+3p+1-(x+1)^2\}\,dx$$

$$=-\int_{-3}^{p}(x+3)(x-p)\,dx=\dfrac{1}{6}(p+3)^3$$

p を x にかえて

$$S=\dfrac{1}{6}(x+3)^3$$

◀$\displaystyle\int_\alpha^\beta(x-\alpha)(x-\beta)\,dx$

$=-\dfrac{1}{6}(\beta-\alpha)^3$

を使っている．

(2) (1)から

$$\dfrac{dS}{dt}=\dfrac{dS}{dx}\cdot\dfrac{dx}{dt}=\dfrac{1}{2}(x+3)^2\dfrac{dx}{dt}$$

よって，$\dfrac{dS}{dt}=1$ のとき

$$\dfrac{1}{2}(x+3)^2\dfrac{dx}{dt}=1 \qquad \therefore \quad \boldsymbol{\dfrac{dx}{dt}=\dfrac{2}{(x+3)^2}}$$

◀ $\dfrac{dS}{dt}=1$ のとき，左の結果から $\dfrac{dx}{dt}>0$ となり，『$x\geqq0$ の方向に動く』は不要になる.

(3) 速度ベクトルを $\vec{v}$ とおくと

$$\vec{v}=\left(\dfrac{dx}{dt},\ \dfrac{dy}{dt}\right)=\dfrac{dx}{dt}\left(1,\ \dfrac{dy}{dx}\right)$$

$$=\dfrac{dx}{dt}(1,\ 2(x+1))$$

◀ポイントはココ. あとは誘導に従って計算すればよい.

よって，速さ $|\vec{v}|$ は，(2)とあわせて

$$|\vec{v}|=\sqrt{1+4(x+1)^2}\cdot\dfrac{dx}{dt}$$

$$=\dfrac{2\sqrt{1+4(x+1)^2}}{(x+3)^2}$$

(4) $f(x)=\dfrac{1+4(x+1)^2}{(x+3)^4}$ とおくと

$$f'(x)=\dfrac{8(x+1)(x+3)^4-4(x+3)^3\{1+4(x+1)^2\}}{(x+3)^8}$$

$$=4\cdot\dfrac{2(x+1)(x+3)-\{1+4(x+1)^2\}}{(x+3)^5}$$

$$=\dfrac{4(1-2x^2)}{(x+3)^5}$$

となり，増減表は右のとおり.

増減表から，速さ $|\vec{v}|$ は $x=\dfrac{1}{\sqrt{2}}$ で極大かつ最大になる.

$$\therefore\quad \mathrm{P}\left(\dfrac{1}{\sqrt{2}},\ \left(\dfrac{1}{\sqrt{2}}+1\right)^2\right)=\left(\dfrac{1}{\sqrt{2}},\ \dfrac{3}{2}+\sqrt{2}\right)$$

x	0	$\cdots$	$\dfrac{1}{\sqrt{2}}$	$\cdots$
$f'(x)$		$+$	0	$-$
$f(x)$		$\nearrow$		$\searrow$

第8章

■■ メインポイント ■■

動点が $y=f(x)$ 上を動くとき，$\vec{v}=\dfrac{dx}{dt}\left(1,\ \dfrac{dy}{dx}\right)$

アプローチ

$y=\dfrac{a}{2}(e^{\frac{x}{a}}+e^{-\frac{x}{a}})$ を**カテナリー曲線**といいます.

本問は $a=1$ の場合です. $y'=\dfrac{1}{2}(e^{\frac{x}{a}}-e^{-\frac{x}{a}})$ から

$$1+y'^2=\left\{\dfrac{1}{2}(e^{\frac{x}{a}}+e^{-\frac{x}{a}})\right\}^2$$

が成り立つので, 曲線の長さ $\displaystyle\int_a^b\sqrt{1+y'^2}\,dx$ を求めるのに**ピッタリの曲線**です.

◀ $y'=\dfrac{1}{2}\left(\bigcirc-\dfrac{1}{\bigcirc}\right)$ ならば

$$1+y'^2=\left\{\dfrac{1}{2}\left(\bigcirc+\dfrac{1}{\bigcirc}\right)\right\}^2$$

が成り立つので

$$y=\dfrac{x^2}{4}-\dfrac{1}{2}\log x$$

$$y=\dfrac{x^3}{6}+\dfrac{1}{2x}$$

などの関数のグラフが曲線の長さを求める問題に出題されます.

解答

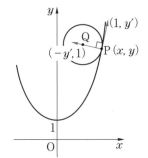

(1) 点 P を $(x,\ y)$ とする. 点 P における接線の方向ベクトルは $(1,\ y')$ だから, 法線の方向ベクトルの 1 つは $(-y',\ 1)$ である. ここで

$$1+y'^2=1+\left\{\dfrac{1}{2}(e^x-e^{-x})\right\}^2$$

$$=\left\{\dfrac{1}{2}(e^x+e^{-x})\right\}^2=y^2$$

が成り立つ. Q は $y>\dfrac{1}{2}(e^x+e^{-x})$ の領域にあるから, 向きと大きさを考えて

$$\overrightarrow{PQ}=\dfrac{1}{\sqrt{1+y'^2}}(-y',\ 1)=\dfrac{1}{y}(-y',\ 1)$$

よって, $\overrightarrow{OQ}=\overrightarrow{OP}+\overrightarrow{PQ}$ とから

$$\overrightarrow{OQ}=(x,\ y)+\dfrac{1}{y}(-y',\ 1)$$

$$=\left(x-\dfrac{y'}{y},\ y+\dfrac{1}{y}\right)$$

◀ $(1,\ y')$ を原点のまわりに $\dfrac{\pi}{2}$ 回転したのが $(-y',\ 1)$

$x=u,\ y=\dfrac{e^u+e^{-u}}{2},\ y'=\dfrac{e^u-e^{-u}}{2}$ を代入して

$$\mathrm{Q}\left(u-\frac{e^u-e^{-u}}{e^u+e^{-u}},\ \frac{e^u+e^{-u}}{2}+\frac{2}{e^u+e^{-u}}\right)$$

(2) $\mathrm{P}(x,\ y),\ \mathrm{Q}(X,\ Y)$ とおくと，(1)から

$$X=x-\frac{y'}{y},\quad Y=y+\frac{1}{y}$$

$$\therefore\quad \frac{dX}{dt}=\left(1-\frac{y''y-y'^2}{y^2}\right)\frac{dx}{dt}$$

$$=\left(1-\frac{y^2-y'^2}{y^2}\right)\frac{dx}{dt}=\left(1-\frac{1}{y^2}\right)\frac{dx}{dt}$$

$$\frac{dY}{dt}=\left(y'-\frac{y'}{y^2}\right)\frac{dx}{dt}=y'\left(1-\frac{1}{y^2}\right)\frac{dx}{dt}$$

よって，Q の速度ベクトル $\overrightarrow{v_{\mathrm{Q}}}$ は

$$\overrightarrow{v_{\mathrm{Q}}}=\left(\frac{dX}{dt},\ \frac{dY}{dt}\right)=\left(1-\frac{1}{y^2}\right)(1,\ y')\frac{dx}{dt}$$

一方，P の速度ベクトル $\overrightarrow{v_{\mathrm{P}}}$ は

$$\overrightarrow{v_{\mathrm{P}}}=\left(\frac{dx}{dt},\ \frac{dy}{dt}\right)=(1,\ y')\frac{dx}{dt}$$

$$\therefore\quad \overrightarrow{v_{\mathrm{Q}}}=\left(1-\frac{1}{y^2}\right)\overrightarrow{v_{\mathrm{P}}}$$

$|\overrightarrow{v_{\mathrm{P}}}|=1$ とあわせて，Q の速さは

$$|\overrightarrow{v_{\mathrm{Q}}}|=\left|1-\frac{1}{y^2}\right|\,|\overrightarrow{v_{\mathrm{P}}}|=\left|1-\frac{1}{y^2}\right|$$

ここで，y は 1 以上のすべての実数値をとり得る
から

$$0\leqq\left|1-\frac{1}{y^2}\right|<1\quad \therefore\quad 0\leqq|\overrightarrow{v_{\mathrm{Q}}}|<1$$

◀(1)より
$\mathrm{Q}\left(x-\dfrac{y'}{y},\ y+\dfrac{1}{y}\right)$
のままで計算する．
$\dfrac{e^x+e^{-x}}{2}$ は使わないで
$1+y'^2=y^2,\ y''=y$
を利用するのがポイント．

◀条件 $\dfrac{dx}{dt}>0$ は特に必要
はない．

第8章

■ メインポイント ■

カテナリー曲線 $y=\dfrac{1}{2}(e^x+e^{-x})$ では，$1+y'^2=y^2$ を利用する

90 水の問題

アプローチ

水の問題では，まず式の意味を理解しましょう．

t 秒後の体積を V，高さを h，水面の面積を S とします．このとき

- $\dfrac{dV}{dt}$：**体積の変化率**，本問では $\dfrac{dV}{dt}=2$

- $\dfrac{dh}{dt}$：**水面の上昇速度または下降速度**

という意味です．また

$$\frac{dV}{dh}=\lim_{\Delta h\to 0}\frac{V(h+\Delta h)-V(h)}{\Delta h}=S$$

となるので

$$\boldsymbol{\frac{dV}{dt}=\frac{dV}{dh}\cdot\frac{dh}{dt}=S\frac{dh}{dt}}$$

という関係式が成り立ちます．

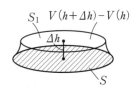

◀上の図で上面の面積 S_1 は $\Delta h\to 0$ のとき $S_1\to S$ なので，Δh が十分小さいとき

$$V(h+\Delta h)-V(h)\fallingdotseq S\Delta h$$

となります．

解答

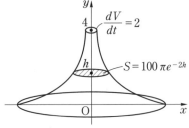

(1) 容器の容積 V は

$$V=\int_0^4 \pi x^2 dy=\pi\int_0^4 100e^{-2y}dy$$

$$=100\pi\left[-\frac{1}{2}e^{-2y}\right]_0^4=50\pi\left(1-\frac{1}{e^8}\right)$$

毎秒 2 の割合で水を注ぐから

$$\therefore\quad T=\frac{V}{2}=\boldsymbol{25\pi\left(1-\frac{1}{e^8}\right)}$$

◀ T 秒後に満杯になる．

(2) t 秒後の体積を V，水面の面積を S とおくと

$$\frac{dV}{dt}=\frac{dV}{dh}\cdot\frac{dh}{dt}=S\cdot\frac{dh}{dt}$$

$$\therefore \quad 2 = 100\pi e^{-2h}\frac{dh}{dt} \qquad \therefore \quad e^{-2h}\frac{dh}{dt} = \frac{1}{50\pi}$$

◀微分方程式. 補足 参照.

両辺を t で積分して

$$\int e^{-2h}\frac{dh}{dt}dt = \int e^{-2h}dh = \int \frac{1}{50\pi}dt$$

$$\therefore \quad -\frac{1}{2}e^{-2h} = \frac{t}{50\pi} + C \quad (C \text{ は積分定数})$$

$t=0$ で $h=0$ だから, $C=-\dfrac{1}{2}$ となり

$$\therefore \quad e^{-2h} = 1 - \frac{t}{25\pi} \quad \cdots\cdots(*)$$

ここで, (1)から

$$T = 25\pi\left(1 - \frac{1}{e^8}\right) < 25\pi$$

となるから $0 \leqq t \leqq T$ のとき

$$1 - \frac{t}{25\pi} \geqq 1 - \frac{T}{25\pi} > 0$$

よって, (∗)の両辺の対数をとって

$$h(t) = -\frac{1}{2}\log\left(1 - \frac{t}{25\pi}\right) = -\frac{1}{2}\log\frac{25\pi - t}{25\pi}$$

(3) (2)から

$$\frac{dh}{dt} = -\frac{1}{2}\cdot\frac{-1}{25\pi - t} = \frac{1}{50\pi - 2t}$$

補足 **微分方程式**

$$\frac{dy}{dx} = f(x)g(y) \quad (\text{右辺が } x \text{ の関数と } y \text{ の関数の積})$$

の形の微分方程式を**変数分離形**といいます.

$\dfrac{1}{g(y)}\cdot\dfrac{dy}{dx} = f(x)$ と変形してから, 両辺を x で積分すると

$$\int \frac{1}{g(y)}\cdot\frac{dy}{dx}dx = \int \frac{1}{g(y)}dy = \int f(x)dx$$

となります. 本問のようにノーヒントは珍しいので覚える必要はありません.

■ **メインポイント** ■

水の問題では, 関係式: $\dfrac{dV}{dt} = S\dfrac{dh}{dt}$ を利用する

91 平面ベクトル

　基準のベクトルの定め方は，いろいろ考えられます．
　Pを基準としてもできますが

・四角形 ABCD は正方形なのでAを基準として $\overrightarrow{AB}$，$\overrightarrow{AD}$ で表す.

・四角形 ABCD は正方形かつPが AB を直径とする円周上なので，AB の中点を原点とする座標軸を定める.

で解答します.

◀PA⊥PB より，P は AB を直径とする円周上にあります.

解答

(1)　点Pから辺 AB，AD にそれぞれ垂線 PB′，PD′ を下ろす．∠PAB＝θ とおくと PA⊥PB より

$$AB'=AP\cos\theta=AB\cos^2\theta$$
$$AD'=AP\sin\theta=AB\sin\theta\cos\theta$$

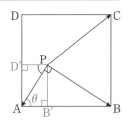

条件から，$|\overrightarrow{PA}|:|\overrightarrow{PB}|=1:\alpha$ が成り立つから

$$\cos\theta=\frac{1}{\sqrt{1+\alpha^2}},\ \sin\theta=\frac{\alpha}{\sqrt{1+\alpha^2}}\ \cdots\cdots(*)$$

◀($*$) は下の図から

$$\therefore\ \cos^2\theta=\frac{1}{1+\alpha^2},\ \sin\theta\cos\theta=\frac{\alpha}{1+\alpha^2}$$

$$\therefore\ \overrightarrow{AP}=\frac{1}{1+\alpha^2}\overrightarrow{AB}+\frac{\alpha}{1+\alpha^2}\overrightarrow{AD}\ \cdots\cdots①$$

一方，$\overrightarrow{AC}=\overrightarrow{AB}+\overrightarrow{AD}$ から

$$\overrightarrow{PC}=x\overrightarrow{PA}+y\overrightarrow{PB}\ \cdots\cdots②$$
$$\Longleftrightarrow (\overrightarrow{AB}+\overrightarrow{AD})-\overrightarrow{AP}$$
$$=-x\overrightarrow{AP}+y(\overrightarrow{AB}-\overrightarrow{AP})$$
$$\Longleftrightarrow (x+y-1)\overrightarrow{AP}=(y-1)\overrightarrow{AB}-\overrightarrow{AD}$$

ここで $x+y=1$ とすると，②よりCが直線 AB 上にあることになり条件に反する.

$$\therefore\ x+y\neq1\ \ \therefore\ \overrightarrow{AP}=\frac{(y-1)\overrightarrow{AB}-\overrightarrow{AD}}{x+y-1}$$

よって，①と比較して

◀(斜交座標)
$\overrightarrow{PX}=x\overrightarrow{PA}+y\overrightarrow{PB}$

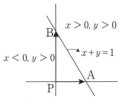

Xが直線 AB 上 $\Longleftrightarrow$
$x+y=1$

X が線分 AB 上 $\Longleftrightarrow$
$x+y=1,\ x\geqq0,\ y\geqq0$

$$\frac{y-1}{x+y-1}=\frac{1}{1+\alpha^2}, \quad \frac{-1}{x+y-1}=\frac{\alpha}{1+\alpha^2}$$

$$\therefore \quad \alpha(y-1)=-1, \quad x+y-1=-\alpha-\frac{1}{\alpha}$$

$$\therefore \quad x=-\alpha, \quad y=1-\frac{1}{\alpha}$$

(2) $\alpha>0$ より，(1)と相加・相乗平均の関係から

$$x+y=1-\left(\alpha+\frac{1}{\alpha}\right)\leqq 1-2\sqrt{\alpha\cdot\frac{1}{\alpha}}=-1$$

◀（相加・相乗平均）
$a>0$, $b>0$ のとき
$$\frac{a+b}{2}\geqq\sqrt{ab}$$
等号成立条件は $a=b$ のときである．

よって，$x+y$ の最大値は -1 である．また，等号は

$$\alpha=\frac{1}{\alpha}, \quad \alpha>0 \iff \alpha=1 \left(\theta=\frac{\pi}{4}\right)$$

すなわち，**P が円弧 AB の中点のとき**である．

【(1)の 別解 】

AB の中点を原点 O として，座標軸を定め

$$A(-a,\ 0), \quad B(a,\ 0), \quad C(a,\ 2a) \quad (a>0)$$

とおく．（＊）と同様に θ を定めると，

$$P(a\cos 2\theta,\ a\sin 2\theta)$$

と表せる．このとき，$\overrightarrow{PC}=x\overrightarrow{PA}+y\overrightarrow{PB}$ から

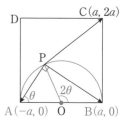

$$(a-a\cos 2\theta,\ 2a-a\sin 2\theta)$$

$$=x(-a-a\cos 2\theta,\ -a\sin 2\theta)$$

$$+y(a-a\cos 2\theta,\ -a\sin 2\theta)$$

$$\therefore \quad \begin{cases} \sin^2\theta=-x\cos^2\theta+y\sin^2\theta \\ \sin\theta\cos\theta-1=(x+y)\sin\theta\cos\theta \end{cases}$$

◀$1+\cos 2\theta=2\cos^2\theta$
$1-\cos 2\theta=2\sin^2\theta$

$$\therefore \quad \begin{cases} -x+y\alpha^2=\alpha^2 \\ x+y=1-\dfrac{\alpha^2+1}{\alpha} \end{cases}$$

この連立方程式を解けばよい．

■■ メインポイント ■■

基準となるベクトルは内積計算がしやすいように定める
長方形や直方体では，座標を定める方法もある

第9章

92 内積の最大・最小

アプローチ

図のように，正四面体 OABC を立方体に内接させ
て考えるとよくわかります．

(1) PQ の長さの最小値は，上の面と下の面の距離，
 すなわち立方体の 1 辺の長さになります．

(2) 図のように S を定めると，$\overrightarrow{PQ}=\overrightarrow{OS}$ となります．
 R から直線 OS に下ろした垂線の足を H とおくと

$$\overrightarrow{PQ}\cdot\overrightarrow{OR}=\overrightarrow{OS}\cdot\overrightarrow{OR}=OS\cdot OH$$

 OS は一定だから，OH が最大つまり Q が線分 BC
 上にあるときに最大となります．

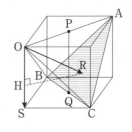

◀ $\angle ROS=\theta$ とおく．θ は
鈍角にならないから，下図
のようになり

$$OR\cos\theta=OH$$

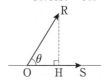

解答

(1) $\overrightarrow{OP}=s\overrightarrow{OA}\ (0\leqq s\leqq 1)$

$\overrightarrow{OQ}=\overrightarrow{OB}+t\overrightarrow{BC}$

$\qquad=(1-t)\overrightarrow{OB}+t\overrightarrow{OC}\ (0\leqq t\leqq 1)$

とおく．また，条件から

$$|\overrightarrow{OA}|=|\overrightarrow{OB}|=|\overrightarrow{OC}|=1$$

$$\overrightarrow{OA}\cdot\overrightarrow{OB}=\overrightarrow{OB}\cdot\overrightarrow{OC}=\overrightarrow{OC}\cdot\overrightarrow{OA}=\frac{1}{2}$$

が成り立つ．このとき

$$|\overrightarrow{PQ}|^2=|(1-t)\overrightarrow{OB}+t\overrightarrow{OC}-s\overrightarrow{OA}|^2$$

$$=(1-t)^2+t^2+s^2+t(1-t)-st-s(1-t)$$

$$=t^2-t+s^2-s+1$$

$$=\left(t-\frac{1}{2}\right)^2+\left(s-\frac{1}{2}\right)^2+\frac{1}{2}$$

よって，線分 PQ の長さは $s=t=\dfrac{1}{2}$ で最小値 $\dfrac{1}{\sqrt{2}}$

をとる．

$$\therefore\quad \overrightarrow{PQ}=\frac{1}{2}(-\overrightarrow{OA}+\overrightarrow{OB}+\overrightarrow{OC})$$

(2) 点 R が △ABC の内部および辺上にあるとき

$$\overrightarrow{OR}=x\overrightarrow{OA}+y\overrightarrow{OB}+z\overrightarrow{OC}$$

$$(x+y+z=1,\ x\geqq 0,\ y\geqq 0,\ z\geqq 0\cdots\cdots(*))$$

◀ 次ページ **注意!** を参照．

と表せる．このとき

$\overrightarrow{PQ}\cdot\overrightarrow{OR}$

$=\dfrac{1}{2}(-\overrightarrow{OA}+\overrightarrow{OB}+\overrightarrow{OC})\cdot(x\overrightarrow{OA}+y\overrightarrow{OB}+z\overrightarrow{OC})$

$=\dfrac{1}{2}(y+z)=\dfrac{1}{2}(1-x)\ (0\leqq x\leqq 1)\ ((\ast)より)$

◀ $(-\overrightarrow{OA}+\overrightarrow{OB}+\overrightarrow{OC})\cdot\overrightarrow{OA}$

$=-|\overrightarrow{OA}|^2+\overrightarrow{OA}\cdot\overrightarrow{OB}$
$\qquad\qquad +\overrightarrow{OA}\cdot\overrightarrow{OC}$

$=-1+\dfrac{1}{2}+\dfrac{1}{2}=0$

と計算している．

よって，$\overrightarrow{PQ}\cdot\overrightarrow{OR}$ は

$\qquad x=0,\ y+z=1\ (0\leqq y\leqq 1)$

のとき，すなわち R が線分 BC 上にあるときに最大値

$\dfrac{1}{2}$ をとる．線分 BC 上の点 R に対して

$\qquad\cos\theta=\dfrac{\overrightarrow{PQ}\cdot\overrightarrow{OR}}{|\overrightarrow{PQ}||\overrightarrow{OR}|}=\dfrac{1}{\sqrt{2}\,|\overrightarrow{OR}|}$

ここで，$\dfrac{\sqrt{3}}{2}\leqq OR\leqq 1$ だから

$\qquad\dfrac{1}{\sqrt{2}}\leqq\dfrac{1}{\sqrt{2}\,|\overrightarrow{OR}|}\leqq\dfrac{2}{\sqrt{6}}$

よって，$\dfrac{\sqrt{2}}{2}\leqq\cos\theta\leqq\dfrac{\sqrt{6}}{3}$ である．

◀ $|\overrightarrow{PQ}|=\dfrac{1}{\sqrt{2}}$,

$\overrightarrow{PQ}\cdot\overrightarrow{OR}=\dfrac{1}{2}$

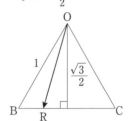

注意! R が △ABC の内部および辺上ならば

$\qquad\overrightarrow{OR}=\overrightarrow{OA}+s\overrightarrow{AB}+t\overrightarrow{AC},\ s\geqq 0,\ t\geqq 0,\ s+t\leqq 1$

と表せる（**91** 参照）．このとき

$\qquad\overrightarrow{OR}=(1-s-t)\overrightarrow{OA}+s\overrightarrow{OB}+t\overrightarrow{OC}$

よって，$x=1-s-t,\ y=s,\ z=t$ とおくと

$\qquad\overrightarrow{OR}=x\overrightarrow{OA}+y\overrightarrow{OB}+z\overrightarrow{OC}\ (x+y+z=1,\ x\geqq 0,\ y\geqq 0,\ z\geqq 0)$

補足 （等面四面体）

　正四面体を立方体に内接させる解説をしましたが，等面四面体（すべての面が合同な三角形の四面体）でも直方体に内接させるとわかりやすくなります．

▪▫ メインポイント ▫▪

四面体 OABC に対して，R が △ABC を含む平面上にあるならば

$\qquad\overrightarrow{OR}=\overrightarrow{OA}+s\overrightarrow{AB}+t\overrightarrow{AC},\ s\geqq 0,\ t\geqq 0,\ s+t\leqq 1$

または

$\qquad\overrightarrow{OR}=x\overrightarrow{OA}+y\overrightarrow{OB}+z\overrightarrow{OC},\ x+y+z=1,\ x\geqq 0,\ y\geqq 0,\ z\geqq 0$

第9章

アプローチ

　ベクトルを利用した空間図形の計量問題です．頻出問題ですが，最後の切り口の面積が難問で，得られた結果から空間の位置関係がわかるかがポイントです．

解答

　△OBC において，余弦定理から

$$10=4+9-2\overrightarrow{OB}\cdot\overrightarrow{OC} \quad \therefore \quad \overrightarrow{OB}\cdot\overrightarrow{OC}=\frac{3}{2}$$

条件からすべての面が合同だから

$$\overrightarrow{AB}\cdot\overrightarrow{AC}=\overrightarrow{OB}\cdot\overrightarrow{OC}=\frac{3}{2}$$

また，△ABC の面積 S は

$$S=\frac{1}{2}\sqrt{|\overrightarrow{AB}|^2|\overrightarrow{AC}|^2-(\overrightarrow{AB}\cdot\overrightarrow{AC})^2}$$
$$=\frac{1}{2}\sqrt{3^2\cdot 2^2-\left(\frac{3}{2}\right)^2}=\frac{3}{4}\sqrt{15}$$

次に，点 H は平面 ABC 上だから

$$\overrightarrow{OH}=\overrightarrow{OA}+s\overrightarrow{AB}+t\overrightarrow{AC}$$

とおけて，$\overrightarrow{OH}\perp$平面 ABC より

$$\overrightarrow{OH}\cdot\overrightarrow{AB}=0, \quad \overrightarrow{OH}\cdot\overrightarrow{AC}=0$$

$$\therefore \begin{cases} (\overrightarrow{OA}+s\overrightarrow{AB}+t\overrightarrow{AC})\cdot\overrightarrow{AB}=0 \\ (\overrightarrow{OA}+s\overrightarrow{AB}+t\overrightarrow{AC})\cdot\overrightarrow{AC}=0 \end{cases}$$

ここで

$$\overrightarrow{OA}\cdot\overrightarrow{AB}=-\frac{15}{2}, \quad \overrightarrow{OA}\cdot\overrightarrow{AC}=-\frac{5}{2}$$

$$\therefore \quad -\frac{15}{2}+9s+\frac{3}{2}t=0, \quad -\frac{5}{2}+\frac{3}{2}s+4t=0$$

$$\therefore \quad s=\frac{7}{9}, \quad t=\frac{1}{3} \quad \therefore \quad \overrightarrow{AH}=\frac{7}{9}\overrightarrow{AB}+\frac{1}{3}\overrightarrow{AC}$$

$$\therefore \quad |\overrightarrow{AH}|^2=\left|\frac{7}{9}\overrightarrow{AB}+\frac{1}{3}\overrightarrow{AC}\right|^2=\frac{49\cdot 3^2}{81}+\frac{14}{27}\cdot\frac{3}{2}+\frac{1}{9}\cdot 2^2=\frac{20}{3}$$

$$\therefore \quad |\overrightarrow{OH}|=\sqrt{|\overrightarrow{OA}|^2-|\overrightarrow{AH}|^2}=\frac{\sqrt{30}}{3}$$

以上から，四面体 OABC の体積 V は

◀ $|\overrightarrow{BC}|^2$
$=|\overrightarrow{OC}-\overrightarrow{OB}|^2$
$=|\overrightarrow{OC}|^2-2\overrightarrow{OB}\cdot\overrightarrow{OC}$
$\qquad +|\overrightarrow{OC}|^2$

となるが，これは △OBC における余弦定理である．

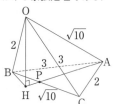

◀ $4=10+9-2\overrightarrow{AO}\cdot\overrightarrow{AB}$
$9=10+4-2\overrightarrow{AO}\cdot\overrightarrow{AC}$

◀ $\overrightarrow{AH}=\frac{10}{9}\cdot\frac{7\overrightarrow{AB}+3\overrightarrow{AC}}{10}$
より BP：PC＝3：7，
AP：PH＝9：1

$$V=\frac{1}{3}\cdot\triangle ABC\cdot OH=\frac{5\sqrt{2}}{4}$$

次に

$$\overrightarrow{AH}=\frac{10}{9}\cdot\frac{7\overrightarrow{AB}+3\overrightarrow{AC}}{10}=\frac{10}{9}\overrightarrow{AP}$$

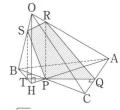

より，概形は右図のようになる．このとき

$$\cos\angle ACB=\frac{\overrightarrow{CA}\cdot\overrightarrow{CB}}{|\overrightarrow{CA}||\overrightarrow{CB}|}=\frac{\sqrt{10}}{8}\quad\therefore\quad\sin\angle ACB=\frac{3\sqrt{6}}{8}$$

$$\therefore\quad PQ=CP\sin\angle ACB=\frac{7\sqrt{10}}{10}\cdot\frac{3\sqrt{6}}{8}=\frac{21}{40}\sqrt{15}$$

次に，AO を 9:1 に内分する点を R，平面 PQR と線分 OB の交点を S，直線 PQ と線分 BH の交点を T とおく．P, Q を含み平面 α に垂直な平面による四面体の切り口は四角形 PQRS である．

$$PR=\frac{9}{10}OH=\frac{3\sqrt{30}}{10}$$

$$CQ=CP\cos\angle ACB=\frac{7\sqrt{10}}{10}\cdot\frac{\sqrt{10}}{8}=\frac{7}{8}\quad\therefore\quad CQ:QA=7:9$$

よって，$\overrightarrow{PT}=k\overrightarrow{PQ}$ とおくと

$$\overrightarrow{PT}=k\cdot\frac{7\overrightarrow{PA}+9\overrightarrow{PC}}{16}$$

$$=\frac{7k}{16}\left(-9\overrightarrow{PH}\right)+\frac{9k}{16}\left(-\frac{7}{3}\overrightarrow{PB}\right)$$

T は線分 BH 上でもあるから

$$-\frac{63k}{16}-\frac{21k}{16}=1\quad\therefore\quad k=-\frac{4}{21}$$

$PT=\frac{4}{21}PQ$ となるから，切り口の面積は

$$\therefore\quad\triangle PQR+\triangle PSR=\frac{1}{2}PR(PQ+PT)$$

$$=\frac{1}{2}\cdot\frac{3\sqrt{30}}{10}\cdot\frac{25}{21}\cdot\frac{21}{40}\sqrt{15}=\frac{45}{32}\sqrt{2}$$

◀ P, Q, R, S が同一平面上にあるとき
$$\frac{AR}{RO}\cdot\frac{OS}{SB}\cdot\frac{BP}{PC}\cdot\frac{CQ}{QA}=1$$
が成り立つ．これから，OS:SB=1:3 とわかる．

◀ 点 T が，直線 PQ 上かつ直線 BH 上として，$\overrightarrow{AT}$ を $\overrightarrow{AB}$，$\overrightarrow{AC}$ で表してもよい．

━ メインポイント ━

四面体の平面 PQR による切り口は，QP の延長と AB の交点と R を結んで OB との交点を定めて作図する

第9章

94 平面と球面

アプローチ

93 と同じ垂線の足を求める問題です. 同じように
解くこともできますが, 《外積》を利用して平面の方程
式がつくれると, 計算がラクになります.

点 $A(x_0, y_0, z_0)$ を通り, 法線ベクトル (a, b, c)
の平面上に点 $P(x, y, z)$ をとると

$$\overrightarrow{AP} \cdot (a, b, c) = 0$$

$$\therefore\ a(x-x_0) + b(y-y_0) + c(z-z_0) = 0$$

となります. よって, 平面の方程式の一般形は

$$ax + by + cz + d = 0$$

という, x, y, z の1次式です.

法線ベクトル (a, b, c) は

$$\overrightarrow{AB} \cdot (a, b, c) = 0, \quad \overrightarrow{AC} \cdot (a, b, c) = 0$$

から a, b, c の比を求めますが, 補足 の《外積》から
カンタンに求められます.

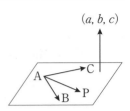

◀ $abc \neq 0$ として, 3点
$(a, 0, 0)$, $(0, b, 0)$,
$(0, 0, c)$
を通る平面は
$$\frac{x}{a} + \frac{y}{b} + \frac{z}{c} = 1$$
となることは覚えておくと
よいでしょう.

解答

(1) $\triangle ABC$ の面積を S とおく.

$$\overrightarrow{AB} = (-2, -1, -1), \quad \overrightarrow{AC} = (-2, 2, 2)$$

$$\therefore\ |\overrightarrow{AB}| = \sqrt{6}, \quad |\overrightarrow{AC}| = 2\sqrt{3}, \quad \overrightarrow{AB} \cdot \overrightarrow{AC} = 0$$

よって, $\triangle ABC$ は $\angle A = 90°$ の直角三角形となる

$$\therefore\ S = \frac{1}{2}|\overrightarrow{AB}||\overrightarrow{AC}| = 3\sqrt{2}$$

(2) 3点 A, B, C を含む平面を α とする. 平面 α の
法線ベクトルを (a, b, c) とおくと

$$\overrightarrow{AB} \cdot (a, b, c) = 0, \quad \overrightarrow{AC} \cdot (a, b, c) = 0$$

$$\Longleftrightarrow 2a + b + c = 0, \quad a - b - c = 0$$

$$\Longleftrightarrow a = 0, \quad b + c = 0$$

よって, 法線ベクトルの1つは $(0, 1, -1)$ となる.
$A(1, -2, 2)$ を通ることから, 平面 α は

$$y - z + 4 = 0 \quad \cdots\cdots ①$$

また, 直線 OH の方向ベクトルが $(0, 1, -1)$ だか
ら

$$\overrightarrow{OH} = t(0, 1, -1) = (0, t, -t)$$

とおける. ①に代入して

$\overrightarrow{AB} /\!/ (2, 1, 1)$,
$\overrightarrow{AC} /\!/ (1, -1, -1)$
であり, 2つのベクトル
$(2, 1, 1)$, $(1, -1, -1)$
の外積を求めると

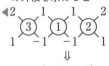

$$\Downarrow$$
$$(0, 3, -3)$$
カンタンな整数比にして
$$(0, 1, -1)$$
となる

$$2t+4=0 \quad \therefore \quad t=-2 \quad \therefore \quad \mathbf{H(0, \ -2, \ 2)}$$

(3) (i) (1)から，$\triangle$ABC は $\angle$A$=90°$ の直角三角形
だから，外接円 K の中心 J は辺 BC の中点になる．

$$\therefore \quad \mathbf{J\left(-1, \ -\dfrac{3}{2}, \ \dfrac{5}{2}\right)}$$

(ii) $\overrightarrow{\text{BC}}=(0, \ 3, \ 3)$, $\overrightarrow{\text{JH}}=\left(1, \ -\dfrac{1}{2}, \ -\dfrac{1}{2}\right)$

$$|\overrightarrow{\text{BC}}|=3\sqrt{2}, \ |\overrightarrow{\text{JH}}|=\dfrac{\sqrt{6}}{2}$$

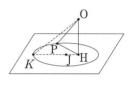

から，外接円 K の半径は，$\dfrac{1}{2}|\overrightarrow{\text{BC}}|=\dfrac{3\sqrt{2}}{2}$ となり

$$\dfrac{3\sqrt{2}}{2}>\dfrac{\sqrt{6}}{2}$$

より，H は外接円 K の内部にある．よって，円 K 上
の点 P に対して

$$\therefore \quad \text{HP}\leqq\text{HJ}+\text{JP}=\dfrac{\sqrt{6}}{2}+\dfrac{3\sqrt{2}}{2}$$

$$\therefore \quad \text{OP}^2=\text{OH}^2+\text{HP}^2$$

$$\leqq 8+\left(\dfrac{\sqrt{6}}{2}+\dfrac{3\sqrt{2}}{2}\right)^2=14+3\sqrt{3}$$

◀ $\text{OP}^2=\text{OH}^2+\text{HP}^2$ であり
OH が一定なので
HP が最大のとき OP は最
大

補足 （外積）

2つのベクトル
$$\vec{u}=(a, \ b, \ c), \ \vec{v}=(p, \ q, \ r)$$
に対して

$$\vec{u}\times\vec{v}=(br-cq, \ cp-ar, \ aq-bp)$$

を $\vec{u}$，$\vec{v}$ の外積といいます．覚え方は，右図のように
x 成分を 2 つ書き，①，②，③ の順にたすき掛け（向
きに注意）をしていきます．また

$$|\vec{u}\times\vec{v}|^2=(br-cq)^2+(cp-ar)^2+(aq-bp)^2$$

$$=(a^2+b^2+c^2)(p^2+q^2+r^2)-(ap+bq+cr)^2$$

が成り立つから，外積 $\vec{u}\times\vec{v}$ は

$$\vec{u}, \ \vec{v} \text{に垂直で，大きさは} \vec{u}, \ \vec{v} \text{でつくる平行四辺形の面積に等しい}$$

◀下の図から $\text{HP}\leqq\text{HJ}+\text{JP}$

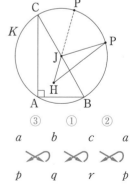

メインポイント

空間座標の問題では，直線・平面の方程式が使えるように！

点Bを中心とする球と，この球の外部の点Aをとります．Aからこの球面に引いた接線群はABを軸とする円錐面を描きます．この円錐面を

・母線に平行な平面で切ると，切り口は放物線
・母線より緩い平面で切ると，切り口は楕円
・母線より急な平面で切ると，切り口は双曲線

になります．これらを円錐曲線といいます．

直円錐は軸と母線のなす角が一定なので内積を利用する方法もあります（別解を参照）．

解答

(1) $\overrightarrow{AQ}=t\overrightarrow{AP}$ より

$\overrightarrow{OQ}=\overrightarrow{OA}+t\overrightarrow{AP}$

$\quad=(2,\ 0,\ -1)+t(a-2,\ b,\ 1)$

$\quad=(2+t(a-2),\ bt,\ t-1)$

(2) 球面 S の方程式は

$$x^2+y^2+(z-1)^2=2$$

(1)のQの座標を代入して

$$\{2+t(a-2)\}^2+(bt)^2+(t-2)^2=2$$

$\therefore\ \{(a-2)^2+b^2+1\}t^2+4(a-3)t+6=0$

これを満たす実数 t が存在すればよい．

$$(a-2)^2+b^2+1>0$$

より，判別式を D とおくと，t の存在する条件は

$$\frac{D}{4}\geqq0$$

$\therefore\ 4(a-3)^2-6\{(a-2)^2+b^2+1\}\geqq0$

$\therefore\ a^2+3b^2\leqq3 \quad \therefore\ \dfrac{a^2}{3}+b^2\leqq1$

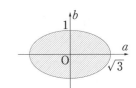

よって，点Pの存在範囲は右図の斜線部（境界を含む）である．

(3) 円 T を表す方程式は

$$x^2+y^2+(z-1)^2=2,\ x=-1$$

(1)の点Qの座標を代入して

$$\begin{cases} \{2+t(a-2)\}^2+(bt)^2+(t-2)^2=2 \\ 2+t(a-2)=-1 \end{cases}$$

この2式を同時に満たす実数 t が存在すればよい.

第2式から,$t=\dfrac{3}{2-a}$ であり,第1式に代入して

$$(-1)^2+\left(\frac{3b}{2-a}\right)^2+\left(\frac{3}{2-a}-2\right)^2=2$$

$$\therefore \quad 9b^2+(2a-1)^2=(2-a)^2$$

$$\therefore \quad a^2+3b^2=1$$

よって,点Pは楕円を描く(図は省略).

【(2)の 別解 】 **53** 参照

◀ T は円であり,A と T 上の点を結ぶ線分群は斜円錐になっている.

Aを通る直線が球面 S に接するとき,点Bからこの直線に下ろした垂線の足をHとおく.

$\overrightarrow{AB}=(-2,\ 0,\ 2)$ と S の半径が $\sqrt{2}$ であることから

$$AB=2\sqrt{2},\quad BH=\sqrt{2} \qquad \therefore \quad \angle BAH=\frac{\pi}{6}$$

$\angle BAP=\theta$ とおくと,直線 AP が球面 S と共有点をもつ条件は $0\leqq\theta\leqq\dfrac{\pi}{6}$ となることである.

$$\therefore \quad \overrightarrow{AB}\cdot\overrightarrow{AP}=AB\cdot AP\cos\theta$$

$$\geqq AB\cdot AP\cos\frac{\pi}{6}$$

$$\therefore \quad -2(a-2)+2\geqq 2\sqrt{2}\cdot\sqrt{(a-2)^2+b^2+1}\cdot\frac{\sqrt{3}}{2}$$

$$\Longleftrightarrow 2(3-a)\geqq\sqrt{6}\cdot\sqrt{(a-2)^2+b^2+1}$$

$$\Longleftrightarrow 2(3-a)^2\geqq 3\{(a-2)^2+b^2+1\},\quad 3-a\geqq 0$$

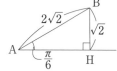

と同値であり,整理して $\dfrac{a^2}{3}+b^2\leqq 1$ となる.このとき,$3-a\geqq 0$ を満たす.

▪️▪️▪️ **メインポイント** ▪️▪️▪️

直円錐のとき,軸と母線のなす角が一定なので円錐面の方程式は内積で求められる

第9章

96 円柱面

z 軸と直線 QP を含む平面を α とします．平面 α の法線ベクトルを $\vec{u}$ とおくと，$\vec{u}$ と $\overrightarrow{\mathrm{QP}}$ の両方に垂直な単位ベクトルが $\overrightarrow{n(\mathrm{P})}$ です．

・$\overrightarrow{\mathrm{QP}}$ と $(0,\ 0,\ 1)$ の両方に垂直なベクトル $\vec{u}$ を求める．
・$\overrightarrow{\mathrm{QP}}$ と $\vec{u}$ の両方に垂直な単位ベクトル $\overrightarrow{n(\mathrm{P})}$ を求める．

2 回の外積計算で求められるということです（次ページ参照）．解答は誘導に従って進めます．

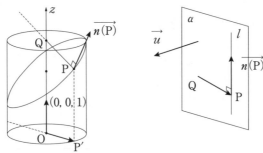

解答

(1) $S,\ R$ の定義より
$$S : y+z-2=0,\quad R : x^2+y^2=1$$
である．$\overrightarrow{\mathrm{OP}}$ の y 成分が p より
$$x^2+p^2=1,\quad p+z-2=0$$
$$\therefore\quad x=\pm\sqrt{1-p^2},\quad z=2-p\ (-1\leqq p\leqq1)$$

◀円筒 R の方程式は
$$x^2+y^2=1$$
z が任意なので，xy 平面上の単位円がそのまま z 軸方向に移動できて円筒になる．

(2) P から xy 平面に垂線 PP′ を下ろす．P, Q と z 軸を含む平面を α とおくと，l は平面 α 上にあるから
$$\begin{aligned}
\overrightarrow{n(\mathrm{P})}&=s\overrightarrow{\mathrm{OP'}}+t(0,\ 0,\ 1)\\
&=s(\pm\sqrt{1-p^2},\ p,\ 0)+t(0,\ 0,\ 1)\\
&=(\pm s\sqrt{1-p^2},\ sp,\ t)
\end{aligned}$$
と表せる．$\overrightarrow{\mathrm{QP}}=(\pm\sqrt{1-p^2},\ p,\ -1-p)$ とから
$$\overrightarrow{n(\mathrm{P})}\cdot\overrightarrow{\mathrm{QP}}=0$$
$$\begin{aligned}
&\iff s(1-p^2)+sp^2-t(1+p)=0\\
&\iff s=t(1+p) \quad\cdots\cdots① \\
&\quad |\overrightarrow{n(\mathrm{P})}|=1\\
&\iff s^2(1-p^2)+s^2p^2+t^2=1
\end{aligned}$$

◀$\overrightarrow{n(\mathrm{P})}=s\overrightarrow{\mathrm{OP}}+t(0,\ 0,\ 1)$ でもよいが，計算量を減らすため．

204

$$\Longleftrightarrow s^2+t^2=1 \quad \cdots\cdots ②$$

①, ②から

$$t^2(1+p)^2+t^2=1 \qquad \therefore \quad (p^2+2p+2)t^2=1$$

よって, $t=n_z\geqq 0$ とあわせて

$$n_z=t=\frac{1}{\sqrt{p^2+2p+2}}$$

(3) (1), (2)と $s=\dfrac{p+1}{\sqrt{p^2+2p+2}}$ より

$$\overrightarrow{\mathrm{OP}}=(\pm\sqrt{1-p^2},\ p,\ 2-p)$$

$$\overrightarrow{n(\mathrm{P})}=\frac{p+1}{\sqrt{p^2+2p+2}}\left(\pm\sqrt{1-p^2},\ p,\ \frac{1}{p+1}\right)$$

となるから

$$\overrightarrow{\mathrm{OP}}\cdot\overrightarrow{n(\mathrm{P})}=\frac{3}{\sqrt{p^2+2p+2}}$$

$$|\overrightarrow{\mathrm{OP}}||\overrightarrow{n(\mathrm{P})}|=\sqrt{p^2-4p+5}$$

$$\therefore \quad \cos\theta=\frac{\overrightarrow{\mathrm{OP}}\cdot\overrightarrow{n(\mathrm{P})}}{|\overrightarrow{\mathrm{OP}}||\overrightarrow{n(\mathrm{P})}|}=\frac{3}{\sqrt{p^2-4p+5}\sqrt{p^2+2p+2}}$$

ここで, $f(p)=(p^2-4p+5)(p^2+2p+2)$ とおくと

$$f(p)=p^4-2p^3-p^2+2p+10$$

$$\therefore \quad f'(p)=4p^3-6p^2-2p+2$$
$$=2(2p-1)(p^2-p-1)$$

$-1\leqq p\leqq 1$ における増減表は右の通り.

$\cos\theta$ は減少関数だから, $f(p)$ が最大のとき θ は最大となる.

$$f(-1)=10<\frac{169}{16}=f\left(\frac{1}{2}\right)$$

とあわせて, $p=\dfrac{1}{2}$ のときに θ は最大となる. また,

$\cos\theta=\dfrac{12}{13}$ である.

◀ 《外積》を用いると

$$\Downarrow$$
$$(p,\ -x,\ 0)$$

$$\Downarrow$$
$$(x(3-z),\ p(3-z),$$
$$p^2+x^2)$$

(1)の結果から
$$(p+1)$$
$$\cdot\left(\pm\sqrt{1-p^2},\ p,\ \frac{1}{p+1}\right)$$

これを, 単位ベクトルにすればよい.

p	-1	$\cdots$	$\dfrac{1-\sqrt{5}}{2}$	$\cdots$	$\dfrac{1}{2}$	$\cdots$	1
$f'(p)$		$-$	0	$+$	0	$-$	
$f(p)$		$\searrow$		$\nearrow$		$\searrow$	

注意! 外積計算から, l の方向ベクトルは $(p+1)\left(\pm\sqrt{1-p^2},\ p,\ \dfrac{1}{p+1}\right)$ とすぐに得られます.

■ **メインポイント** ■

面積・体積, 法線ベクトルの計算には《外積》が便利, 検算にもなる

97 空間ベクトルと体積

アプローチ

　右図の平行六面体を直線 OF のまわりに 1 回転し
てできる回転体の体積を求める問題です.

　条件から，この平行六面体は直線 OF に関して
120° 回転対称な図形になるので，折れ線 OAEF の回
転体を考えればよいことになります.

　対角線 OF 上に点 P をとり，P を通り OF に垂直
な平面と折れ線 OAEF の交点を Q とすると，体積 V
は

$$V = \int_0^{OF} \pi PQ^2 \, dOP$$

ただし，OA と EF の回転体が直円錐なので，積分は
Q が線分 AE にある場合だけです.

◀条件から四面体 OACD は
正四面体になります. 平行
六面体は OF のまわりに
120° 回転すれば同じ平行
六面体になります.

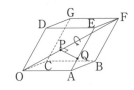

解答

(1)　$\overrightarrow{OF} = \overrightarrow{OA} + \overrightarrow{OC} + \overrightarrow{OD}$

(2)　条件から

$$|\overrightarrow{OA}| = |\overrightarrow{OC}| = |\overrightarrow{OD}| = 1$$

$$\overrightarrow{OA} \cdot \overrightarrow{OC} = \overrightarrow{OC} \cdot \overrightarrow{OD} = \overrightarrow{OD} \cdot \overrightarrow{OA} = \frac{1}{2}$$

が成り立つ. (1)とあわせて

$$|\overrightarrow{OF}|^2 = |\overrightarrow{OA} + \overrightarrow{OC} + \overrightarrow{OD}|^2 = 1^2 \cdot 3 + \left(2 \cdot \frac{1}{2}\right) \cdot 3 = 6$$

$$\overrightarrow{OA} \cdot \overrightarrow{OF} = \overrightarrow{OA} \cdot (\overrightarrow{OA} + \overrightarrow{OC} + \overrightarrow{OD}) = 1 + 2 \cdot \frac{1}{2} = 2$$

$$\therefore \quad |\overrightarrow{OF}| = \sqrt{6}, \quad \cos\angle AOF = \frac{\overrightarrow{OA} \cdot \overrightarrow{OF}}{|\overrightarrow{OA}||\overrightarrow{OF}|} = \frac{\sqrt{6}}{3}$$

(3)　三角錐 OACD は，1 辺の長さが 1 の正四面体で
　　ある. 三角形 ACD の重心を G′ とおくと

$$\overrightarrow{OG'} = \frac{1}{3}\overrightarrow{OF} \quad \therefore \quad OG' = \frac{\sqrt{6}}{3}$$

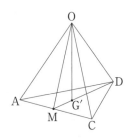

◀$\overrightarrow{OG'} = \frac{1}{3}(\overrightarrow{OA} + \overrightarrow{OC} + \overrightarrow{OD})$

　また，三角形 ACD の外接円の半径 AG′ は，AC の
中点を M とおくと

$$AG' = \frac{2}{\sqrt{3}}AM = \frac{1}{\sqrt{3}}$$

◀△ACD は正三角形.

よって，円錐の体積は

$$\frac{1}{3}\cdot\pi\left(\frac{1}{\sqrt{3}}\right)^2\cdot\frac{\sqrt{6}}{3}=\frac{\sqrt{6}}{27}\pi$$

(4) 三角形 BEG の重心を G″ とおくと，切り口が六角形となるのは P が線分 G′G″（両端を含まず）上にあるときだから

$$\frac{\sqrt{6}}{3}<t<\frac{2}{3}\sqrt{6}$$

次に，Q は AE 上の点だから

$$\overrightarrow{\text{OQ}}=\overrightarrow{\text{OA}}+s\overrightarrow{\text{AE}}=\overrightarrow{\text{OA}}+s\overrightarrow{\text{OD}}$$

とおける．また，$\text{OF}=\sqrt{6}$，$\text{OP}=t$ より

$$\overrightarrow{\text{OP}}=\frac{t}{\sqrt{6}}\overrightarrow{\text{OF}}=\frac{t}{\sqrt{6}}(\overrightarrow{\text{OA}}+\overrightarrow{\text{OC}}+\overrightarrow{\text{OD}})$$

$$\overrightarrow{\text{PQ}}=\overrightarrow{\text{OQ}}-\overrightarrow{\text{OP}}$$

$$=\left(1-\frac{t}{\sqrt{6}}\right)\overrightarrow{\text{OA}}-\frac{t}{\sqrt{6}}\overrightarrow{\text{OC}}+\left(s-\frac{t}{\sqrt{6}}\right)\overrightarrow{\text{OD}}$$

▶ OF に A から下ろした垂線の足が G′，E から下ろした垂線の足が G″ になる．

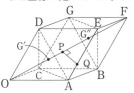

(2)と対称性から

$$\overrightarrow{\text{OF}}\cdot\overrightarrow{\text{OA}}=\overrightarrow{\text{OF}}\cdot\overrightarrow{\text{OC}}=\overrightarrow{\text{OF}}\cdot\overrightarrow{\text{OD}}=2$$

よって，$\overrightarrow{\text{PQ}}\cdot\overrightarrow{\text{OF}}=0$ のとき

$$2\left\{\left(1-\frac{t}{\sqrt{6}}\right)-\frac{t}{\sqrt{6}}+\left(s-\frac{t}{\sqrt{6}}\right)\right\}=0$$

$$\therefore\quad s=\left|\overrightarrow{\text{AQ}}\right|=\frac{\sqrt{6}}{2}t-1$$

$$\left|\overrightarrow{\text{PQ}}\right|^2=\left|\overrightarrow{\text{OQ}}\right|^2-\left|\overrightarrow{\text{OP}}\right|^2=\left|\overrightarrow{\text{OA}}+s\overrightarrow{\text{OD}}\right|^2-t^2$$

$$=1+s+s^2-t^2=\frac{t^2}{2}-\frac{\sqrt{6}}{2}t+1$$

▶ G′P : G′G″＝AQ : AE が成り立つから

$$\left(t-\frac{\sqrt{6}}{3}\right):\frac{\sqrt{6}}{3}=s:1$$

$$\therefore\quad s=\frac{\sqrt{6}}{2}t-1$$

(5) (3), (4)とあわせて，求める体積 V は

$$V=2\cdot\frac{\sqrt{6}}{27}\pi+\int_{\frac{\sqrt{6}}{3}}^{\frac{2\sqrt{6}}{3}}\pi\text{PQ}^2dt$$

$$=\frac{2\sqrt{6}}{27}\pi+\int_{\frac{\sqrt{6}}{3}}^{\frac{2\sqrt{6}}{3}}\pi\left(\frac{t^2}{2}-\frac{\sqrt{6}}{2}t+1\right)dt$$

$$=\frac{2\sqrt{6}}{27}\pi+\pi\left[\frac{t^3}{6}-\frac{\sqrt{6}}{4}t^2+t\right]_{\frac{\sqrt{6}}{3}}^{\frac{2\sqrt{6}}{3}}=\frac{2\sqrt{6}}{27}\pi+\frac{5\sqrt{6}}{54}\pi-\frac{\sqrt{6}}{6}\pi$$

■ メインポイント ■

対称性から折れ線 OAEF の回転体 $V=\displaystyle\int_0^{\text{OF}}\pi\text{PQ}^2d\text{OP}$ を計算する

第9章

98 円錐面の方程式

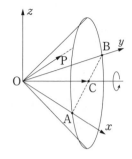

アプローチ

95 でも触れましたが，直円錐は母線と軸のなす角が一定なので，内積が使えます．

円錐の側面上の $P(x, y, z)$ に対して

$$\angle COP = \angle COA = \frac{\pi}{4}$$

が成り立つから

$$\overrightarrow{OC} \cdot \overrightarrow{OP} = |\overrightarrow{OC}||\overrightarrow{OP}|\cos\frac{\pi}{4}$$

$$\therefore \quad x+y = \sqrt{2} \cdot \sqrt{x^2+y^2+z^2} \cdot \frac{1}{\sqrt{2}}$$

両辺 2 乗して，円錐面の方程式は $z^2 = 2xy$ になります．

解答

(1) $\overrightarrow{OH} = k\overrightarrow{OC}$ とおくと

$$\overrightarrow{PH} \cdot \overrightarrow{OC} = (k\overrightarrow{OC} - \overrightarrow{OP}) \cdot \overrightarrow{OC} = 0$$

$$\therefore \quad k = \frac{\overrightarrow{OP} \cdot \overrightarrow{OC}}{|\overrightarrow{OC}|^2}$$

$$\therefore \quad \overrightarrow{OH} = \frac{\overrightarrow{OP} \cdot \overrightarrow{OC}}{|\overrightarrow{OC}|^2}\overrightarrow{OC} = \frac{x+y}{2}(1, 1, 0)$$

$$= \left(\frac{x+y}{2}, \frac{x+y}{2}, 0\right)$$

$$\therefore \quad \overrightarrow{HP} = \overrightarrow{OP} - \overrightarrow{OH} = \left(\frac{x-y}{2}, \frac{y-x}{2}, z\right)$$

◀ $\overrightarrow{OH}$ を，$\overrightarrow{OP}$ の直線 OC への正射影ベクトルという．結果の

$$\overrightarrow{OH} = \frac{\overrightarrow{OP} \cdot \overrightarrow{OC}}{|\overrightarrow{OC}|^2}\overrightarrow{OC}$$

は，便利なので覚えておいてもよい．

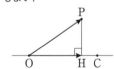

(2) (L は円錐の側面，底面および内部と考える．)

L 上に点Pをとる．(1)と同様に点Hをとると

$$\angle COP \leqq \angle COA = \frac{\pi}{4}$$

となることから

$$OH \geqq HP$$

$$\Longleftrightarrow \quad \left(\frac{x+y}{2}\right)^2 + \left(\frac{x+y}{2}\right)^2 \geqq \left(\frac{x-y}{2}\right)^2 + \left(\frac{y-x}{2}\right)^2 + z^2$$

$$\therefore \quad 2xy \geqq z^2$$

また，円錐面の底面の方程式は $x+y=2$ だから

$$2xy \geqq z^2 \quad \text{かつ} \quad 0 \leqq x+y \leqq 2$$

(3) (2)において，$x=a$ とおくと

$$z^2 \leqq 2ay, \quad 0 \leqq a+y \leqq 2$$

$1 \leqq a \leqq 2$ のとき，$z^2 = 2ay$，$a+y=2$ を解くと

$$z^2 = 2a(2-a) \qquad \therefore \quad z = \pm\sqrt{2a(2-a)}$$

よって，$\sqrt{2a(2-a)} = \alpha$ とおくと

$$S(a) = \int_{-\alpha}^{\alpha}\left(2-a-\frac{z^2}{2a}\right)dz = -\frac{1}{2a}\int_{-\alpha}^{\alpha}(z^2-\alpha^2)dz$$

$$= \frac{1}{2a}\cdot\frac{1}{6}(2\alpha)^3 = \frac{4\sqrt{2}}{3}(2-a)\sqrt{2a-a^2}$$

◀ z が任意なので，xy 平面
の直線 $x+y=2$ を含み，
xy 平面に垂直な平面にな
る．

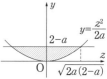

◀ 公式
$$-\int_{-\alpha}^{\alpha}(z^2-\alpha^2)dz$$
$$= \frac{1}{6}(2\alpha)^3$$
を使っている．

(4) (3)から，求める体積 V は

$$V = \int_1^2 S(a)\,da = \frac{4\sqrt{2}}{3}\int_1^2(2-a)\sqrt{2a-a^2}\,da$$

$$= \frac{4\sqrt{2}}{3}\int_1^2\{1-(a-1)\}\sqrt{1-(a-1)^2}\,da$$

$$= \frac{4\sqrt{2}}{3}\int_0^1(1-a)\sqrt{1-a^2}\,da$$

$$= \frac{4\sqrt{2}}{3}\left\{\int_0^1\sqrt{1-a^2}\,da - \int_0^1 a\sqrt{1-a^2}\,da\right\}$$

$$= \frac{4\sqrt{2}}{3}\left\{\frac{\pi}{4} + \left[\frac{1}{3}(1-a^2)^{\frac{3}{2}}\right]_0^1\right\} = \frac{(3\pi-4)\sqrt{2}}{9}$$

◀ グラフと区間を a 軸方向に
-1 平行移動している．

参考 (4) 立体は右図のように，底面の直径を含み，底面となす角 $45°$ の平面の下側になります．円錐のこの平面による切り口 T は，平面が母線に平行だから，境界は放物線で，図のように座標軸を定めると

$$T : 0 \leqq Y \leqq 1-\frac{1}{2}X^2$$

$$\therefore \quad V = \frac{1}{2}\cdot\frac{1}{3}\pi(\sqrt{2})^2\sqrt{2} - \frac{1}{3}\int_{-\sqrt{2}}^{\sqrt{2}}\left(1-\frac{1}{2}X^2\right)dX\cdot 1$$

$$= \frac{(3\pi-4)\sqrt{2}}{9}$$

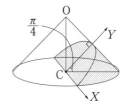

◀ 円錐の体積の半分から，T
を底面とし O を頂点とする
錐の体積を引いている．

■ メインポイント ■

平面 $x=a$ による切り口は，$x=a$ を代入して yz 平面に正射影して考える

MEMO

MEMO

MEMO

MEMO

MEMO

MEMO

〔大学入試 全レベル問題集 数学Ⅲ＋C ⑥（改訂版）解答編〕 東海林藤一